Kooperation in virtuellen Organisationsstrukturen

Europäische Hochschulschriften
Publications Universitaires Européennes
European University Studies

**Reihe V
Volks- und Betriebswirtschaft**

Série V   Series V
Sciences économiques, gestion d'entreprise
Economics and Management

Bd./Vol. 2857

PETER LANG
Frankfurt am Main · Berlin · Bern · Bruxelles · New York · Oxford · Wien

Oliver Reiss

Kooperation in virtuellen Organisationsstrukturen

Grundlagen und Ansatzpunkte der Gestaltung eines computerunterstützten Kooperationssystems

PETER LANG
Europäischer Verlag der Wissenschaften

Die Deutsche Bibliothek - CIP-Einheitsaufnahme

Reiss, Oliver :

Kooperation in virtuellen Organisationsstrukturen : Grundlagen und Ansatzpunkte der Gestaltung eines computerunterstützten Kooperationssystems / Oliver Reiss. - Frankfurt am Main ; Berlin ; Bern ; Bruxelles ; New York ; Oxford ; Wien : Lang, 2002
(Europäische Hochschulschriften : Reihe 5, Volks- und Betriebswirtschaft ; Bd. 2857)
Zugl.: Marburg, Univ., Diss., 1999
ISBN 3-631-39059-9

D 4
ISSN 0531-7339
ISBN 3-631-39059-9

© Peter Lang GmbH
Europäischer Verlag der Wissenschaften
Frankfurt am Main 2002
Alle Rechte vorbehalten.

Das Werk einschließlich aller seiner Teile ist urheberrechtlich geschützt. Jede Verwertung außerhalb der engen Grenzen des Urheberrechtsgesetzes ist ohne Zustimmung des Verlages unzulässig und strafbar. Das gilt insbesondere für Vervielfältigungen, Übersetzungen, Mikroverfilmungen und die Einspeicherung und Verarbeitung in elektronischen Systemen.

www.peterlang.de

Vorwort

Die Forschung im Bereich Computer Supported Cooperative Work (CSCW) wird immer noch stark von Fragen der technischen Gestaltung kooperativer Software-Applikationen dominiert. Der Einsatz dieser Technologien zur gezielten Gestaltung betriebswirtschaftlicher Organisationsformen wurde hingegen bislang nur vereinzelt thematisiert.
Insbesondere in verteilten Organisationen wirken sich die technisch bedingten Steigerungen der Kommunikationseffektivität und Koordinationseffizienz positiv auf arbeitsteilige Prozesse aus. So erschien es folgerichtig, anhand einer bestimmten verteilten Organisationsform zu untersuchen, wie kooperative Softwaretechnologien zu deren Gestaltung beitragen können. Dieses war die zentrale Motivation zur Anfertigung der vorliegenden Abhandlung.
Um neben dieser Kernfrage auch einen Beitrag zu einer aktuellen Diskussion in der betriebswirtschaftlichen Organisationslehre leisten zu können, wurde als Anwendungsfall einer verteilten Organisationsform die sogenannte „virtuelle Organisation" herangezogen. Daß diese auf der einen Seite in der Organisationslehre nicht unumstritten ist, jedoch auf der anderen Seite in weiten Bereichen der Management-Literatur überaus populär ist, erzeugt ein interessantes Spannungsfeld, das als weitere Motivation zu dieser Untersuchung wirkte.
So ist diese Arbeit nicht nur als eine mögliche Verbindungslinie zwischen Organisationslehre und CSCW-Forschung konzipiert, sondern auch als Beitrag zur kontroversen Diskussion um die virtuelle Organisation zu verstehen.

Mein großer Dank gilt Herrn Professor Dr. Ulrich Hasenkamp für die Annahme der Arbeit und seine persönliche Unterstützung des Vorhabens. Sein Interesse und Engagement für das Forschungsgebiet Computer-Supported Cooperative Work waren eine große Inspiration. Herrn Professor Dr. Bernd Schiemenz danke ich für die Übernahme des Zweitgutachtens und seine geschätzten Anregungen zu systemtheoretischen Fragen der Arbeit. Herrn Dipl.-Kfm. Markus Mütze gebührt mein besonderer Dank für die wertvollen inhaltlichen Diskussionsbeiträge und insbesondere für seine zentrale Hilfestellung bei der Manuskripterstellung. Herrn Dipl.-Kfm. Jörn-Eckart Wolff und Herrn Dipl.-Kfm. Jens Lehmbach schulde ich vielen Dank für ihre Beiträge zur formalen Gestaltung des Manuskriptes. Ferner danke ich den Herren Professor Dr. Felix Hampe, Dr. Stefan Eulgem, Dr. Holger Rohde, Professor Dr. Peter Roßbach, Herrn Dipl.-Kfm. Thomas Jenne und Herrn Dr. Dr. Marcus Porembski für ihre inhaltlichen Anregungen und ihre Bereitschaft zur Diskussion der Themen dieser Arbeit.
Tiefer Dank gebührt Frau WP/StB Silke Drebes für ihre beharrliche und einzigartige Unterstützung in allen Phasen der Arbeit, ohne die dieses Vorhaben nicht möglich gewesen wäre. Ihr ist diese Arbeit gewidmet.

Inhalt

Abbildungsverzeichnis 13

1 Einleitung 15

1.1 Problemstellung 15

1.2 Zielsetzung 16

1.3 Methodik und Vorgehensweise 17

2 Virtuelle Organisationsstrukturen in Unternehmungen 19

2.1 Gestaltung virtueller Organisationsstrukturen als Problem der Wirtschaftsinformatik 19

2.2 Virtuelle Organisation als ein Konzept der Unternehmensorganisation 21

   2.2.1 Begriff und Wesensmerkmale virtueller Organisationen 22

   2.2.2 Virtuelle Organisationsstrukturen: Konstituierende Bestandteile virtueller Organisationen und deren Charakteristika 31

      2.2.2.1 Differenzierung der Organisationselemente: Die virtuelle Organisation als Netzwerk selbständiger Module 33

      2.2.2.2 Prinzipien der Konfiguration virtueller Organisationsstrukturen 36

         2.2.2.2.1 Funktionelle Flexibilität als Organisationsprinzip 36

         2.2.2.2.2 Zeitliche Befristung der Konfiguration 38

         2.2.2.2.3 Hierarchien in virtuellen Organisationsstrukturen 40

   2.2.3 Koordination arbeitsteiliger Prozesse in virtuellen Organisationsstrukturen 42

      2.2.3.1 Arbeitsteilige Prozesse in virtuellen Organisationsstrukturen 42

2.2.3.2 Überwindung räumlicher, zeitlicher und
institutioneller Grenzen 46

2.2.3.3 Zur Problematik der Koordinationssteuerung in
virtuellen Organisationsstrukturen 51

2.2.3.4 Nutzung von Koordinationstechnologien als
Wesensmerkmal virtueller Organisationen 53

3 Erklärungsansätze der Bildung und der kooperativen Funktion
virtueller Organisationsstrukturen 59

3.1 Grundlegende Ansätze zur theoretischen Erklärung:
Systemtheoretische Abstraktion 61

    3.1.1 Umweltanpassung durch Systemvarietäten 64

    3.1.2 Komplexitätsbewältigung des Systems Virtuelle
Organisation 65

    3.1.3 Interne Ordnung durch externinduzierte Selbstorganisation 67

    3.1.4 Regelungsmechanismen zur Anpassung intra- und
intersystemischer Hierarchien 72

3.2 Zur Begründung virtueller Organisationen aus Sicht
transaktionskostentheoretischer Ansätze 78

3.3 Ausgewählte inter-organisationstheoretische und ökonomische
Ansätze der Erklärung virtueller Organisationen 88

    3.3.1 Zur Bedeutung grundlegender Ansätze der
Netzwerkorganisation 89

    3.3.2 Der Ressourcen-basierte Ansatz zur Erklärung der
Kooperationsfähigkeit 90

    3.3.3 Agency-Modelle zur Erklärung der Beziehungen zwischen
Kooperationspartnern 92

    3.3.4 Spieltheoretische Ansätze zur Erklärung von
Kooperationssituationen 93

    3.3.5 Zur Anwendung lerntheoretischer Überlegungen auf
virtuelle Organisationsstrukturen 95

3.4 Fazit: Beurteilung theoretischer Grundlagen der Erklärung und
Gestaltung virtueller Organisationsstrukturen 96

4 Instrumentelle Aspekte virtueller Organisationsstrukturen aus
Sicht der CSCW-Forschung 98

4.1 Zur Relevanz der CSCW-Forschung für die Gestaltung virtueller
Organisationsstrukturen 99

4.2 Allgemeine und abstrakte Ansätze zur Erklärung von
Gruppenarbeit und Gruppenfunktionen in Organisationen 102

    4.2.1 Strukturierung und Repräsentation der Koordination von
Aktivitäten der computerunterstützten Gruppenarbeit 104

    4.2.2 Weiterführende Formalisierung mit Hilfe von
Koordinationsmodellen und -sprachen 112

    4.2.3 Aktions- und Aktivitätenmodelle 115

4.3 Erklärung von Gruppenfunktionen in Organisationen mit Hilfe
funktioneller Ansätze 116

4.4 Synthese: Anwendbarkeit von CSCW-Ansätzen zur Gestaltung
virtueller Organisationsstrukturen 120

    4.4.1 Modellierung kooperativer Wirkungszusammenhänge in
virtuellen Organisationsstrukturen 120

    4.4.2 Entstehung aussagekräftiger Modelle zur Gestaltung
rekonfigurierbarer Prozesse 120

    4.4.3 Berücksichtigung sozialer und gruppenpsychologischer
Aspekte des Zusammenwirkens von Personen 122

    4.4.4 CSCW-Ansätze als Grundlage der Systemplanung 123

    4.4.5 CSCW-Ansätze als Grundlage der Systementwicklung
kooperativer Anwendungswerkzeuge 124

    4.4.6 Verbindung von CSCW-Ansätzen zu Integrationsmodellen 125

4.5 Zur Bedeutung empirischer Untersuchungen der Gestaltung der
Kooperation in virtuellen Organisationsstrukturen 126

5 Kooperative Prozesse in virtuellen Organisationsstrukturen 133

5.1 Virtuelle Organisation als Kooperationssystem 134

    5.1.1 Kooperationsformen zur intra-organisatorischen
Koordination der Aufgabenträger 135

    5.1.2 Kooperationsfähigkeit der Aufgabenträger als
Integrationskonzept intra- und interorganisatorischer Ebenen
virtueller Organisationen 137

5.2 Einflußfaktoren der intra-organisatorischen Kooperation in
virtuellen Organisationsstrukturen 138

5.2.1 Einfluß der Typologie virtueller Organisation auf
Kooperationsprozesse 138

    5.2.1.1 Virtuelle Organisationen ersten Grades 139

    5.2.1.2 Virtuelle Organisationen zweiten Grades 140

5.2.2 Variabilität von Kooperationsprozessen in den
Lebensphasen virtueller Organisationen 143

    5.2.2.1 Kooperationsziele in den Lebensphasen einer
virtuellen Organisation 145

    5.2.2.2 Kooperationsorganisation 147

5.2.3 Kooperationsaktivitäten 149

    5.2.3.1 Aktivitäten im Kooperationsverlauf 150

    5.2.3.2 Persönliche Beziehungen und Vertrauen in
Kooperationsaktivitäten 151

    5.2.3.3 Aktivitäten als Ansatzpunkt der aktiven Gestaltung
von Kooperationsprozessen 153

        5.2.3.3.1 Anwendbarkeit von CSCW-
Gruppenprozeßmodellen am Beispiel der
Task and Technology Interaction Theory 154

        5.2.3.3.2 Anwendung von Management-Ansätzen
am Beispiel des Virtual Work-Framework 157

5.2.4 Kooperationsinfrastruktur und -artefakte 159

    5.2.4.1 Kooperationsinfrastruktur als Integrationsrahmen 160

    5.2.4.2 Artefakte als Koordinationsobjekte 162

        5.2.4.2.1 Artefakte der globalen
Organisationsinformation 164

        5.2.4.2.2 Artefakte des Kooperationsprozesses 164

        5.2.4.2.3 Artefakte der informellen
Umgebungswahrnehmung 164

5.3 Synthese: Gestaltungsvariablen der Kooperation in virtuellen
Organisationsstrukturen 167

6 Meta-Modell eines Kooperationssystems für virtuelle
Organisationsstrukturen 169

6.1 Anforderungen an Kooperationssysteme 170

6.1.1 Formale Anforderungen.. 170

6.1.2 Sachliche Anforderungen 172

6.2 Modellelemente eines Kooperationsunterstützungssystems für
virtuelle Organisationsstrukturen 173

6.2.1 Kooperationsbasis für objektzentrierte Transaktionen 173

6.2.2 Kommunikations- und Kooperationskomponenten 174

6.2.3 Anpaßbarkeit des Kooperationsverhaltens 175

6.2.4 Wahrnehmungsmanagement... 176

6.2.5 Visualisierung und Navigation.. 177

6.3 Integration der vorgestellten Lösung 178

7 Zusammenfassung und Ausblick... 183

Literaturverzeichnis 185

Abbildungsverzeichnis

Abb. 1:	Methodisches Vorgehen	17
Abb. 2:	Systemtheoretische Fundierung virtueller Organisationen	64
Abb. 3:	Hierarchisches Systemmodell einer virtuellen Organisation zum Zwecke der Softwareentwicklung	76
Abb. 4:	Koordinationskostenverläufe zur Begründung geringerer Partnerzahlen	87
Abb. 5:	Schichtenmodell von Koordinationsprozessen nach Malone, Crowston	106
Abb. 6 :	Prozeßkompaß zum Process Handbook	109
Abb. 7:	GDSS/GCSS-Modell nach Pinsonneault/Kraemer	125
Abb. 8:	Makro- und Mikro-Prozeßebene virtueller Organisationen	144
Abb. 9:	Kooperationsmerkmale in virtuellen Organisationsstrukturen	145
Abb. 10:	Beziehungen zwischen Technologieunterstützung und Aufgabendimension im Task and Technology Interaction-Ansatz	156
Abb. 11:	Rahmenkonzept der Aufgabenerfüllung in virtuellen Organisationen	158
Abb. 12:	Integrative Darstellung des Meta-Modells	179

1 Einleitung

1.1 Problemstellung

Die Forschung im Bereich computerunterstützter Gruppenarbeit (engl. Computer-Supported Cooperative Work, CSCW) konnte sich in den letzten Jahren etablieren und an Reife gewinnen. Ihre Grenzen gegenüber benachbarten Forschungsgebieten wie beispielsweise der Mensch-Computer-Interaktion sind fließend, inzwischen aber klarer erkennbar. Das Zusammenwirken der der CSCW zugrunde liegenden Disziplinen ist durch zahlreiche Prototypen, Werkzeuge und kommerzielle Systeme produktiv geworden. Als Reifezeichen kann neben der Ausprägung und Präzisierung von Arbeitsgebieten insbesondere das in jüngster Zeit zu beobachtende Interesse der CSCW-Forschung an Grundfragen der betriebswirtschaftlichen Organisation gelten: Der Fokus der CSCW-Forschung wendete sich in den letzten Jahren von informationstechnischen Problemen zu Fragen, wie neue Organisationsformen unterstützt werden können und welche Rolle Groupware-Systeme in diesem Zusammenhang spielen. Werden die Leitthemen der maßgeblichen wissenschaftlichen Veranstaltungen im Bereich der CSCW zugrunde gelegt, so ist festzustellen, daß Fragen der Gestaltung von Organisationsstrukturen mit Hilfe kooperativer Informations- und Kommunikationssysteme eine immer wichtigere Rolle spielen. Dabei scheint diese Entwicklung primär durch die Erkenntnis motiviert worden zu sein, daß punktuelle Lösungen der technischen Unterstützung eines bestimmten Gruppenarbeitsproblems den praktischen Erfordernissen des modernen Organisationsgeschehens nicht gerecht werden und ein tiefergehendes Verständnis der jeweiligen Organisationsformen erforderlich ist.

Diese Einschätzung trifft insbesondere auf die Idee virtueller Unternehmen zu. Kaum ein anderes Management-Konzept der letzten Jahre vermochte in der Literatur eine vergleichbare zustimmende wie auch kontroverse Reaktion auszulösen, die bis heute in der betriebswirtschaftlichen und zunehmend auch in der volkswirtschaftlichen Forschung zu beobachten ist. Der ursprünglichen Euphorie ist eine Ernüchterung gewichen, die im wesentlichen aus der problematischen theoretischen Begründbarkeit und Abgrenzung sowie dem Mangel an integrierten praktischen Gestaltungsempfehlungen resultiert. Insbesondere die Frage der konkreten Umsetzung der Ansätze in die betriebliche Praxis bleibt nur bruchstückhaft und in groben Zusammenhängen beantwortet. Zahllose Forschungsprojekte und Veröffentlichungen zeichnen für die praktische Übertragbarkeit virtueller Organisationen auf das Unternehmensgeschehen jedoch ein sehr viel differenzierteres Bild.

Obwohl der Zuspruch zu dieser Organisationsform nach wie vor ungebrochen ist, werden in der vorliegenden Literatur konkrete Maßnahmen und Systeme zur Realisierung virtueller Organisationen noch sehr selten und zumeist nur unvollständig erörtert. Erste Erfahrungen mit prototypischen Architekturen sind auf einige wenige beteiligte Unternehmen und Kooperationsformen beschränkt. Wesentlicher Schwachpunkt ist bislang das Fehlen von Integrationsmodellen, die mit hohem Anwendungsbezug zu modernen Organisationsstrukturen Entwürfe zur Zusammenarbeit verschiedener Gruppenarbeitssysteme bereitstellen. Diese zu konzipieren und konkrete Vorschläge zu deren Implementation zu entwickeln ist insbesondere eine Herausforderung an die Wirtschaftsinformatik, die in diesem Forschungsgebiet zwischen Organisationstheorie und Informationstechnologie-Einsatz wertvolle Beiträge leisten kann.

1.2 Zielsetzung

Ziel der Arbeit ist es, einen Beitrag zur Diskussion um die Organisationsform der virtuellen Organisation zu leisten. Sie thematisiert Strukturen virtueller Organisationen aus Sicht der Organisationslehre sowie der Wirtschaftsinformatik und zeigt Möglichkeiten der Kooperationsunterstützung auf.
Dazu wird vorgeschlagen, Konzepte und Technologien der Computer-Supported Cooperative Work-Forschung einzusetzen, die zunehmend als Lösungsansatz der vielfältigen, in virtuellen Organisationsstrukturen auftretenden Koordinationsprobleme gesehen werden.
Im ersten Schritt erfolgt eine theoretische Fundierung und der Entwurf eines Erklärungsrahmens virtueller Organisationsstrukturen. Dabei wird der Aspekt der gruppenbasierten, arbeitsteiligen Wertschöpfung betont, der die kooperative Sichtweise virtueller Organisationsstrukturen begründet. Die theoretische Fundierung der Organisationsform stellt ein zentrales Ziel der Arbeit dar, da dieser Aspekt virtueller Organisationen in der Literatur immer noch unterrepräsentiert ist oder nur einseitig erarbeitet wurde. In diesem Zusammenhang soll der Begriff der virtuellen Organisationsstruktur konkretisiert und erklärt werden.
Die Analyse von Kooperationselementen und -prozessen in diesen virtuellen Organisationsstrukturen stellt ein weiteres wesentliches Ziel der Arbeit dar. So soll erklärt werden, welche Ansatzpunkte zur Gestaltung der Kooperation bestehen und mit welchen Funktionen von CSCW-Systemen diese unterstützt werden können.
Im zweiten Teil der Arbeit werden diese Grundlagen zur Darstellung eines Meta-Modells für ein Kooperationssystem verwendet. Dazu werden zunächst Anforderungen an Kooperationssysteme für virtuelle Organisationsstrukturen formuliert, bevor Grundfunktionen konkretisiert werden. Dieses Modell soll dabei bewußt nicht als ein detaillierter Implementierungsvorschlag dienen, sondern vielmehr aufzeigen, wie die Kooperation in virtuellen Organisationsstrukturen funktionell unterstützt werden muß und durch den Einsatz von CSCW-Informationstechnologien effizient gestaltet werden kann. Dementsprechend

chend handelt es sich um ein generisches Modell, dessen Funktionen nicht domänenspezifisch zu sehen sind. Da dieser Anspruch nicht ohne konkrete Problemlösungen für anwendungsspezifische Aspekte erfüllt werden kann, wird an ausgewählten Stellen des Systementwurfs auch auf Fragen der Nutzung eines derartigen Systems eingegangen. Dennoch stehen im Mittelpunkt des Entwurfs zentrale Anforderungen an die Unterstützung virtueller Organisationsstrukturen, die bereits beim Systementwurf berücksichtigt werden müssen. Dazu zählen grundsätzliche Systemmerkmale wie Flexibilität, Anwendungsintegration oder kurzfristige Rekonfigurierbarkeit.

1.3 Methodik und Vorgehensweise

Die vorliegende Arbeit besteht neben einer Erarbeitung von Grundlagen aus zwei Hauptteilen, die den genannten Zielen entsprechen. Dabei handelt es sich um die ausführliche theoretische Fundierung sowie um die Konzipierung eines Meta-Modells für ein Kooperationssystem in virtuellen Organisationsstrukturen.

Grundlegung und Motivation	**Kapitel 2:** Virtuelle Organisationsstrukturen in Unternehmungen	• Gestaltung virtueller Organisationsstrukturen als Problem der Wirtschaftsinformatik • Virtuelle Organisation als ein Konzept der Unternehmensorganisation
Theoretische Fundierung virtueller Organisationsstrukturen und relevanter Kooperationsprozesse	**Kapitel 3:** Erklärungsansätze der Bildung und der kooperativen Funktion virtueller Organisationsstrukturen	• Systemtheoretische Abstraktion • Transaktionskostentheoretische Ansätze • Ausgewählte inter-organisatorische und ökonomische Ansätze
	Kapitel 4: Instrumentelle Aspekte virtueller Organisationsstrukturen aus Sicht der CSCW-Forschung	• Ansätze zur Erklärung von Gruppenarbeit und Gruppenfunktionen in Organisationen • Anwendbarkeit von CSCW-Ansätzen zur Gestaltung virtueller Organisationsstrukturen
	Kapitel 5: Kooperative Prozesse in virtuellen Organisationsstrukturen	• Virtuelle Organisation als Kooperationssystem • Einflußfaktoren der intra-organisatorischen Kooperation in virtuellen Organisationsstrukturen • Gestaltungsvariablen der Kooperation in virtuellen Organisationsstrukturen
Konzipierung eines Metamodells für ein generisches Kooperationssystem	**Kapitel 6:** Meta-Modell eines Kooperationssystems für virtuelle Organisationsstrukturen	• Formale Anforderungen • Sachliche Anforderungen • Kooperationsbasis für objektzentrierte Transaktionen • Kommunikations- und Kooperationskomponenten • Anpaßbarkeit des Kooperationsverhaltens • Wahrnehmungsmanagement • Visualisierung und Navigation • Integration

Abb. 1: Methodisches Vorgehen

In Teil zwei wird eine Charakterisierung des Anwendungsgebietes vorgenommen. Virtuelle Organisationsstrukturen werden definiert und in ihren Wesensmerkmalen beschrieben. Dabei wird insbesondere der Kooperationsaspekt herausgearbeitet, der für das Konzept virtueller Organisationen als maßgeblich beschrieben werden soll. Kooperation soll in diesem Zusammenhang aus verschiedenen Sichten dargestellt und in ihren Auswirkungen auf die Gestaltung von Kooperationssystemen für virtuelle Organisationsstrukturen untersucht werden.

Im anschließenden dritten Teil wird ein theoretischer Rahmen dargestellt, der aus institutioneller und insbesondere funktioneller Sicht die Organisationsform virtueller Organisationen und deren grundlegende Strukturen beschreibt. Kooperationsrelevante Aspekte, die durch die ausgewählten Ansätze berührt werden, werden besonders berücksichtigt. Dieser Teil greift auf Vorarbeiten aus der Systemtheorie, der neueren Institutionenökonomie, der Organisationslehre sowie der Informatik und Wirtschaftsinformatik zurück. Auch die Literatur neuerer Management-Konzepte wird in diesem Zusammenhang zu Klärung des Einflusses der Kooperation auf virtuelle Organisationsstrukturen herangezogen.

Das vierte Kapitel beschreibt instrumentelle Aspekte der Kooperation in virtuellen Organisationsstrukturen. Der Zielsetzung einer ausführlichen Grundlagendiskussion folgend, werden in diesem Teil Ansätze des Forschungsgebietes der Computer-Supported Cooperative Work-Forschung mit dem Konzept der Kooperation in virtuellen Organisationsstrukturen in Verbindung gebracht. Ansatzpunkte und Methoden der Anwendung von CSCW-Ansätzen werden beschrieben und im Hinblick auf ihre Kooperationsunterstützung in virtuellen Organisationsstrukturen bewertet.

Der erste Hauptteil schließt mit der Darstellung kooperativer Prozesse in virtuellen Organisationsstrukturen.

Dieser Methodik folgend, wird im sechsten Kapitel eine Spezifikation abgeleitet, welche die von einem Kooperationssystem für virtuelle Organisationsstrukturen zu erfüllenden Anforderungen beschreibt. Darauf aufbauend soll ein Meta-Modell eines generischen Kooperationssystems entwickelt werden, das die aufgestellten Anforderungen angemessen berücksichtigt und als Maßgabe der Entwicklung konkreter Informations- und Kommunikationssysteme zur Kooperationsunterstützung in virtuellen Organisationsstrukturen verwendet werden kann.

2 Virtuelle Organisationsstrukturen in Unternehmungen

Das Grundkonzept der virtuellen Organisation zielte ursprünglich auf die Erklärung und Gestaltung inter-organisatorischer Wirkungszusammenhänge ab.[1] So wurde die Verbindung der Ressourcen verschiedener Marktpartner zu einer neuartigen Wertschöpfung hauptsächlich als Problem der Kopplung heterogener Prozeßketten aufgefaßt. Die Frage, wie dieser Anspruch funktionell bewältigt werden sollte, rückte in letzter Zeit zunehmend in den Mittelpunkt des Interesses. Dabei wurde deutlich, daß das Konzept virtueller Organisationen im Vergleich zu klassischen Organisationsformen eigenständige Organisationsprinzipien aufweist, die zwangsläufig auch zu anderen Organisationsstrukturen führen. Um virtuelle Organisationen vorteilhaft gestalten zu können, müssen diese Prinzipien und Strukturen zunächst verstanden und im Zusammenhang erklärt werden.

2.1 Gestaltung virtueller Organisationsstrukturen als Problem der Wirtschaftsinformatik

Das Konzept virtueller Organisationen hat sich in der wirtschaftswissenschaftlichen Literatur und Diskussion inzwischen etablieren können. Unterschiedliche theoretische Ansätze der Begründung dieser Organisationsform zeigen, daß die Grundidee nicht nur ein Modethema der Managementliteratur, sondern zu Recht Gegenstand der wirtschaftswissenschaftlichen Forschung ist. Neben betriebswirtschaftlich-organisationstheoretischen Ansätze wie der System-, Kontingenz-, Verhaltens-, Regelkreis- oder Spieltheorie sind auch zunehmend Erkenntnisbeiträge aus der Volkswirtschaftslehre zu verzeichnen, die Aspekte des Konzepts virtueller Organisationen erläutern: Neben den bekannten institutionenökonomischen Ansätzen, die z.B. versuchen, transaktionskostentheoretische Begründungen für die Existenz virtueller Unternehmen zu finden, sind es zunehmend Arbeiten aus den Bereichen der Wirtschafts- und Wettbewerbspolitik, die sich mit Fragen des Wirkens virtueller Organisationen auseinandersetzen.[2]
Unverkennbar steht der gegenwärtigen Popularität des Organisationskonzepts virtueller Unternehmen ein Mangel an praktischen Umsetzungskonzepten entgegen. Die Gestaltung konkreter Organisationsstrukturen und deren Unterstützung mit geeigneten Technologien bleiben hinter den in der Literatur geweckten Erwartungen zurück. Zwar sind aus der Literatur bereits eine Reihe von Or-

---

[1] In der Literatur ist die erstmalige Verwendung des Begriffes umstritten. In diesem Zusammenhang soll auf Byrne, Brandt, Port /Virtual 1993/ verwiesen werden. Vgl. zur Begriffsbildung auch ausführlich Sieber /Bibliography 1995/ und Bultje, Wijk: /Taxonomy 1998/. Zur besseren Unterscheidung der Begriffe „intra-organisatorisch" und „inter-organisatorisch" werden diese im folgenden mit Bindestrich geschrieben.

[2] Vgl. beispielsweise Linde /Virtualisierung 1997/.

ganisationen bekannt, die sich selbst als virtuell bezeichnen, doch sind deren Eigenschaften und Ausprägungen zentraler wesensbildender Merkmale nur selten mit den Erkenntnissen der Literatur in Deckung zu bringen. Dieser Mangel liegt nicht zuletzt im Fehlen von Gestaltungsvorschlägen begründet, die organisationstheoretische und informationstechnische Aspekte verbinden können. Insofern stellt die Konzeption und Entwicklung von Informationssystemen für virtuelle Organisationen ein Forschungsfeld der Wirtschaftsinformatik dar.[3] In der Betriebswirtschaftslehre scheint die Auseinandersetzung der (deutschsprachigen) Wirtschaftsinformatik mit dem Konzept virtueller Organisationen interessiert beobachtet zu werden. Nach Auffassung des Arbeitskreises *Unternehmerische Partnerschaften* der Schmalenbach-Gesellschaft ist das Forschungsfeld bis jetzt nicht durch die Management- und Organisationslehre, sondern durch die Wirtschaftsinformatik "aufgearbeitet worden".[4] Dieses sollte dem Fachgebiet nicht nur Ansporn, sondern auch Verpflichtung sein, diesen wichtigen Bereich der Unternehmensorganisation weiter zu erschließen.

Als Schnittstellendisziplin zwischen Betriebswirtschaftslehre und Informatik bietet die Wirtschaftsinformatik dabei einen guten Rahmen, das teilweise unscharfe Konzept virtueller Organisationen zu beschreiben und zu gestalten, welches mit Hilfe betriebswirtschaftlicher Erkenntnisse allein nicht ausreichend bewältigt werden kann.[5]

Neben der Interdisziplinarität des Untersuchungsgegenstands ist es insbesondere der hohe Durchdringungsgrad virtueller Organisationen mit modernen Informations- und Kommunikationssystemen, der zur Anwendung von Methoden und Werkzeugen der Wirtschaftsinformatik berechtigt.

Dieser Sachverhalt wird dadurch bekräftigt, daß die Organisation der Koordination des arbeitsteiligen Geschehens einer Unternehmung sich seit einiger Zeit als eigenständiges Forschungsgebiet der Wirtschaftsinformatik hat etablieren können. Insbesondere das Arbeitsgebiet der computerunterstützten Gruppenarbeit hat in den letzten Jahren verschiedene Koordinations- und Kooperationsansätze hervorgebracht, die zur informationstechnischen Gestaltung virtueller Organisationsstrukturen herangezogen werden können.

---

[3] Vgl. Mertens /Virtuelle Unternehmen 1994/ 172; Schwarzer, Krcmar /Organisationsformen 1994/ 26; Fischer, Kocian /Agenten 1996/ 45.
[4] Sydow, Winand /Unternehmungsvernetzung 1998/ 18. Vgl. auch Scholz /Strategische 1997/ 328.
[5] Vgl. Krystek, Redel, Reppegarther /Grundzüge 1997/ 4.

Insofern stellt das Rahmenthema dieser Arbeit einen Kernbereich der Wirtschaftsinformatik dar, der in seinen Erkenntnissen zu Grundzusammenhängen computergestützter innerbetrieblicher Zusammenarbeit wertvolle Beiträge zur Konzeption und Implementation eines Kooperationssystems für virtuelle Organisationsstrukturen liefern kann.

2.2 Virtuelle Organisation als ein Konzept der Unternehmensorganisation

Die Gestaltung virtueller Organisationsstrukturen als Aufgabe der Wirtschaftsinformatik ist nicht zuletzt durch die Verwendung von Informationstechnologien als eigenständigem Strukturelement begründet. Informations- und Kommunikationssysteme unterstützen Funktionen einer Organisation nicht nur, sie prägen auch deren Wesen maßgeblich. Damit ist für die Untersuchung der Problemstellung, inwiefern Informations- und Kommunikationstechnologien das Konzept virtueller Organisation nachhaltig unterstützen und konstituieren können, zunächst ein grundlegendes Verständnis der Begründung und der Leitgedanken virtueller Organisationsstrukturen voraus.

In der Begriffsentwicklung ist an dieser Stelle von der Organisationsform *virtuelle Organisation* auszugehen, deren Ausprägungen im faktischen Sinne *virtuelle Unternehmen* sind. Diese Unterscheidung beruht dabei nicht nur auf der Tatsache, daß nicht alle Organisationen auch Unternehmen sind, sondern vielmehr auf dem Anspruch, die Organisationsform der virtuellen Organisation als allgemeines Modell zu beschreiben, was mit der Konkretisierung auf ein Unternehmen im klassischen Sinne der Betriebswirtschaftslehre unvereinbar wäre. Ebenso soll im Rahmen dieser Arbeit nicht die sogenannte *Virtualisierung* von Organisationen erörtert werden. Zwar sind der Literatur ernstzunehmende Versuche zu finden, diesen Begriff aus einer Entwicklungsperspektive zwischen Idealtypen einer Unternehmung zu beschreiben[6] oder diesen in der Begründung virtueller Organisationen als generelles Konzept zu sehen.[7] Jedoch scheint dieser Ausdruck zu häufig lediglich eine andere Bezeichnung für Formen der Simulation oder des technischen Fortschritts zu sein,[8] die auf eine nicht genau konkretisierbare Art mit betrieblicher Wertschöpfung zusammenhängen. So erscheint die Verwendung dieses Begriffs nur zweckmäßig, um anhand von ausgewählten Kennzahlen oder Schlüsselmerkmalen betriebswirtschaftliche

---

[6] Vgl. Linde /Virtualisierung 1997/ 38f.; Reichwald u.a. /Telekooperation 1998/ 45 u. 242ff.

[7] Vgl. Arnold u.a. /Virtuelle 1995/ 9f.; Scholz /Strategische 1997/ 321 und 348 ff.; Scholz /Netzwerkkooperation 1998/ 106 ff.; Sydow, Winand /Unternehmungsvernetzung 1998/ 18 ff.; Venkatraman, Henderson /Hollow 1995/ 1 zitiert in Mertens, Griese, Ehrenberg /Unternehmen 1998/ 5.

[8] Vgl. Fink /Unternehmensstrukturen 1998/ 16; Schuh, Eisen, Friedli /Business 1998/ 27; Ostrowksi /Virtualisierung 1997/ 123 ff.; Grenier, Metes /Virtual 1995/ 2.

Wirkungszusammenhänge im Sinne des Modells der virtuellen Organisation,[9] nicht jedoch beliebige Fortschritte der Arbeitsorganisation zu beschreiben.[10] Dementsprechend soll der Begriff *Virtualität* ebenfalls keine Verwendung im Rahmen dieser Arbeit finden. Als Schlagwort, das "zur Zeit vor allem zur Markierung von Veränderungen, die mit der Etablierung des Mediums Computer einhergehen"[11], verwendet wird, impliziert es einen meßbaren Ausprägungsgrad. Somit wird der Anschein erweckt, daß sich das Konzept virtueller Organisationen mit Hilfe der Bildung einer Virtualitäts-Kennzahl quantifizieren ließe.

Zwar wird der Begriff häufiger in der wirtschaftswissenschaftlichen Literatur zur Erläuterung des Konzeptes virtueller Organisationen verwendet.[12] Auch findet er sich in der Informatik als abstrakte Gestaltungsmetapher für den Systementwurf.[13] Jedoch impliziert die leichtfertige Verwendung des Ausdrucks allzu häufig eine eigenständige Bedeutung, die den Bezug zu einem konkreten Objekt, welches in virtueller Erscheinungsform vorliegt, verloren hat.[14] Insofern erscheint die Verwendung von Virtualität als klassifikatorischer oder sogar komparativer Begriff problematisch.[15] Die Verwendung des Begriffes erscheint lediglich als Ansatzpunkt zur Messung spezifischer Eigenschaften und der Bildung von Skalen im Sinne umfassenderer Forschungsprojekte sinnvoll.[16]

2.2.1 Begriff und Wesensmerkmale virtueller Organisationen

Die Entstehung des Begriffs virtueller Unternehmen wird Mowshowitz zugeschrieben, der 1986 Parallelen zwischen Speicherformen von Informationstechnologien und der Unternehmensorganisation zog.[17] Doch basiert das *Konzept* der virtuellen Organisation in seinem Kern hauptsächlich auf Fortschritten der Unternehmensvernetzung. Anfang und Mitte der achtziger Jahre sind in der betriebswirtschaftlichen Literatur konkretere Beschreibungen des Nutzenpotentials vernetzter Unternehmensstrukturen erschienen.[18]

---

[9] Vgl. Scholz /Netzwerkkooperation 1998/ 103 ff.; Reichwald u.a. /Telekooperation 1998/ 231 ff.
[10] Vgl. beispielsweise Linnenkohl /Virtualisierung 1998/ 146 ff.
[11] Brill /Virtualisierung 1998/ 33.
[12] Vgl. Zuberbühler /Wettbewerbsvorteil 1998/ 18ff.; Scholz /Organisation 1994/ 5ff.; Wüthrich u.a. /Virtualisierung 1997/ 45ff.; Bultje, Wijkt: /Taxonomy 1998/ 8; Winand /Virtuality 1997/ 22ff. Für eine synoptische Zusammenstellung beschreibender Konzepte, die zugleich auch Einflüsse der Begriffsbildung der *Virtualität* darstellen, vgl. Sieber /IT-Branche 1998/ 361ff.
[13] Vgl. Turoff /Virtuality 1997/ 38ff.
[14] Vgl. Scholz /Strategische 1997/ 321.
[15] Vgl. Schräder /Management 1996/ 35.
[16] Vgl. Sieber /Virtualness 1998/ 108 ff. bzw. Sieber /IT-Branche 1998/.
[17] Vgl. Mowshowitz /Social 1986/; Picot, Reichwald, Wigand /Unternehmung 1996/ 394 f.
[18] Vgl. z.B. Miles, Snow /Fit 1984/, Thorelli /Networks 1986/; Jarillo /Networks 1988/.

Bei der Beschreibung dieser ersten Unternehmensnetzwerke wurden insbesondere Marktmechanismen zwischen kooperierenden Unternehmen als Schlüsselmerkmal betont. Durch die Hervorhebung dieser Marktmechanismen können neuartige Lösungswege der Organisation betrieblicher Wertschöpfung entwikkelt werden. Diese ersten Unternehmensnetzwerke werden als Reaktion auf veränderte Markt- und Rahmenbedingungen beschrieben, die den Strukturwandel in verschiedenen Bereichen der betrieblichen Produktion, des Absatzes, der Organisation sowie der Marktbedingungen betreffen.[19]
Im Zusammenhang mit der Konfiguration großer Organisationen ist seit Mitte der achtziger Jahre die Diskussion um das vermeintliche Versagen der klassischen hierarchischen Organisationsstrukturen bedeutsam, die sich unter dem Wettbewerbsdruck dynamischer, globaler Märkte als zu inflexibel erwiesen haben. Um einfachere Wege der Leistungserstellung zu finden und flexibler auf Kunden- und Markterfordernisse reagieren zu können, sind Anfang der neunziger Jahre erste Rahmenkonzepte virtueller Organisationen in der Literatur eingeführt worden.
Diese ersten Ansätze zur Formulierung eines Konzeptes virtueller Organisationen betonen den temporären Netzwerkcharakter des Unternehmens, der eine neuartige Form der Bildung von Wertschöpfungsketten ermöglicht.[20] So wird eine virtuelle Organisation als unternehmensübergreifendes Kooperationsmodell gesehen, das Kompetenzen verschiedener Partner zur zeitlich befristeten Produktion oder der Erbringung einer Leistung zusammenführt.[21] Somit kann eine virtuelle Organisation auch als Integrationsrahmen definiert werden, in dem die Beiträge verschiedener, zumeist rechtlich selbständiger Partner zusammengeführt werden.[22] Dieses Netzwerk variabler Erscheinungsform[23] wird dabei als Einheit betrachtet, da es die Erstellung einer exakt festgelegten Wertschöpfung anstrebt. Obgleich dieses Ziel weitestgehend spezifiziert ist, ist der Weg zu dessen Umsetzung sowie die Wahl der Beteiligten grundsätzlich offen.[24]

---

[19] Grundlegende Unterscheidungen finden sich z.B. in Picot, Dietl, Franck /Organisation 1997/ 330; Bullinger /Dienstleistungen 1997/ 16; Goldman u.a. /Agil 1996/ 37 ff.; Knetsch /Weg 1996/ 18 ff.; Davidow, Malone /Unternehmen 1993/ 9 ff.; Picot, Reichwald /Auflösung 1994/ 548 ff.; Picot, Reichwald, Wigand /Unternehmung 1996/ 3ff.; Reichwald u.a. /Telekooperation 1998/ 2 ff.; Norton, Smith /Organization 1997/ 8f. Verschiedentlich werden in diesen Entwicklungen Anfänge einer sogenannten „virtuellen Wirtschaft" gesehen, vgl. Brill, de Vries /Wirtschaft 1998/; Lefebvre, Lefebvre /Economy 1997/.
[20] Vgl. Mertens, Griese, Ehrenberg /Unternehmen 1998/ 11.
[21] Vgl. beispielsweise Linde /Virtualisierung 1997/ 26 ff.
[22] Vgl. Voskamp, Wittke /Integration 1994/ 230 ff.
[23] Vgl. Wüthrich, Philipp /Wertschöpfung 1998/ 19 f.; Ackermann /Aspekte 1998/ 44 f.
[24] Vgl. Savage /Management 1996/ 231.

Somit besteht eine virtuelle Organisation als ein fallweises Konstrukt, das variable Komponenten enthält und sich in der Organisationsgestaltung nur am eigentlichen Ziel der Wertschöpfung ausrichtet.[25]
Zur Lösung der entstehenden Koordinations- und Kooperationsprobleme wird der umfassende Einsatz von Informations- und Kommunikationstechnologien gefordert. Dieser wird dabei mindestens als Erfolgsfaktor,[26] zumeist jedoch als konstitutives Merkmal zur Überwindung zeitlicher und räumlicher Grenzen gesehen.[27]
Des weiteren wird als Gestaltungsmerkmal der Verzicht auf Institutionen und formale Hierarchien der klassischen Unternehmensorganisation formuliert.[28] Je nach Spezifität der zu erstellenden Produkte oder Leistungen bringen Kooperationspartner typischerweise jeweils ein einzelnes Element der Wertekette in die Produktion ein, so daß die Struktur des virtuellen Unternehmens unmittelbar durch dessen Kernprozesse bestimmt wird.[29] Der Gestaltung der Ablauforganisation kommt damit eine erheblich höhere Bedeutung als der Entwicklung einer Aufbauorganisation zu.[30] Diese Variabilität der Leistungserstellung ist daher nicht an physisch vorhandenen Strukturen ausgerichtet, sondern an der logischen Gestaltung der Wertschöpfungsprozesse.[31] Die Abstraktion von konkreten Aufbau- und Ablauforganisation zugunsten einer Organisationsstruktur, die nur zeitweise als eine unter verschiedenen Möglichkeiten besteht,[32] demnach virtuell existiert, wird daher als Alleinstellungsmerkmal gegenüber anderen Organisationsformen gesehen.
Diese Anforderung an die Funktion virtueller Organisationen führt zu einer weiteren Dimension des Konzeptes. So wurde neben der ursprünglich *inter*-organisatorisch motivierten Sichtweise die Anwendung der Ideen und Funktionen virtueller Organisationen auch auf die Formulierung von Organisationsprinzipien eines einzelnen Unternehmens übertragen.[33] Die *intra*-organisatorische Struktur (virtuelle Organisation ersten Grades) wird dabei von manchen Autoren als zwingende Vorbedingung der Entstehung virtueller Unternehmen im *inter*-organisatorischen Sinne (virtuelle Organisation zweiten

---

[25] Vgl. Reiß, Beck /Kernkompetenzen 1996/ 46; Krumbein /Netzwerke 1994/ 250.
[26] Vgl. beispielsweise Schräder /Management 1996/ 71; Meffert /Virtual 1998/ 2; Venkatraman, Henderson /Architecture 1996/ 4 zitiert in Mertens, Griese, Ehrenberg /Unternehmen 1998/ 5.
[27] Vgl. beispielsweise Reiß /Unternehmung 1996/ 10; Dembski /Future 1998/ 42; Bultje, Wijkt: /Taxonomy 1998/ 12.
[28] Vgl. beispielsweise Davidow, Malone /Unternehmen 1993/ 180 ff.; Arunkumar, Jain /Value 1996/ 34; Scholz /Strategische 1997/ 372.
[29] Vgl. beispielsweise Krystek, Redel, Reppegarther /Grundzüge 1997/ 46 ff.; Franck /Entkopplung 1997/ 11.
[30] Vgl. Mertens /Virtuelle Unternehmen 1994/ 169.
[31] Vgl. Wittlage /Organisationskonzeptionen 1998/ 124.
[32] Vgl. Scholz /Konzeption 1996/ 204.
[33] Vgl. beispielsweise Olbrich /Modell 1994/ 33.

Grades) gesehen,[34] wobei dieser Zusammenhang weitgehend vom jeweiligen Typus einer virtuellen Organisation, ihrer zeitlichen Befristung und ihrer Ressourcen abhängt.[35] Diese vorstehenden unterschiedlichen Einflüsse haben die Entstehung des Konzepts virtueller Organisationen massiv geprägt, begründen aber gleichzeitig auch die Probleme der Findung einer widerspruchsfreien Begriffsbestimmung der virtuellen Organisation.

Eine fehlende allgemein akzeptierte Definition virtueller Organisationen eröffnet somit Interpretationsspielräume, die zum fahrlässigen Umgang mit den zugrundeliegenden Ideen verleiten.[36] Der Mangel einer eindeutigen Definition führt dabei zwangsläufig zu Problemen der Abgrenzung gegenüber anderen Organisations- und Managementkonzepten. Die berechtigte Frage nach dem Beitrag des Konzeptes virtueller Organisationen zur Lösung von betrieblichen Koordinationsproblemen verdeutlicht, wie sehr das Fehlen einer akzeptierten Definition die Kontroverse um dieses Organisationskonzept bestimmt. Somit sind Kritiken, die nicht nur diese Einzelfragen, sondern virtuelle Organisationen als Ganzes betreffen, verständlich und angebracht. Insbesondere die Zusammenfassung von aktuellen Managementtrends unter der Bezeichnung virtuelle Organisation erschwerte die Diskussion, da der Begriff damit unangemessen breit ausgelegt wurde[37] bzw. nur unzureichend abgegrenzt wurde.[38] Damit wird verständlich, daß aus Sicht der Organisationstheorie das Konzept als überidealistisch und realitätsfern beschrieben wird, ihm der Charakter eines Schlagwortes, einer Mode oder gar eines Mythos unterstellt wird.[39] Dabei dürfte die inflationäre Verwendung des Begriffes in dessen Bedeutungsvielfalt begründet liegen.[40]

Auf diese Kritiken wird nur am Rande der Arbeit eingegangen, da sie einer umfangreichen gesonderten Erörterung bedürften: Zum einen spiegeln die Kritiken eine Diskussion innerhalb der betriebswirtschaftlichen Organisationslehre wider, die Grundfragen der Wirklichkeitskonstruktion in dieser Disziplin betref-

---

[34] Vgl. Klein /Organisation 1994/ 39.
[35] Vgl. Bultje, Wijkt: /Taxonomy 1998/ 17, die in einem Ansatz der Typologie virtueller Organisationen interne, stabile und dynamische virtuelle Organisationen sowie Web-Unternehmen unterscheiden.
[36] Vgl. Maresch /Kommunikation 1998/ 323-324.
[37] Vgl. Scholz /Strategische 1997/ 327.
[38] Vgl. Griese, Sieber /Virtualität 1998/ 159; Schwarzer, Krcmar /Organisationsformen 1994/ 26. Ausführlich in bezug auf Netzwerkorganisationen auch Alstyne /Network 1997/.
[39] Vgl. beispielsweise Angermeyer /Lösung 1996/ 201; Arnold, Härtling /Begriffsbildung 1995/ 6.; Griese /Virtuelle 1994/ 10; Olbrich /Modell 1994/ 29; Reichwald u.a. /Telekooperation 1998/ 237; Kieser /Moden 1996/ 24; Reiß /Unternehmung 1996/ 10; Wächter /Dezentralisation 1997/ 229.
[40] Vgl. Reichwald u.a. /Telekooperation 1998/ 231.

fen.[41] Zum anderen handelt es sich bei dem Konzept der *Virtuellen Organisation* um einen noch nicht vollständig ausgereiften, etablierten organisationstheoretischen Ansatz, dessen Inkonsistenzen zweifellos besondere Aufmerksamkeit verlangen. Jedoch ist die grundsätzliche Existenzberechtigung in Anbetracht des wissenschaftlichen Interesses nicht in Frage zu stellen.

Diese beiden Grundfragen der Diskussion virtueller Organisationen bestimmen auch deren Interpretation im Rahmen der vorliegenden Arbeit. So wird das Konzept virtueller Organisation bewußt als Spezialfall einer Verbundorganisation beschrieben, dessen vollständige Erklärung und Konkretisierung noch nicht vollzogen ist. Virtuelle Organisationen werden hier als eine Ausprägungsform von Unternehmensnetzwerken gesehen, die als loser Verbund autonomer Komponenten einem Organisationsbegriff folgt, der nicht auf der „Trennung und Trennbarkeit von Organisationsstruktur und menschlichen Handlungen und ... der Gegenüberstellung von Struktur und Prozeß"[42] basiert. Dadurch unterscheiden sich moderne Organisationskonzepte wie die virtuelle Organisation von traditionellen Ansätzen in der „Kombination anders ausgeprägter Strukturdimensionen der Gebilde- und Prozeßstruktur".[43] Strukturelemente der Organisation sind nicht mehr zwingend statische Vorgaben, sondern unterliegen zumeist einem Wandel, der durch die Handlungen der Beteiligten selbst geschaffen wird. Das traditionelle Bild einer Organisation als raum-zeitliche und institutionell-rechtliche Einheit mag zu dieser Abgrenzung beitragen,[44] die lange Zeit auf einer festgefügten und eindeutigen Systemvorstellung betriebswirtschaftlicher Organisation basierte.[45]

Insofern scheint es möglich, daß die etablierte Organisationslehre in ihrer Kritik eine Betrachtungsweise zugrunde legt, die zwar ihrer konventionellen Systematik entspricht, aber dem Wesen neuartiger Organisationskonzepte von lose verbundenen Elementen nicht vollauf gerecht wird.

---

[41] Vgl. Scholz /Strategische 1997/ 334.
[42] Wächter /Dezentralisation 1997/ 230.
[43] Wittlage /Organisationskonzeptionen 1998/ 61.
[44] Vgl. Franck /Arbeitsformen 1995/ 2.
[45] Vgl. Remer /Organisationslehre 1989/ 70; Weber /Organisation 1996/ 17. Ob, *Reichwald* folgend, die betriebswirtschaftliche Organisationsforschung tatsächlich „viel zu lange ... an dem Versuch festgehalten [hat], einen einzigen optimalen Weg der organisatorischen Gestaltung zu finden" (Reichwald u.a. /Telekooperation 1998/ 40), soll im Rahmen dieser Arbeit nicht beurteilt werden.

„Das Insistieren auf Konsistenz, innerer Logik, Vorhersehbarkeit erwiese sich in diesem Sinne als Glaube an die Beherrschbarkeit 'des Systems' und wäre in einem Maße dem Mythos der Kontrolle (einer Organisation durch das Management) verhaftet, der mindestens genauso fragwürdig ist, wie das Fragementarische der 'neuen Dezentralisation'." [46]

Organisationskonzepte wie das der virtuellen Organisation mögen nicht in allen Punkten den Anforderungen der traditionellen Organisationslehre entsprechen, aber sie sind zumindest ein Versuch, dynamische Strukturen und veränderliche Grenzen einer Organisation in ihren Auswirkungen zu verstehen. Der Wert des Konzeptes der *Virtuellen Organisation* liegt in dessen Eignung als Leitbild für die Suche nach neuen Formen der Unternehmensorganisation.[47] Idealerweise führt die Auseinandersetzung mit dem Konzept der virtuellen Organisation zu neuartigen Gestaltungsprinzipien für Organisationen, die bei der Anpassung an veränderte Rahmenbedingungen und der Realisierung neuer Formen der Wertschöpfung nützlich sind. Daß die in diesem Zusammenhang gewonnenen Erkenntnisse teilweise (erst) intuitiver Natur sind, mag in der kurzen Reifezeit des Gebietes begründet liegen. Nachdem inzwischen erste empirische Untersuchungsergebnisse vorliegen, erhält das Konzept virtueller Organisationen weitere Konturen, die geeignet sind, die methodische Kritik der traditionellen Organisationslehre abzuschwächen, wenn nicht sogar zu entkräften.[48]
Besonders im Hinblick auf diese Gegebenheiten scheint eine sorgfältige Begriffsbestimmung des Untersuchungsgegenstandes erforderlich. Um im folgenden eine Arbeitsdefinition für das weitere Vorgehen zu entwickeln, sollen zunächst Definitionsansätze in der Literatur betrachtet werden.
Da auf die konkrete Abgrenzung zu verwandten Konzepten und Formen der Unternehmensorganisation noch eingegangen wird, soll im folgenden eine schematische Klassifikation der Definition virtueller Organisationen vorgenommen werden. Dabei wird bewußt auf ein Nachzeichnen der Entwicklungslinien des Konzeptes sowie maßgeblicher Definitionen verzichtet, da dieses in der Literatur bereits hinreichend erfolgt ist.[49] Ebenfalls kann an dieser einführenden Stelle keine umfassende Bewertung der Qualität der betrachteten Definitionen vorgenommen werden, da die Adäquatheit einer Begriffsbestimmung selbst durch die Formulierung und Diskussion möglicher Kriterien wie z.B.

---

[46] Wächter /Dezentralisation 1997/ 229. Wächter erwidert Drumm, der in Drumm /Dezentralisation 1995/ eine kritische Beurteilung neuartiger Dezentralisationskonzepte, wie der virtuellen Organisation vornimmt.
[47] Vgl. Reichwald u.a. /Telekooperation 1998/ 39; Vgl. ausführlicher auch Picot, Reichwald, Wigand /Unternehmung 1996/ 8ff.
[48] Vgl. beispielsweise Griese, Sieber /Virtualität 1998/; Sieber /IT-Branche 1998/.
[49] Vgl. beispielsweise Fischer, Kocian /Agenten 1996/ 39 f.; Arnold, Härtling /Begriffsbildung 1995/ 5 ff.; Scholz /Strategische 1997/ 326 ff.; Griese, Sieber /Virtualität 1998/ 158.

"Ähnlichkeit, Exaktheit, Fruchtbarkeit und Einfachheit"[50] an der Fülle und Unterschiedlichkeit der vorhandenen Definitionsversuche scheitern muß. Zur Operationalisierung des Begriffes virtueller Organisationen im Sinne des weiteren Vorgehens erscheint dieses auch nicht erforderlich, da der Fokus dieser Untersuchung auf der funktionellen Gestaltung der zugrundeliegenden Strukturen und nicht auf einer breiten Diskussion unterschiedlicher Definitionsansätze liegt.[51]

Zur generellen Klassifikation verschiedener Organisationsbegriffe hat sich in der Organisationslehre die Unterscheidung zwischen instrumentellen, bzw. funktionellen/konfigurativen, und institutionellen Ansätzen sowie deren Erweiterungen herausgebildet.[52] Die Versuche der Begriffsbestimmung virtueller Organisation können dieser groben Systematik entsprechend in die folgenden Kategorien eingeordnet werden:[53]

- *Funktionelle Grundkonzeption:* Diese Definitionsansätze stammen zumeist aus der frühen Phase der Konzeption der Prinzipien virtueller Organisationen.[54] Es wird versucht, Funktionen von Informationstechnologien sowohl als Referenzmodell als auch als Grundlage der Gestaltung der betrieblichen Ablauforganisation zu nutzen. Beispielhaft sind die Definitionen der folgenden Autoren anzuführen: Griese (1994); Kirn (1995); Lautenbacher/Walsh(1994); Malone/Rockart (1993); Miller/Clemons/Row (1993); Mowshowitz (1986/1997).[55]

- *Instrumentelle Sichtweise:* Diese Ansätze rücken die Struktur einer virtuellen Organisation in den Mittelpunkt der Betrachtung, die den Charakter der Wertschöpfung dieser Organisationsform bestimmen. In den Definitionen dieser Kategorie ist zumeist die Auseinandersetzung mit zentralen betriebswirtschaftlichen Fragen wie Koordination, Führung oder Effizienz in bezug auf die virtuelle Organisation zu finden.

---

[50] Schräder /Management 1996/ 22 ff.
[51] Der Begriff *funktionell* wird zunächst nur adjektivisch verwendet, bevor es im folgenden Abschnitt aus systemtheoretischer und kybernetischer Sicht in Verbindung mit der Organisationstheorie gebracht wird. Vgl. Gomez, Zimmermann /Unternehmensorganisation 1992/ 18.
[52] Vgl. Hoffmann /Organisation 1990/ 1426ff.; Wittlage /Organisationskonzeptionen 1998/ 3.
[53] Vgl. Scholz /Organisation 1994/ 10; Wüthrich u.a. /Virtualisierung 1997/ 47 und 94f.; Gomez, Zimmermann /Unternehmensorganisation 1992/ 16 ff.
[54] Vgl. Scholz /Strategische/ 326 ff.
[55] Vgl. Griese /Virtuelle 1994/; Malone, Rockart /Computers 1993/; Kirn /Agenten 1995/; Lautenbacher, Walsh /Technologien 1994/; Miller, Clemons, Row /Information 1993/; Mowshowitz /Social 1986/; Mowshowitz /Virtual 1997/; Senn /Kommunikation 1994/.

Zu nennen sind Bullinger/Thaler (1994), Handy (1995); Klein (1994), Krystek/Redel/Reppegarther (1997), Olbrich (1994), Picot/Reichwald/ Wiegand (1996), Reiß (1996); Sieber (1996); Weber/Walsh (1994).[56]

- *Institutionelle Sichtweise:* In dieser Interpretation virtueller Organisationen wird die Art der Organisation sowie der Charakter als selbständiges System in den Mittelpunkt der Betrachtung gerückt. Diese Definitionen werden zumeist im Zusammenhang mit instrumentellen Aspekten virtueller Unternehmen beschrieben, so daß eine konkrete Abgrenzung zwischen beiden Richtungen nicht immer eindeutig und nur in Prüfung des einzelnen Ansatzes vorgenommen werden kann.

Im Mittelpunkt der institutionellen Sichtweise stehen Fragen der Gesamtführung, des Agierens am Markt sowie die Beschreibung der Beziehung zur Umwelt, ebenso wie rechtliche und soziale Aspekte. Häufig wird die institutionelle Interpretation als Ausgangspunkt der Diskussion instrumenteller und funktioneller Aspekte der Idee virtuelle Unternehmen verwendet. Exemplarisch für diese Form der Darstellung virtueller Unternehmen sind die folgenden Definitionsversuche zu nennen: Arnold u.a. (1995), Bleicher (1993), Byrne u.a. (1993), Davidow/Malone (1992), Fuehrer/Ashkanasy (1998); Grenier/Metes (1995); Krieger (1994), Mertens (1994), Goldman u.a. (1995), Vogt (1994), Scholz (1994).[57]

Die obige Unterteilung verdeutlicht die Breite der in der Literatur vorzufindenden Definitionen virtueller Organisationen. Bei näherer Prüfung der Definitionsansätze wird augenscheinlich, daß sie die virtuelle Organisation zumeist im Zusammenhang mit einem weiteren betriebswirtschaftlichen, informationstechnischen und/oder domänenspezifischen Bezug beschreiben. Diese Tatsache verstärkt die fehlende Schärfe des Begriffes noch umso mehr, so daß es für das weitere Vorgehen zwingend erforderlich ist, eine eigene Definition zugrunde zu legen.

Da im Rahmen dieser Arbeit untersucht werden soll, wie das Zusammenwirken der am Koordinationsprozeß beteiligten Komponenten durch ein geeignetes IV-System unterstützt werden kann, ist eine Konkretisierung der Definition erfor-

---

[56] Vgl. Bullinger, Thaler /Zusammenarbeit 1994/; Handy /Trust 1995/; Picot, Reichwald /Auflösung 1994/; Picot, Reichwald, Wigand /Unternehmung 1996/; Klein /Organisation 1994/; Krystek /Organisation 1997/; Krystek, Redel, Reppegarther /Grundzüge 1997/; Olbrich /Modell 1994/; Reiß /Unternehmung 1996/; Szyperski, Klein /Informationslogistik 1993/; Sieber /Unternehmen 1996/; Weber, Walsh /Organisationen 1994/ 24 ff.

[57] Vgl. Arnold u.a. /Virtuelle 1995/; Bleicher /Informationstechnik 1993/; Byrne, Brandt, Port /Virtual 1993/; Davidow, Malone /Corporation 1992/; Fuehrer, Ashkanasy /Organization 1998/; Grenier, Metes /Going 1995/; Krieger /Standortentscheidungen 1994/; Mertens /Virtuelle Unternehmen 1994/; Mertens, Faisst /Unternehmen 1995/; Goldman u.a. 1996 /Agil/; Vogt /Unternehmen 1994/; Scholz /Konzeption 1994/.

derlich. Die Ideen und Vorarbeiten, gleichwohl aber auch die leichtfertige und fahrlässige Verwendung des Konzepts virtueller Organisationen sind so umfangreich und unterschiedlich, daß eine sorgfältige grundlegende Definition, Beschreibung und Erläuterung unumgänglich ist.[58] Dieses um so mehr, als daß die im Rahmen dieser Arbeit zu untersuchende Problemstellung das instrumentell-funktionelle Bild der virtuellen Organisation in den Mittelpunkt rückt und somit eine präzise Charakterisierung der idealerweise zu unterstützenden Eigenschaften von größter Bedeutung ist.[59] Dabei lassen sich im Hinblick auf das weitere Vorgehen die folgenden Anforderungen an eine derartige Begriffsbestimmung vorbringen:

- Der Problemstellung der Gestaltung von Informationssystem für virtuelle Organisationen entsprechend, muß die Definition hauptsächlich funktionellen Aspekten folgen.
- Die beteiligten Komponenten der virtuellen Organisation können grundsätzlich intra- oder inter-organisatorischen Ursprungs sein und sind in ihrem Wesen voneinander abgrenzbare Ressourcen, auf die zugegriffen werden kann. Sie sind lediglich in funktioneller Hinsicht zwingend selbständig, nicht jedoch in institutioneller oder rechtlicher Sicht.
- Das Netzwerk der beteiligten Komponenten muß nicht notwendigerweise als Beziehungssystem, denn vielmehr als Integrationsrahmen beschreibbar sein. Insofern muß die Rolle der erforderlichen Schnittstellen geklärt werden, welche die einzelnen Module miteinander verbinden.
- Das Zusammenwirken der Komponenten muß als arbeitsteiliges Koordinationsproblem betont werden. Es sind organisatorische Eigenschaften zur Bewältigung dieser Koordinationsleistung zu berücksichtigen.
- Der wesentliche Vorteil virtueller Organisationen liegt in der losen Kopplung von Wertschöpfungskomponenten unterschiedlicher Anbieter zu einem integrierten Geschäftsablauf. Dieser Leitidee folgend ist es zwingend erforderlich, daß eine Definition erkennen läßt, wie die flexible, schnell rekonfigurierbare und integrierende Gestaltung von Wertschöpfungsketten möglich sein kann.

Diesen Anforderungen folgend, führt das dieser Arbeit zugrundeliegende Verständnis virtueller Organisationen zu folgender Definition:

Eine Virtuelle Organisation ist ein flexibles Netzwerk verteilter Kooperationspartner, die als Einheit an einem befristeten, zielgerichteten, arbeitsteiligen Wertschöpfungsprozeß beteiligt sind. Dieser ist durch die Überwindung zeitlicher, räumlicher und institutioneller Restriktionen gekennzeichnet und bedarf

---

[58] Vgl. Scholz /Organisation 1994/ 10.
[59] Vgl. Krystek, Redel, Reppegarther /Grundzüge 1997/ 5 f.

zwingend des Einsatzes leistungsfähiger computergestützter Koordinationstechnologien der Gruppenarbeit.[60]

Zur weiteren Entwicklung des Untersuchungsrahmens werden die hauptsächlichen Merkmale dieser Definition im folgenden näher beschrieben und das dieser Arbeit zugrundeliegende Verständnis virtueller Organisationen präzisiert. Abgrenzungen zu anderen definitorischen Ansätzen und Präzisierungen werden ebenfalls im Zusammenhang mit der ausführlichen Entwicklung der Definition vorgenommen.

2.2.2 Virtuelle Organisationsstrukturen: Konstituierende Bestandteile virtueller Organisationen und deren Charakteristika

Das Verständnis virtueller Organisationen, wie es im vorigen Abschnitt zugrunde gelegt wird, kann weiter detailliert werden, indem ihre konstituierenden Merkmale genauer beschrieben werden. Virtuelle Organisationen verfügen ebenso wie konventionelle Organisationen über beobacht- und beschreibbare Strukturen. Gleichwohl sind diese Strukturen ungleich dynamischer und außerhalb des Problemkontextes der zu lösenden Aufgabe nur begrenzt geeignet, um generelle Charakteristika virtueller Organisationen hervorbringen zu können. Als Organisationsstruktur bezeichnet die betriebswirtschaftliche Organisationslehre ein formales Regelsystem, „das einen Ordnungsrahmen für die dort ablaufenden Prozesse liefert und Rechte und Pflichten der einzelnen Organisationsmitglieder mehr oder weniger genau festlegt".[61] Die Untersuchung von Organisationsstrukturen wird in der Organisationslehre sowohl terminologisch als auch metrisch durchgeführt.[62] Während die erste Perspektive die Variablen und Merkmale einer Organisation untersucht, stehen im Mittelpunkt der zweiten Sichtweise diejenigen quantitativen Methoden, die eine Messung der Einflußgrößen, Verhaltensweisen und der organisatorischen Effizienz ermöglichen.[63]
Strukturen virtueller Organisationen werden in der Literatur zumeist entweder grundlegend im Zusammenhang mit neuen Arbeits- und Organisationsformen erläutert[64] oder im Hinblick auf unterstützende Informations- und Kommunika-

---

[60] In Anlehnung an Picot, Reichwald, Wigand /Unternehmung 1996/ 395; Arnold u.a. /Virtuelle 1995/ 10; Müller, Kohl, Schoder /Unternehmenskommunikation 1997/ 292 f.; Scholz /Netzwerkkooperation 1998/ 105; Jägers, Jansen, Steenbakkers /Characteristics 1998/ 74; Dembski /Future 1998/ 52; Franke /Evolution 1998/ 59f.; Bultje, Wijkt: /Taxonomy 1998/ 16.
[61] Kubicek /Organisationsstruktur 1990/ 1779. Vgl. auch Frese /Organisation 1993/ 6.
[62] Vgl. Remer /Organisationslehre 1989/ 7ff.
[63] Vgl. zur Messung der Organisationsstruktur ausführlich Kieser, Kubicek /Organisation 1992/ 167ff.; Kubicek /Organisationsstruktur 1990/ 1778ff.
[64] Vgl. beispielsweise Reichwald u.a. /Telekooperation 1998/; Krystek /Organisation 1997/.

tionssysteme beschrieben.[65] Idealerweise ist jedoch eine Kombination beider Perspektiven wünschenswert, wenn funktionelle Aspekte virtueller Organisationen untersucht werden sollen. Dabei bietet sich eine Fokussierung auf Aspekte der Arbeitsteilung in und zwischen Gruppen an, da diese als Grundelemente der Leistungsverrichtung in virtuellen Organisation angesehen werden.[66] Diese Betrachtungsebene bietet ferner den Vorteil, im folgenden Verlauf der Arbeit als Bezugsrahmen der Gestaltung von Kooperationssystemen dienen zu können. Eine solcher Fokus auf die Strukturen der Organisationsform erlaubt ferner eine Konkretisierung der Sichtweise virtueller Organisationen als Kooperationssystem.[67] Auch ist eine derartige Interpretation gut geeignet, Zusammenhänge zwischen intra- und inter-organisatorischen Ebenen virtueller Organisationen herzustellen. Dieses ist wichtig, da eine strikte Unterscheidung zwischen diesen beiden Perspektiven nicht mehr zu erklären vermag, wie inter-organisatorische Funktionen im intra-organisatorischen Bereich umgesetzt werden.

So ist die Anforderung der Rekonfigurierbarkeit virtueller Organisationsstrukturen nur mit der Implementierung der erforderlichen Mittel und Werkzeuge auf der Ebene der Leistungsverrichtung möglich. Nur wenn es gelingt, Kooperationsprozesse kurzfristig und wirkungsvoll umzugestalten und neu zu erstellen, kann auch eine Neuanordnung und -ausrichtung der Organisation gelingen. Die Betrachtung von Gruppenarbeit als Kernelement virtueller Organisationsstrukturen hilft somit, die Funktion virtueller Organisation auf beiden Ebenen, intra- und inter-organisatorisch, zu verstehen und zu gestalten.

Die betriebswirtschaftliche Organisationslehre hat den Begriff der Organisationsstrukturen soweit konkretisiert, daß sie als organisatorisches Variablensystem gesehen werden können.[68] Dabei sind eine Fülle von Systematiken der Strukturierung dieser Variablen hervorgebracht worden.[69]

---

[65] Vgl. beispielsweise Hoffmann /Unternehmensstrukturen 1995/; Fink /Unternehmensstrukturen 1998/; Fuchs-Kittowski, Fuchs-Kittowski, Sandkuhl /Telekooperation 1998/. In der Regel werden in dieser Sichtweise organisatorische Merkmale mit anderen, beispielsweise funktionalen Aspekten zu neuen Systematiken verbunden. Exemplarisch ist *Siebers* umfangreiche Darstellung von *Merkmalen* virtueller Organisationen zu nennen, die anhand von *Phänomenen* zu *Konzepten* aggregiert werden (Sieber /IT-Branche 1998/ 149ff.) und damit weit über eine rein organisationsstrukturelle Betrachtung hinausgehen.

[66] Vgl. beispielsweise Jarvenpaa, Ives /Opportunities 1994/ 35, die im englischen Original den Begriff *Building Block* verwenden.

[67] Vgl. beispielsweise Krystek, Redel, Reppegarther /Grundzüge 1997/ 39ff. u. 193ff.

[68] Vgl. Kubicek /Organisationsstruktur 1990/ 1782.

[69] Für Ansätze der Konzeptualisierung von Strukturmerkmalen vgl. beispielhaft Kieser, Kubicek /Organisation 1992 /67ff.; Vgl. Kubicek /Organisationsstruktur 1990/ 1781; Mintzberg /Structuring 1979/ 107ff.; Laux, Liermann /Organisation 1993/ 191ff.; Remer /Organisationslehre 1989/ 10ff.

Explizite Untersuchungen von Variablen virtueller Organisationsstrukturen sind in der Literatur nur selten zu finden.[70] Trotz einer großen terminologischen Vielfalt und teilweise auch inhaltlichen Abweichung lassen sich diese Merkmale zu Gruppen zusammenfassen, die im folgenden die nähere Beschreibung virtueller Organisationsstrukturen ermöglichen soll.

2.2.2.1 Differenzierung der Organisationselemente: Die virtuelle Organisation als Netzwerk selbständiger Module

Die Struktur virtueller Organisationen wird durch deren modularen Aufbau bestimmt. Unterschiedliche Leistungen verschiedener Partner werden zu einer gemeinsamen Wertschöpfungskette verbunden und entsprechend der Aufgabenstellung kurzfristig rekonfiguriert.[71]
Eine klassische Subsystembildung, wie sie charakteristisch ist für traditionelle hierarchische Organisationsformen, ist somit nur teilweise erforderlich, da die Aufgabe der virtuellen Organisation bereits eine Zusammensetzung der erforderlichen Elemente impliziert.
Die Spezialisierung virtueller Organisationsstrukturen kann sowohl auf der Ebene des Gesamtverbundes als auch auf der Ebene der einzelnen Module beurteilt werden.[72] Da die Frage der Spezialisierung der einzelnen Module sich nicht grundsätzlich von der in konventionellen Organisationen unterscheidet und sich die Struktur einer virtuellen Organisation aus dem Zusammenwirken der einzelnen Module ergibt, wird im folgenden das Wesen des Verbundes als Strukturmerkmal beschrieben.
Die Kooperationsform einer virtuellen Organisation stellt im Wesen einen Spezialfall eines dynamischen *Unternehmensnetzwerkes* dar.[73] Sie besteht in der von ihr gefundenen Konfiguration aus ebenso realen Objekten, Gütern und Kommunikationswegen wie die konventionelle Organisation und ist somit eine Netzwerkorganisation im organisationstheoretischen Sinne,[74] ihrem Wesen nach eine „unternehmerische Partnerschaft".[75] Sie bündelt die Fähigkeiten der

---

[70] Vgl. Drumm /Dezentralisation 1995/ 5, der im Zusammenhang mit der Diskussion virtueller Organisationen als neuartiger, dezentraler Konzeption lediglich Scholz' Arbeiten der „Skizzierung" virtueller Organisationsstrukturen hervorhebt (Scholz /Organisation 1994/). Drumm vermutet, daß die von ihm konstatierte Unschärfe in diesem Bereich aus dem Grunde beabsichtigt sein könnte, daß „Kritik an den vorgeschlagenen Konzepten erschwert, wenn nicht sogar vereitelt" wird (Drumm /Dezentralisation 1995/ 5).
[71] Vgl. beispielsweise Eversheim u.a. /Configuration 1998/ 80ff.
[72] Module sind sowohl selbständige Organisationen als auch Organisationsteile, die ihre Leistungen als Element des Wertschöpfungsverbundes erbringen, vgl. beispielsweise Olbrich /Modell 1994/ 29.
[73] Vgl. Balling /Kooperation 1998/ 13; Reiß, Beck /Kernkompetenzen 1996/ 47.
[74] Vgl. Scholz /Strategische 1997/ 327; Snow, Miles, Coleman /Organisation 1992/.
[75] Sydow, Winand /Unternehmungsvernetzung 1998/ 12; Scholz /Organisation 1994/ 11.

einzelnen Partner und erfüllt kooperativ ihre Zielsetzung.[76] Die virtuelle Organisation ist somit keine grundsätzliche neue Unternehmensform, sondern ein spezieller Typus unternehmensübergreifender Koordination.[77] Sie kann als Kollektiv von Organisationen interpretiert werden, die nur aufgrund ihrer Wirkung als Organisation anzusehen sind. Diese Sichtweise entspricht einer Organisationsvorstellung, die nicht starre Strukturen beschreibt, sondern auf Dynamik und Flexibilität ausgerichtete Strukturmuster betrachtet.[78]
Der Differenzierungsschnitt, der üblicherweise innerhalb einer Organisation durch explizite Gestaltung vorgenommen werden muß, ergibt sich bei der virtuellen Organisation bereits aufgrund der aufgabenbezogenen Subsysteme der beteiligten Partner.[79]
Die entstehenden Synergien erlauben die Wahrnehmung von Marktchancen, wobei diese nicht nur auf spezifische Opportunitäten wie Marktnähe, Produktionsvorteile oder Kosteneinsparungen beschränkt sein müssen.[80] Diese Zusammenarbeit zur Erfüllung gemeinsamer Ziele durch die Produktivitätssteigerung im Verbund ist Motivation und zugleich Gestaltungsprämisse einer virtuellen Organisation.[81] Ausgangspunkt ist die Erkenntnis, daß eine Zusammenarbeit sich ergänzender Partner die Wettbewerbsfähigkeit aller erhöhen kann.[82] Innerhalb dieser Kooperation stimmt die grundsätzlich offene Gruppe der Teilnehmer ihre Fähigkeiten und Beiträge miteinander ab und einigt sich auf eine Vorgehensweise zur Problemlösung.[83] Diese Abstimmung begründet die virtuelle Organisation und ist für die Koordinationsleistung entscheidend. Sie wird erleichtert durch die Verwendung kompatibler Leistungsbeiträge und der Nutzung wohldefinierter Schnittstellen.[84]
Neben dieser Konzeption der Leistungserstellung wird das Zusammenwirken konkret durch den Aufbau und die Pflege der funktionalen Beziehungen zwischen den Partnern bestimmt. Idealerweise entstehen intensive Verflechtungen zwischen den jeweiligen Modulen, welche die erforderliche Koordinationsleistung ermöglichen. Diese Beziehungen können mitunter Merkmale der Kopplung aufweisen, die sonst nur bei intra-organisatorischen bzw. hierarchi-

---

[76] Vgl. Corsten, Will /Unternehmensführung 1996/ 22.
[77] Vgl. Reichwald u.a. /Telekooperation 1998/ 237; Bullinger, Brettreich-Teichmann, Fröschle /Koordination 1995/ 18.
[78] Vgl. Weber /Organisation 1996/ 17f.; Gosain /Design 1998/ 12.
[79] Vgl. Bleicher /Kooperation 1991/ 146. Vgl. zur terminologischen Systematik der Differenzierung Remer /Organisationslehre 1989/ 14ff.
[80] Vgl. Hardwick, Bolton /Virtual 1997/ 59.
[81] Vgl. Scholz /Konzeption 1996/ 207.
[82] Vgl. Goldman u.a. /Agil 1996/ 175.
[83] Vgl. Goldman u.a. /Agil 1996/ 185.
[84] Vgl. Schräder /Management 1996/ 33, der den in der Literatur zu findenden Begriff der „Steckkompatibilität" in diesem Zusammenhang diskutiert.

schen Interaktionen festzustellen sind.⁸⁵ Diese können als Reaktion auf die instabilen Bedingungen im Umfeld der jeweiligen Partner gesehen werden, die nach neuen Formen der Organisation verlangten. In diesen Spezialfällen, in denen virtuelle Organisationen erfolgreich agieren, erwiesen sich Organisationsstrukturen, die „auf die Reduktion der Systemkomplexität [abzielten], indem sie die Verhaltensvielfalt ihrer Systemmitglieder durch formale und informale Normen und Regeln einschränkten",⁸⁶ als unzureichend.

Die Struktur des Verbundes und damit auch die Spezialisierung der Organisation wird somit durch die Aufgabenstellung festgelegt. Vor dem Hintergrund der sich im Zeitablauf ändernden Aufgabenstellungen einer virtuellen Organisation ist die funktionale Flexibilität eine entscheidende Voraussetzung: In Abhängigkeit der Aufgabenstellung muß sich die Struktur der virtuellen Organisation in funktioneller Sicht anpassen können.

In diesem Zusammenhang sind in der neueren Literatur wieder vermehrt Parallelen zu der ursprünglich insbesondere von *Mowshowitz* beschriebenen Analogie zu Arbeits- und Speicherformen von Informationssystemen zu bemerken.⁸⁷ *Van Alstyne* vergleicht insbesondere die Modul-Form der Partner eines Verbundes mit dem Begriff des Objektes in der objektorientierten Programmierung.⁸⁸ Neben den Prinzipien der Vererbung von Objekteigenschaften sowie der Verkapselung der Objekttätigkeiten sieht er insbesondere in der losen Kopplung eine besondere Entsprechung zwischen beiden Konzepten, ohne jedoch dezidiert auf Kopplungsmechanismen oder Gestaltungsvorschläge einzugehen.⁸⁹

Eine Erweiterung dieser Perspektive stellt die aus neueren Entwicklungen der objektorientieren Programmierung bekannte Komponentensichtweise von Softwarefunktionen dar.⁹⁰ Diese beschreibt im allgemeinen die Zusammenfassung mehrerer Funktionen und Prozesse zu einem zusammenhängenden, eigenständig nutzbaren Konstrukt, das mittels wohldefinierter Schnittstellen als Systembaustein für Verbundsysteme dienen kann. Diese Analogie wird auch für Partner im Verbund einer virtuellen Organisation verwendet, in dem diese als Komponenten beschrieben werden und deren Zusammenwirken im folgenden

---

85 Vgl. Sydow, Winand /Unternehmungsvernetzung 1998/ 12.
86 Krystek, Redel, Reppegarther /Grundzüge 1997/ 36.
87 Vgl. insbesondere Mowshowitz' rückblickende Wertung, Mowshowitz /Virtual 1997/.
88 Vgl. Alstyne /Network 1997/ 101f. Van Alstyne beschreibt nicht die *Anwendung* von objektorientierten Methoden zur *Gestaltung* von virtuellen Organisationen (vgl. dazu beispielsweise Wood, Milosevic /Virtual 1998/), sondern wendet nur die *Metapher* der objektorientierten Sichtweise von Softwaresystemen auf virtuelle Organisationen an.
89 Van Alstyne beschreibt eine grundlegende Anwendung von „Computer Metaphern" für Netzwerkorganisationen, die neben den oben genannten auch weitere Prinzipien wie Wiederverwendbarkeit, Effizienz, Aufgabenallokation, Prozessorkontrolle u.a. nennt. Vgl. Alstyne /Network 1997/ 102ff..
90 Vgl. beispielhaft Szyperski /Component 1998/; Griffel /Componentware 1998/.

als Vorgabe für die Architektur von Komponentensystemen verteilter Objekte genutzt werden.[91] Da dieser Aspekt der Integration verschiedener Komponenten für die Gestaltung von virtuellen Organisationen im folgenden noch detaillierter beschrieben wird, soll an dieser Stelle mit Ausnahme der kurzen Betrachtung von Kopplungsmechanismen auf eine weitere Erörterung verzichtet werden.
Der Aspekt der Kopplung von Modulen oder Komponenten wird insbesondere auf die Schnittstellenproblematik zwischen den Partnern eines Verbunds angewendet.[92] *Gosain* beschreibt die Zusammensetzung von Modulen einer virtuellen Organisation mit Hilfe des aus der Computer-Hardware-Architekturlehre bekannten Plug-and-Play-Prinzips.[93] Das Betriebssystem steuert die Komponenten des Systems, die in der Lage sind, sich gegenseitig zu identifizieren und ihre Ressourcennutzung und -bereitstellung zu koordinieren. In der Anwendung auf die Funktionsweise einer virtuellen Organisation sieht *Gosain* damit eine Möglichkeit, die konzeptionelle Rekombination und folgende operative Rekonfiguration der Ressourcen im Verbund zu optimieren.
Des weiteren werden verschiedene Formen von Informationsstrukturen im Verbund erkennbar, die der jeweiligen Kooperationssituation entsprechen.[94]

2.2.2.2 Prinzipien der Konfiguration virtueller Organisationsstrukturen

Die virtuelle Organisationsstruktur ist durch die Anpassung an die jeweils zu erfüllende Aufgabe geprägt. Zwar weist die virtuelle Organisation zum Zeitpunkt ihrer Aufgabenerfüllung eine rudimentäre Aufbauorganisation auf, jedoch ist diese so individuell an die Erfordernisse der jeweiligen Aufgabe angepaßt, daß die Beschreibung genereller Strukturmerkmale der Konfiguration dieser vorübergehenden Organisationsform nicht sinnvoll ist. Statt dessen sollen im folgenden Prinzipien der Konfiguration virtueller Organisationsstrukturen beschrieben werden, mit deren Hilfe die Funktionsweise virtueller Organisationen weiter charakterisiert werden kann.

2.2.2.2.1 Funktionelle Flexibilität als Organisationsprinzip

Wie in der ausführlicheren Abgrenzung zu ähnlichen Ansätzen der Unternehmensorganisation noch zu zeigen ist, verfolgen die beteiligten Partner der Kooperation unterschiedliche Ziele, die in Abhängigkeit von Marktposition, Unternehmenszielen und operativen Aspekten variieren.[95] Eine erste Konkretisie-

---

[91] Vgl. beispielhaft Nixon et al. /Components 1998/, Lam, Su /Component 1998/.
[92] Vgl. auch Picot, Reichwald, Wigand /Unternehmung 1996/ 379ff.; Faisst, Stürken /Prozeß-Standards 1997/ 5.
[93] Vgl. Gosain /Design 1998/ 12ff.; Mertens, Griese, Ehrenberg /Unternehmen 1998/ 69.
[94] Vgl. Gosain /Design 1998/ 18.
[95] Vgl. Little /Management 1996/ 18 f.

rung der virtuellen Organisation als Sonderfall von Unternehmensnetzwerken wird in der Verbindung des Netzwerkgedankens mit der Anforderung der funktionalen *Flexibilität* ersichtlich.[96] In Abgrenzung zu dauerhaften Netzwerken weniger beteiligter Partner ist die virtuelle Organisation grundsätzlich rekonfigurierbar und in ihren Elementen und deren Zusammenwirken nicht auf eine Idealform beschränkt, sondern auf die Nutzung des „gemeinsamen Synergiepotentials"[97] ausgerichtet. Der Anspruch der flexiblen Kopplung der Partner zu einem gemeinsamen Verbund akzentuiert das Konzept weitergehend.[98] Für die Bildung eines Netzwerkes im Sinne virtueller Organisationen kommen somit hauptsächlich diejenigen Partner in Betracht, die aufgrund weitgehend offener Schnittstellen und Transparenz der Leistungserstellung eine lose Kopplung erlauben.[99] Grundsätzlich ist in diesem Zusammenhang von einer *Verteilung* im Sinne der organisatorischen Dezentralisierung der beteiligten Partner auszugehen, so daß die entstehende Struktur als eine „polyzentrische, oftmals jedoch von einer oder mehreren Unternehmungen strategisch geführten Organisationsform ökonomischer Aktivitäten"[100] charakterisiert werden kann.[101] Im folgenden sollen virtuelle Organisationen auch als Verbundstrukturen aus dezentralen Einheiten beschrieben werden, deren Zusammenarbeit über bekannte Schnittstellen zumindest initiiert wird.[102]

Die beteiligten Partner oder Module des Wertschöpfungsprozesses verfügen dabei über die Fähigkeit, sich kurzfristig den Erfordernissen der jeweiligen Kooperationssituationen anzupassen.[103] Im Zweifel ist der Verbund derartig gestaltet, daß auch der komplette Austausch von Komponenten möglich wird.[104] Somit kann sich der gesamte Verbund dynamisch auf sich ändernde Rahmenbedingungen einstellen. In diesem Zusammenhang konstituiert die Adaptionsfähigkeit einer Organisationsstruktur einen Erfolgsfaktor.[105]

Im Sinne der funktionalen Interpretation virtueller Organisationen muß es sich bei den zusammenwirkenden Partnern nicht zwingend um Institutionen im rechtlich selbständigen Sinne handeln. Die mit dem Konzept verbundenen Vorteile sind nicht auf die Verbindung von Prozeßketten verschiedener Organisati-

---

[96] Vgl. Jägers, Jansen, Steenbakkers /Characteristics 1998/ 70; Reichwald u.a. /Telekooperation 1998/ 251.
[97] Scholz /Strategische 1997/ 366. Vgl. auch Kronen /Unternehmungskooperationen 1994/ 114f.
[98] Vgl. Krystek, Redel, Reppegarther /Grundzüge 1997/ 208.
[99] Vgl. Sydow /Netzwerke 1993/ 116.
[100] Sydow, Winand /Unternehmungsvernetzung 1998/ 13.
[101] Vgl. Mertens, Griese, Ehrenberg /Unternehmen 1998/ 9.
[102] Vgl. Scholz /Organisation 1997/ 268.
[103] Vgl. Jarvenpaa, Ives /Opportunities 1994/ 47; Reichwald u.a. /Telekooperation 1998/ 249.
[104] Vgl. Jägers, Jansen, Steenbakkers /Characteristics 1998/ 72; Franck /Entkopplung 1997/ 9.
[105] Vgl. Picot, Reichwald, Wigand /Unternehmung 1996/ 427.

onen beschränkt. Grundsätzlich ist es das Ziel, eine zur Bewältigung der Aufgabe ideale Kombination der zur Verfügung stehenden Ressourcen zu schaffen, wobei entscheidend ist, daß diese verschiedenen selbständigen *Komponenten* entstammen.[106] Somit wird das Konzept virtueller Organisationen zu einem Funktionsprinzip, das auch auf die Arbeitsweise eigenständiger Module innerhalb einer rechtlich selbständigen Organisation anwendbar ist.[107] Deren Leistungsbeitrag zur Problemlösung bzw. Nutzung einer Marktchance kann mitunter sehr unterschiedlich sein, da die Zielsetzung die Kombination der situativ bestmöglichen Kompetenzen und Ressourcen ist, so daß sich ergänzende, heterogene Beiträge in bezug auf die Gesamtaufgabe ergeben.[108] Die häufig in der Literatur zu findende Forderung, ausschließlich *Kern*kompetenzen in das Netzwerk einzubringen,[109] soll hier nicht übernommen werden. Diese Differenzierung zwischen Kompetenzen und *Kern*kompetenzen beruht auf der intrinsischen Sichtweise der Organisation und ist für die komplementäre Leistungserstellung im Verbund eher von nachrangiger Bedeutung.[110] Wesentlicher erscheint die Eigenschaft virtueller Organisationen, alle diejenigen Kompetenzen, die nicht im Leistungsspektrum der eigenen Fähigkeiten liegen, konsequent vom Markt zu beziehen.[111] Daß eine eigenständige Organisation oder eine Komponente derselben zur Beteiligung an einer virtuellen Organisation ihre wesentlichen Stärken und Kompetenzen erkennen und beschreiben muß, ist offensichtlich.[112] Daß es sich dabei um deren *Kern*kompetenzen handelt, ist nicht zwingend erforderlich.

2.2.2.2.2 Zeitliche Befristung der Konfiguration

Ein weiteres wesentliches Alleinstellungsmerkmal virtueller Organisationsstrukturen gegenüber anderen Formen von Unternehmensnetzwerken, wie Allianzen oder Arbeitsgemeinschaften, ist der *befristete Zeithorizont* der Zusammenarbeit. Die zur Bewältigung der Aufgabe gefundene Konfiguration der Partner ist temporär und mit Erreichung des Ziels in der Regel beendet, zumindest jedoch in Frage gestellt.[113] Die Dauer dieser Befristung variiert indessen erheblich. So kann das Bestehen einer virtuellen Organisation mitunter Jahr-

---

[106] Vgl. Dorf /Designing 1996/ 139.
[107] Vgl. Franck /Entkopplung 1997/ 9.
[108] Vgl. Reichwald u.a. /Telekooperation 1998/ 249 f.
[109] Vgl. Balint, Kourouklis /Management 1998/ 166; Arnold u.a. /Virtuelle 1995/ 12; Arnold, Härtling /Begriffsbildung 1995/ 24; Scholz /Organisation 1994/ 15; Reiß, Beck /Kernkompetenzen 1996/ 34 ff.; Krystek /Organisation 1997/ 31; Fischer, Kocian /Agenten 1996/ 40; Bultje, Wijkt: /Taxonomy 1998/ 12.
[110] Vgl. Jägers, Jansen, Steenbakkers /Characteristics 1998/ 70.
[111] Griese bezeichnet diese als "Randkompetenzen". Griese /Virtuelle 1994/ 11.
[112] Vgl. Balint, Kourouklis /Management 1998/ 166f.
[113] Vgl. Rolf /Grundlagen 1998/ 199.

zehnte anhalten oder aber ein nur für wenige Wochen geöffnetes "Fenster"[114] sein. Im Rahmen dieser Arbeit soll die Auffassung vertreten werden, daß eine virtuelle Organisation stets eine Form der befristeten Zusammenarbeit ist oder auf einer "erwarteten Endlichkeit"[115] basiert. Sie grenzt sich aufgrund dieses Merkmals von anderen Formen organisatorischer Kooperation ab. Zwar scheint es in der Literatur keine einheitliche Meinung zu dieser Frage zu geben[116] und Uneinigkeit darüber zu bestehen, ob dieses Merkmal als zwingend für die Funktionsfähigkeit eines solchen Verbundes anzusehen ist.[117] Jedoch ist eine befristete Lebensdauer im Einklang mit der Beschreibung virtueller Organisationen als flexibles, lose gekoppeltes Netzwerk zwingend. Virtuelle Organisationen tragen somit zur Unsicherheitsbewältigung bei, indem die Nutzung einer eventuellen Marktchance nicht dauerhaft an die Erfolgsentwicklung der jeweiligen Ressourcengeber gebunden wird.[118]

Die Dimension *Zeit* wird in der wissenschaftlichen Diskussion virtueller Organisation sehr differenziert gesehen.[119] Dabei beeinflußt die Frage der Lebensdauer einer virtuellen Organisation auch wesentlich die definitorische Charakterisierung: "opportunistische Partnerschaft",[120] "Mission",[121] "Projekt"[122] oder "Projektauftrag"[123] sind einige der Bezeichnungen für befristete Kooperationen. Diese stellen sich zumeist als komplexe, stark variable Problemstellungen dar, deren Lösung neuartige Wege der Unternehmensorganisation erforderlich macht.[124] Entscheidend ist in diesem Zusammenhang, daß im Mittelpunkt der Leistungserstellung eher die Gestaltung des Prozesses als die der betriebswirtschaftlichen Funktion steht,[125] welches in der Konsequenz dazu führt, daß die virtuelle Organisation „auch als extreme Dominanz der Ablauf- über die Aufbaustruktur"[126] zu sehen ist.

Die Kooperation einer virtuellen Organisation ist ein zielgerichteter Vorgang, der auf die Aufgabenorientierung ausgerichtet ist. Die Zusammenarbeit innerhalb des Verbundes ist durch die Ziele geprägt, welche die Bildung des Verbundes begründet haben.[127] Diese Ziele können sowohl strategischer wie auch

---

[114] Goldman u.a. /Agil 1996/ 172; Hartmann /Teams 1996/ 185.
[115] Wüthrich, Philipp /Wertschöpfung 1998/ 11.
[116] Vgl. Hoffmann /Unternehmen 1996/ 64.
[117] Vgl. Jägers, Jansen, Steenbakkers /Characteristics 1998/ 74.
[118] Vgl. Jägers, Jansen, Steenbakkers /Characteristics 1998/ 68 f.
[119] Vgl. Müller, Kohl, Schoder /Unternehmenskommunikation 1997/ 292.
[120] Müller, Kohl, Schoder /Unternehmenskommunikation 1997/ 292.
[121] Mertens /Virtuelle Unternehmen 1994/ 169.
[122] Vries /Unternehmen 1998/ 61.
[123] Reiß, Beck /Kernkompetenzen 1996/ 46.
[124] Vgl. Müller, Kohl, Schoder /Unternehmenskommunikation 1997/ 292; Reichwald u.a. /Telekooperation 1998/ 255.
[125] Vgl. Linde /Virtualisierung 1997/ 47.
[126] Mertens /Virtuelle Unternehmen 1994/ 169.
[127] Vgl. Corsten, Will /Unternehmensführung 1996/ 19.

kurzfristiger operativer Ausrichtung sein.[128] Sie sind jedoch nicht zwingend nur mit den Mitteln eines Partners allein zu erfüllen. Dies wäre nur mit unverhältnismäßig hohem Aufwand erreichbar, denn gerade aus Mangel einer oder mehrerer komplementärer Ressourcen oder erforderlichen Wissens wurde der Verbund zur Zielerreichung gebildet.[129] Durch diese Konkretisierung ist es möglich, auf Erkenntnisse der Wirtschaftswissenschaften im Bereich von Zielcharakteristika und -beziehungen zurückzugreifen und diese in die Spezifikation einer zu beschreibenden Architektur eines Systems der computerunterstützten Kooperation in virtuellen Organisationsstrukturen einfließen zu lassen.

2.2.2.2.3 Hierarchien in virtuellen Organisationsstrukturen

Bei der Verfolgung des Ziels, einfachere und flexiblere Wege der Leistungserstellung zu finden, wird als Merkmal der virtuellen Organisation häufig die völlige Abkehr von hierarchischen Strukturen gefordert. Die Schärfe dieser Sichtweise erscheint im Hinblick auf den Hybridcharakter der virtuellen Organisation zwischen Markt und Hierarchie nicht gerechtfertigt.[130] Unternehmenshierarchien sind in den Managementtrends der letzten Jahren zum hauptsächlichen Gegenstand des organisatorischen Wandels geworden. Doch sind Hierarchien als keineswegs universell überflüssig anzusehen, wie es Teile der jüngeren Managementliteratur suggerieren. Viel mehr sind Hierarchien als Rahmen für Koordinationsmechanismen einer Organisationsstruktur nach wie vor äußerst wertvoll, wenn nicht unentbehrlich.[131] Vielmehr sind die von Unternehmenshierarchien verursachten Dysfunktionalitäten zu kritisieren, die diese klassisch hierarchische Organisation als zu unflexibel für die Bewältigung des erforderlichen Wandels erscheinen lassen.[132] Insofern sollen in diesem Zusammenhang virtuelle Organisationen zwar durch den Verzicht auf die Einrichtung neuer Managementstufen,[133] aber nicht zwingend durch die Abwesenheit von Hierarchien gekennzeichnet werden. Im Gegenteil sind Hierarchien beispielsweise als Instrument der Schaffung von Transparenz innerhalb der Wertschöpfung ein wichtiger Bestandteil.

---

[128] Vgl. Balling /Kooperation 1998/ 76.
[129] Vgl. Müller, Kohl, Schoder /Unternehmenskommunikation 1997/ 293.
[130] Vgl. zur grundlegenden Differenzierung von Markt und Hierarchie Sydow /Netzwerke 1993/ 98ff.; Bullinger, Brettreich-Teichmann, Fröschle /Koordination 1995/.
[131] Vgl. Eccles, Nohria /Beyond 1992/ 117ff.; Sydow /Netzwerke 1993/ 98.
[132] Vgl. Picot, Reichwald, Wigand /Unternehmung 1996/ 207 f.
[133] Vgl. Sieber /Bibliography 1995/ 5.

Sie wirken strukturbildend, ordnen organisatorische Funktionen und wirken als Rahmen der betriebswirtschaftlichen Koordination.[134]
Virtuelle Organisation verfügen jedoch über Organisationsmuster, die gewährleisten, daß monolithische Formen und feste Strukturen kein Wesensmerkmal dieser Organisationsform werden. In diesem Merkmal weisen sie Ähnlichkeiten mit anderen dezentralen Organisationsformen auf. Stellvertretend dafür ist an dieser Stelle die Adhokratie zu nennen.[135] Diese Organisationsform ist gekennzeichnet durch einen geringen Formalisierungsgrad, eine ständige Anpassung der Struktur an ihre Aufgaben und die Einheit von Administration und Operation.[136] Aufgaben werden projekthaft und in Gruppenarbeit durchgeführt, so daß sich die Wertschöpfung aus Modulen verschiedener Gruppentypen ergibt.[137] Die verschiedenen Typen von Arbeitsgruppen werden mit Hilfe eines operativen Kerns der Organisation in ihren Rahmenhandlungen geleitet. *Mintzberg* unterscheidet die operative und die administrative Adhokratie, die im Sinne des Kunden bzw. im Sinne der Organisation selbst handelt.[138] Als zentralen Koordinationsmechanismus verwenden die operative und administrative Adhokratie jedoch die gegenseitige Selbstabstimmung der Gruppenmitglieder.[139]
Die adhokratische Organisationsform ist dabei, wie auch virtuelle Organisationen ersten Grades,[140] besonders geeignet zur Erfüllung einmaliger, komplexer Aufgabenstellungen, die ein hohes Kommunikations- und Abstimmungsmaß aller Beteiligten erfordern.[141]
Das Konzept der adhokratischen Organisation kann insofern als grundlegend für virtuelle Organisationen gesehen werden, als daß es das selbstkoordinierte Zusammenwirken autonomer Organisationseinheiten innerhalb einer Unternehmung darstellt, das weitgehend auf hierarchische Strukturen verzichtet.[142] Diese werden ersetzt durch intensive Kommunikationsbeziehungen und weitgehende Freiheitsgrade bei der eigentlichen Leistungserstellung. Auch sind die Analogien der Administration zur intra-organisatorischen Ebene einer virtuellen Organisation und der Operation zur inter-organisatorische Ebene unverkennbar.

---

[134] Diese Eigenschaften lassen sich mit formalen Methoden, beispielsweise mit Hilfe einer Betrachtung von Informationsasymmetrien leicht nachweisen. Vgl. Schneeweiss /Hierarchies 1999/ 9ff.
[135] Vgl. für weiterführende Einordnungen Larsen /Organization 1999/; Travica /Information 1998/.
[136] Vgl. Mintzberg /Structuring 1979/ 432f. u. 437.
[137] Vgl. Weber /Organisation 1996/ 174ff. Vgl. für eine Systematik von Gruppentypen unter Einbeziehung von ad-hoc-Gruppen Rolf /Grundlagen 1998/ 189.
[138] Vgl. Mintzberg /Typology 1993/ 184f.
[139] Vgl. Mintzberg /Structuring 1979/ 466. Diese können dabei auch informelle Koordinationsmechanismen sein. Vgl. Chisholm /Coordination 1989/ 64ff.
[140] Vgl. Klein /Organisation 1994/ 39
[141] Vgl. Mintzberg /Structuring 1979/ 463.
[142] Vgl. Müller, Kohl, Schoder /Unternehmenskommunikation 1997/ 284.

2.2.3 Koordination arbeitsteiliger Prozesse in virtuellen Organisationsstrukturen

Konfigurations- und Koordinationsmuster beeinflussen sich in virtuellen Organisationsstrukturen stärker als in traditionellen Organisationsformen. Aufgrund der projekthaften und prozeßorientierten Arbeitsweise sowie der Autonomie der selbständigen Partner beeinflussen Konfigurationsentscheidungen unmittelbar auch die erforderlichen Koordinationsfunktionen und -mechanismen. Umgekehrt bedingen Abstimmungsvorgänge zwischen den beteiligten Partnern aber auch den Aufbau der Organisationsstruktur.

Aussagen zur Koordination in virtuellen Organisationsstrukturen sind somit sinnvollerweise direkt aus der Betrachtung arbeitsteiliger Prozesse abzuleiten.

2.2.3.1 Arbeitsteilige Prozesse in virtuellen Organisationsstrukturen

Bei der Analyse virtueller Organisationen ist nicht nur das Ziel der Zusammenarbeit, sondern insbesondere der Ablauf des Zusammenwirkens der einzelnen Partner von Interesse. Dieses Zusammenwirken ist ein *arbeitsteiliger* Wertschöpfungsprozeß, bei dem die Einheit der Leistungserstellung im Vordergrund steht und die gegenseitige Abhängigkeit der Partner, die arbeitsteilig miteinander verflochten sind, deutlich wird.[143]

Grundsätzlich ist das Prinzip der Arbeitsteilung ein konstitutives Merkmal jeder Organisation.[144] Arbeitsteiligkeit wird in diesem Zusammenhang jedoch als ein integrierter Prozeß der Wertschöpfung verstanden, der somit auch die Nähe zur klassischen Organisation und Produktion zum Ausdruck bringen soll. Spezifisch für die virtuelle Organisation ist, daß die jeweiligen Leistungsbeiträge vom Leistungsgeber ausgelagert werden.[145] Die Art und Dezentralität der Wertschöpfung bewirkt eine geringere Tiefe der Arbeitsteiligkeit als bei der klassischen Organisation,[146] da zwangsläufig nicht alle Güterströme so flexibel verteilt werden können wie die ihnen zugehörigen Informationsströme. Bezeichnend ist in diesem Zusammenhang auch die "Separabilität individueller Leistungsbeiträge",[147] welche den Anteil der individuellen Wertschöpfung am Gesamtergebnis beschreibt. Der Input jedes der am Verbund beteiligten Partner muß den anderen Mitgliedern nachvollziehbar und transparent sein, um einen reibungsloseren Ablauf der Kooperation zu ermöglichen und opportunistisches Verhalten zu verhindern. Anzumerken ist, daß dieses Merkmal auch hinderlich für die dauerhafte Wirkung des Verbundes wirken kann: So ist ein Produkti-

---

[143] Vgl. Picot, Reichwald, Wigand /Unternehmung 1996/ 393.
[144] Vgl. Frese /Organisation 93/ 40; Syring /Computerunterstützung 1994/ 11.
[145] Vgl. Corsten, Will /Unternehmensführung 1996/ 23.
[146] Vgl. Bullinger, Brettreich-Teichmann, Fröschle /Koordination 1995/ 21. Anderer Meinung: Reiß /Unternehmung 1996/ 12.
[147] Vgl. Franck /Entkopplung 1997/ 12.

onsprozeß, der die individuellen Beiträge der Beteiligten verschleiert oder schwer nachvollziehbar gestaltet, als Prototyp der Wertschöpfung und als Grundlage zukünftiger Kooperation ungeeignet. Jede teilnehmende Komponente muß ihren Beitrag zur Wertschöpfung im Zusammenhang mit dem Gesamtergebnis beurteilen und anderen zu jedem Zeitpunkt einen Einblick in die Leistungen geben können, wenn eine lose Kopplung erreicht werden soll. Werden zum Beispiel Softwareindividuallösungen im Netzwerkverbund erstellt und Projektführung, Systemanalyse, Detaillierung, Prototypenerstellung und Codierung von verschiedenen Partnern übernommen, sind hinreichende Methoden und Werkzeuge des organisationsübergreifenden Projektmanagement erforderlich.[148] Diese müssen nicht nur konventionelle Funktionen wie Versionsverwaltung, Termin- und Ressourcenkoordination erfüllen, sondern jedem Beteiligten eine für diesen individualisierte Sicht des gesamten Wertschöpfungsprozesses bieten.[149] Daneben muß eine solche Unterstützung der Arbeitsteiligkeit ohne aufwendige Implementierung ablaufen können und für alle Partner zugänglich sein. Die Unterstützung der Arbeitsteiligkeit durch geeignete organisationsübergreifende Informations- und Kommunikationssysteme zum Projektmanagement löst das Koordinationsproblem, so daß in diesem Fall auf die Einrichtung hierarchischer Strukturen verzichtet werden kann.[150]

Die Arbeitsteilung in virtuellen Organisationen ist durch die Modularisierung der Leistungserstellung gekennzeichnet. Jeder Partner fügt entsprechend der Koordination des Gesamtwerkes seine Leistung der Wertschöpfung hinzu und vervollständigt das Endprodukt bzw. die Dienstleistung. Die Tiefe der individuellen Arbeitsteiligkeit wird von jedem Partner selbständig festgelegt.[151] Das marktähnliche Zusammenwirken der Verbundpartner schränkt die Arbeitsteiligkeit weiter ein. Aufgrund ihres hybriden Charakters zwischen Markt und Hierarchie eignet sich die virtuelle Organisation als Kooperationsverbund dabei hauptsächlich für die Integration von Gütern oder Dienstleistungen mittlerer Spezifität.[152] Zur Bewältigung hochspezialisierter, dauerhafter Aufgaben fehlt es der virtuellen Organisation an Stabilität und hierarchischen Strukturen, wäh-

---

[148] Vgl. beispielsweise Sieber, Griese /DV-Branche 1997/ 20f. Die Fallstudie der Conceptware Consult GmbH beschreibt dieses Beispiel, in dem verschiedene Leistungen deutscher und indischer Partner kombiniert werden. Für weitere ausführliche Beispiele dieser Branche vgl. Sieber /Virtualness 1998/; Mertens, Griese, Ehrenberg /Unterneh-men 1998/ 17ff. und besonders Sieber /IT-Branche 1998/ 77ff.
[149] Vgl. Drexl, Kolisch, Sprecher /Koordination 1998/ 278f.
[150] Vgl. beispielsweise Picot, Reichwald /Auflösung 1994/ 550. Vgl. zur Koordinationsproblematik im Projektmanagement Drexl, Kolisch, Sprecher /Koordination 1998/ 280ff.
[151] Vgl. Picot, Reichwald /Auflösung 1994/ 560.
[152] Vgl. Picot, Reichwald /Auflösung 1994/ 550; Appel, Behr /Theory 1996/ 7; Gebauer /Virtual 1996/ 98; Büchs /Kooperationen 1991/; Bullinger, Brettreich-Teichmann, Fröschle /Koordination 1995/.

rend Leistungen geringer Spezifität effizienter über den Markt koordiniert werden.[153] Neben der Frage der Spezifität bestimmen aber auch andere Faktoren die Eignung virtueller Organisationen zur Nutzung von Marktchancen wie der Innovationsgrad oder die Individualität der Lösung.[154] Die Arbeitsteiligkeit virtueller Organisationen basiert nicht nur auf der Integration von Arbeitsergebnissen verschiedener beteiligter Partner zu einer Gesamtlösung, sondern sehr wesentlich auch auf der Arbeitsteiligkeit zwischen und innerhalb von Komponenten des Verbundes.[155] Sie steht aber auch für ein dynamisches Prinzip der Organisationsgestaltung, das von abstrakten Zuordnungen der Arbeitsschritte im klassischen tayloristischen Ideal abweicht und kognitive Aspekte der Prozeßorganisation stärker betont.[156] Dieses Merkmal begründet darüber hinaus den hohen Koordinationsaufwand, der zur Wertschöpfung erforderlich ist und zur Präzisierung virtueller Organisationsstrukturen in den folgenden Abschnitten noch erforderlich ist.

Der Aufgabenorientierung entsprechend steht im Mittelpunkt der Leistungserstellung virtueller Organisationen die Prozeßorientierung. Im Sinne der obigen Definition wird diese als Einheit und somit als ein *Wertschöpfungsprozeß* interpretiert.[157] Jeder der beteiligten Partner übernimmt dabei die Teilprozesse, die seinen Kompetenzen und Erfahrungen entsprechen, um Marktchancen nutzen zu können oder neue Märkte zu erschließen.[158] Dabei ist der Wertschöpfungsprozeß nicht ausschließlich auf die Gestaltung der vertikalen Integration zwischen Industrieunternehmen verschiedener Stufen beschränkt. Vielmehr betrifft das Konzept die Kombination jeder komplementären Ressource,[159] deren Standort unverändert bleibt, die aber so lange zu einer gesamten Problemlösung integriert werden, wie es den Ressourcengebern sinnvoll erscheint.[160] Da Teilprozesse einzelner, evtl. unerfahrener Organisationen zu einem umfassenderen, zumeist neuartigen Wertschöpfungsprozeß verbunden werden sollen, ist in der Koordination der produktionstechnischen Verknüpfung der Lei-stungserstellung auch die wesentliche Herausforderung virtueller Organisationen zu sehen.

---

[153] Vgl. Chesbrough, Teece /Virtual 1996/ 66.
[154] Vgl. Meffert /Virtual 1998/ 2.
[155] Vgl. Savage /Management 1996/ 231.
[156] Vgl. Picot, Reichwald, Wigand /Unternehmung 1996/ 426.
[157] Vgl. Scholz /Strategische 1997/ 364; Krystek /Organisation 1997/ 35 ff.
[158] Vgl. Goldman u.a. /Agil 1996/ 172; Scholz /Strategische 1997/ 368.
[159] Vgl. Jägers, Jansen, Steenbakkers /Characteristics 1998/ 70; Müller, Kohl, Schoder /Unternehmenskommunikation 1997/ 293.
[160] Vgl. O'Leary, Daniel, Plant /Intelligence 1997/ 52.

Der Vorteil, eine Prozeßkette durch die besten am Markt verfügbaren Spezialkenntnisse zusammenfügen zu können, wird an dieser Stelle gegenüber der klassischen hierarchischen Organisation zum Nachteil, da die virtuelle Organisation nicht über ex ante etablierte und stabile Koordinationsmechanismen verfügt.

Ein weiteres wesentliches Merkmal von Wertschöpfungsprozessen in virtuellen Organisationsstrukturen ist deren Transparenz. Wie bereits im Zusammenhang mit der Rolle von Hierarchien beschrieben wurde, ist es auch auf dieser Ebene notwendig, die Organisation der Wertschöpfung für alle Beteiligten nachvollziehbar und bewertbar zu gestalten. Da es die Konfiguration der Leistungserstellung innerhalb des Verbundes erforderlich macht, daß die beteiligten Partner mindestens vor- oder nachgelagerte Produktionsstufen kennen, ist die Teilleistung, die durch einzelne Komponenten zu erbringen ist, möglichst exakt zu konkretisieren. Diese Anforderung wird bereits bei der Suche nach möglichen Partnern sowie den Verhandlungen zur Spezifikation des zu erstellenden Werkes bedeutsam.[161]

Wird beispielsweise die industrielle Produktentwicklung als virtuelle Organisation realisiert, so ist es zunächst erforderlich, daß die beteiligten Partner zur Einschätzung der Erfolgswahrscheinlichkeiten ihrer Kooperation die relevanten Teilprozesse gegenseitig offenlegen und beurteilen.[162] *Presley/Rogers* beschreiben ein Modellschema, mit dem Industriebetriebe als virtuelle Organisationen wirken können.[163] Das Schema basiert auf einer Prozeß- und Aktivitäten-Modellierung nach IDEF-Standards.[164] Auf dieser einheitlichen Basis können Leistungsbeiträge verschiedener Partner gesucht, verglichen und auf einer semantisch gehaltvollen Ebene kombiniert werden. Ergebnis des Modellierungsschemas ist ein Organisationsmodell einer virtuellen Organisation, das die im ersten Schritt definierten Prozeßregeln berücksichtigt und so unmittelbar umzusetzen ist. Dieses Beispiel verdeutlicht die Bedeutung der Transparenz von Prozessen und zeigt eine Möglichkeit auf, wie auf der Basis standardisierter Beschreibungsformate Leistungsbeiträge verschiedener Partner kombiniert werden können. Nur wenn es gelingt, Prozesse wie in diesem Beispiel miteinander vergleichbar zu machen, können auch fortgeschrittene Formen der Initiierung virtueller Organisation realisiert werden.

---

[161] Vgl. Haury /Kooperation 1989/ 71 f.
[162] Vgl. für geeignete Modellierungsmethoden Jarke, Kethers /Kooperationskompetenz 1999/ 320ff.
[163] Vgl. Presley, Rogers /Process 1996/ 475ff.
[164] Vgl. für IDEF-Grundlagen beispielsweise Adelsberger, Körner /IDEF-0 1994/. Alternativ könnten auch UML-Notationen verwendet werden, vgl. Wood, Milosevic /Virtual 1998/; Richaud, Zarli /WONDA 1998/. Die Rolle von Austauschmodellen auf der Basis formaler Spezifikationssprachen vertiefen Faisst, Stürken /Prozeß-Standards 1997/ 11ff.

So ist es möglich, die Suche nach geeigneten komplementären Prozessen sowie deren Prüfung durch Agenten und wissensbasierte Methoden durchführen zu lassen.[165] Neben der internen Transparenz der Verbundmitglieder in bezug auf die Teilleistungen ist des weiteren auch die Sichtweise des Außenstehenden auf den Verbund Kennzeichen des Wertschöpfungsprozesses. Für den externen Beobachter ist die Durchführung der Aufgabe zur Laufzeit in der Regel nicht transparent, da der exakte Ort der Leistungserstellung für ihn nicht festzustellen ist.[166] Somit wird aus unbeteiligter Sicht, wie etwa der des Kunden, nur die geschlossene Einheit der Produktion oder Dienstleistung ersichtlich, nicht jedoch einzelne Prozesse der Wertschöpfung. In der Gestaltung der Wertschöpfungskette wird berücksichtigt, daß Externe lediglich einen Ansprechpartner innerhalb des Verbundes haben, so daß dieser das Netzwerk stellvertretend nach außen vertritt und die beteiligten Unternehmen gemeinsam repräsentiert.[167]

2.2.3.2 Überwindung räumlicher, zeitlicher und institutioneller Grenzen

Dem Modell virtueller Organisationen als Unternehmensform zwischen Markt und Hierarchie entsprechend,[168] stellen Flexibilität und Offenheit die Grundvoraussetzungen zur Konstitution neuer Wertschöpfungspartnerschaften dar.[169] Diese Eigenschaften, die in der betriebswirtschaftlichen Literatur im Zusammenhang mit der Diskussion von Unternehmensgrenzen erörtert werden, lassen sich in bezug auf die Leistungserstellung weiter konkretisieren.[170] So ist es ein Wesensmerkmal des Wertschöpfungsprozesses in virtuellen Organisationen, *räumliche, zeitliche* und in Ansätzen auch *institutionelle Restriktionen* der klassischen Produktion zu überwinden.[171] Diese Eigenschaft erscheint sehr genereller Natur zu sein, kann jedoch mit der Wettbewerbsfähigkeit von Organisationen begründet werden. Krystek u.a. folgend wird diese in Zukunft „im Hinblick auf die Faktoren Innovation, Zeit, Qualität, Kosten und Preise ... weitaus stär-

---

[165] Vgl. Presley, Rogers /Process 1996/ 478.
[166] Vgl. Müller, Kohl, Schoder /Unternehmenskommunikation 1997/ 293..
[167] Vgl. Scholz /Organisation 1994/ 16.
[168] Vgl. Krystek, Redel, Reppegarther /Grundzüge 1997/ 201 ff.; Bullinger, Brettreich-Teichmann, Fröschle /Koordination 1995/ 20.
[169] Vgl. Scholz /Strategische 1997/ 385 f.
[170] Vgl. Linde /Virtualisierung 1997/ 19 f.; Hirschhorn, Gilmore /Boundaries 1992/ 113 ff.; Clemons /Information 1993/ 232; Scholz /Netzwerkkooperation 1998/ 97; Picot, Reichwald, Wigand /Unternehmung 1996/ 351 ff. Für andere Systematiken vgl. Ashkenas u.a. /Boundaryless 1995/ 11ff.; Sydow /Netzwerke 1993/ 96 ff.; Franck /Arbeitsformen 1995/; Picot, Rippberger, Wolff /Boundaries 1996/; Victor, Stephens /Forms 1994/ 480.
[171] Vgl. Jägers, Jansen, Steenbakkers /Characteristics 1998/ 73; Reichwald u.a. /Telekooperation 1998/ 250; Little /Management 1996/ 287 ff.; Griese, Sieber /Virtualität 1998/ 165; Center, Thompsen /Framework 1996/ 117; Wassenaar /Understanding 1999/ 10.

ker als bisher von der Qualität, Quantität und Intensität ihrer Beziehungen zu den ökonomischen und technologischen Umsystemen abhängen".[172] Die Gestaltung dieser Beziehungen ist unmittelbar mit der Fähigkeit einer Organisation verbunden, neue Wege zu deren Anbahnung und Pflege gehen zu können. Anzumerken ist in diesem Zusammenhang, daß die zeitliche und räumliche Entkopplung von Arbeitsprozessen eng mit der institutionellen Integration verbunden ist und eine isolierte Betrachtung einzelner Maßnahmen zur Ableitung allgemeiner Aussagen zur Arbeitsweise virtueller Organisationen wenig sinnvoll ist. Zur Abschätzung dieser ökonomischen Folgen ist es somit erforderlich, die Arbeitsweise auch als Kombination "einer raum-zeitlichen und institutionell-rechtlichen (Des)Integration von Arbeitsprozessen"[173] zu sehen. Da diese Sichtweise die Dimensionen der Erläuterung der definitorischen Grundlagen virtueller Organisationen in diesem Abschnitt übersteigt, wird auf eine tiefergehende Analyse der Zusammenhänge verzichtet.

Aufgrund der starken Ausprägung der Arbeitsteiligkeit der Wertschöpfung bei hoher Dezentralisierung der Netzwerkpartner ergeben sich räumliche und zeitliche Barrieren der Zusammenarbeit. Die Funktionsweise des Verbundes muß diesen Gegebenheiten Rechnung tragen und ihre Leistungserstellung entsprechend ausrichten. Als ein Aspekt dieser Problematik ist auch die bereits beschriebene Befristung der Zusammenarbeit zu sehen. Diese führt dazu, daß verschiedene, zuweilen voneinander völlig unabhängige Aufgaben parallel ausgeführt werden müssen und sich somit die Entstehung und Erledigung von Teilaufgaben stets ändern oder überlagern.[174]

Die Überwindung räumlicher und zeitlicher Grenzen beschreibt dabei sowohl die Einrichtung als auch die Arbeitsweise einer virtuellen Organisation. Für die Ablauforganisation ist das Fehlen einer räumlichen wie auch einer zeitlichen Einheit somit nicht nur Unterscheidungsmerkmal gegenüber klassischen Organisationsformen, sondern auch Voraussetzung.[175]

Bei der Konstitution dieser Unternehmensform spielen räumliche Entfernungen sowie die aus diesen Gegebenheiten resultierenden zeitlichen Aspekte eine untergeordnete Rolle. So ist es mit Hilfe von leistungsfähigen Informations- und Kommunikationssystemen möglich, Abstimmungsprozesse der Anbahnung und Spezifikation von Kooperationen schnell und effektiv über weite geographische Entfernungen und Zeitzonen hinweg durchzuführen.

Entscheidend ist, daß zur Konfiguration des Wertschöpfungsprozesses die besten verfügbaren Partner, die im Markt für diese Leistungen zu finden sind, Teil des Netzwerkes werden.[176]

---

[172] Krystek, Redel, Reppegarther /Grundzüge 1997/ 195.
[173] Franck /Entkopplung 1997/ 8.
[174] Vgl. Reichwald, Möslein /Chancen 1997/ 9.
[175] Vgl. Reiß, Beck /Kernkompetenzen 1996/ 46.
[176] Vgl. Jägers, Jansen, Steenbakkers /Characteristics 1998/ 71.

Dabei ist zunächst unerheblich, daß sich dieser Markt über eine große geographische Distanz ausdehnen kann.[177] Die Überwindung räumlicher Restriktionen begründet die Standortunabhängigkeit,[178] die im Zusammenhang mit der Nutzung leistungsfähiger Informations- und Kommunikationssysteme zwar nicht spezifisch für virtuelle Organisationen,[179] jedoch aufgrund der starken Ausprägung kennzeichnend wirkt. Diese Standortunabhängigkeit offenbart sich vorwiegend an der hohen Durchlässigkeit der intra- und inter-organisatorischen Grenzen.[180] Dabei betrifft die "Delokalisierung"[181] nicht nur den Bereich immaterieller Güter, sondern auch den Bereich des Managements materieller Güter, die zwar an ihrem jeweiligen Ort verbleiben, deren Koordination aber an anderer Stelle erfolgt.

Aufgrund der schnellen Reaktionsfähigkeit virtueller Organisationen bei der Anpassung an veränderte Bedingungen der Wertschöpfung können durch die Reorganisation der Leistungsprozesse Zeitvorteile erreicht werden. So können die Zerlegung, Durchführung und Reintegration der erforderlichen Teilaufgaben dort geschehen, wo zeitliche Kapazitäten zur Durchführung dieser Schritte vorhanden sind. Dadurch kann der Verbund die ihm zur Verfügung stehenden Ressourcen optimal nutzen. Die Aufteilung und Synchronisation von Teilprozessen ist dabei abhängig von der Teilbarkeit der Gesamtaufgabe, den erforderlichen Hilfsmitteln sowie der Transportabilität realer Güter und deren begleitenden Informationen.[182]

Als ein weiterer Aspekt der Überwindung zeitlicher Restriktionen wird in der Literatur die befristete Lebensdauer virtueller Organisationen gesehen.[183] Da die virtuelle Organisation nach Beendigung ihrer Aufgabe wieder aufgelöst wird, muß sie sich in ihrer Organisationsstruktur nicht laufend veränderten Marktverhältnissen anpassen und aufwendig restrukturieren. Diese Vorteilhaftigkeit dürfte jedoch im Hinblick auf den hohen Suchaufwand, die aufwendige Einrichtung und Koordination der Netzwerkoperationen wohl weniger ins Gewicht fallen und auch auf der Basis transaktionskostentheoretischer Argumentationen in Frage zu stellen sein.

Die Überwindung räumlicher und zeitlicher Grenzen ist nicht nur für die Bildung des Netzwerkes der virtuellen Organisation, sondern auch für die Arbeitsweise kennzeichnend.[184] Beispielsweise können Arbeitsprozesse in diejenigen Zeitzonen verlagert werden, in denen eine Aufgabe gerade erfüllt werden

---

[177] Vgl. Goldman u.a. /Agil 1996/ 173.
[178] Vgl. Reichwald u.a. /Telekooperation 1998/ 243.
[179] Vgl. Picot, Reichwald, Wigand /Unternehmung 1996/ 362.
[180] Vgl. Krystek, Redel, Reppegarther /Grundzüge 1997/ 7.
[181] Vgl. Linde /Virtualisierung 1997/ 41.
[182] Vgl. Franck /Entkopplung 1997/ 10.
[183] Vgl. Zwicker /Firma 1996/ 36.
[184] Vgl. Reichwald u.a. /Telekooperation 1998/ 247.

kann.[185] Diese Charakterisierung soll bewußt nicht als Unterschiedsmerkmal gegenüber anderen Formen der Unternehmensorganisation beschrieben werden, da derartige Arbeitsformen bereits seit längerer Zeit auch z.B. in hierarchischen Organisationen zu finden sind. Sie sollen jedoch als erforderliche Voraussetzung für die funktionelle Leistungserstellung virtueller Organisation charakterisiert werden, ohne die das Netzwerk die Eigenschaften Flexibilität und Offenheit nicht vollständig erreichen kann.

Institutionelle Restriktionen sind sowohl in bezug auf die Zusammenarbeit von rechtlich selbständigen Organisationen innerhalb eines Marktes als auch im Hinblick auf die formale Gestaltung des Arbeitsprozesses zu überwinden. Die Beziehungen der Partner, die als „wenig normalisiert, nicht permanent und opportunistischer als in anderen Netzwerkformen"[186] zu beschreiben sind, bestimmen die geringe Neigung zur Bildung von Institutionen.

Virtuelle Organisationen sind Netzwerke von Partnern, die Ressourcen und Kompetenzen kombinieren, um neuartige Marktchancen zu nutzen (vertikale Integration) oder Probleme der Leistungserstellung eines größeren Verbundes zu lösen (horizontale Integration).[187] Beiden Ansätzen ist gemein, daß zur Bewältigung der Aufgaben sowohl unternehmensinterne wie auch -externe Partner in Betracht kommen. Deren Rechtsform, Eigentümerverhältnisse oder rechtliche Selbständigkeit sind dabei weniger entscheidend als der konkrete Beitrag zur Bewältigung der zu lösenden Aufgabe.[188]

Neben der grundsätzlich nicht beschränkten Auswahl der Netzwerkteilnehmer kommt der formalen Gestaltung der Arbeitsbeziehung eine besondere Rolle zu. Virtuelle Organisationen verzichten auf eine weitgehende Institutionalisierung sowohl im rechtlichen als auch im betriebswirtschaftlichen Sinn. Zur Konkretisierung des Begriffs der virtuellen Organisation ist diese Unterscheidung sinnvoll, um die Organisationsform gegen vergleichbare Ansätze abzugrenzen und ihr Profil als Ordnungsmuster zu betonen.[189] Virtuelle Organisationen sind Netzwerke nur „ihrer Wirkung nach"[190], eine dauerhafte Stabilisierung im Sinne von Konsortium, Arbeitsgemeinschaft oder Konzern wird nicht angestrebt.[191] Die angestrebte schnelle Bildung und Auflösung des Netzwerkes ist mit einer aufwendigen juristischen Institutionalisierung nur schwer vereinbar. So ist es in der Regel eher hinderlich, der geplanten Problemlösung in Form einer virtuellen Organisation eine eigene, neue Gesellschaftsform zu geben, auch wenn dieses zu einem späteren Zeitpunkt aus Gründen der veränderten Wettbewerbssi-

---

[185] Vgl. Picot, Reichwald, Wigand /Unternehmung 1996/ 395.
[186] Griese, Sieber /Virtualität 1998/ 160.
[187] Vgl. Voskamp, Wittke /Integration 1994/.
[188] Vgl. Scholz /Strategische 1997/ 368.
[189] Vgl. Gomez, Zimmermann /Unternehmensorganisation 1992/ 15.
[190] Sydow, Winand /Unternehmungsvernetzung 1998/ 18.
[191] Vgl. Schräder /Management 1996/ 21 f.

tuation sinnvoll sein kann.[192] Somit ersetzt die Aufgabe des Verbundes die "institutionell-rechtliche Integration ... über gesellschafts- und arbeitsrechtliche Vertragsstrukturen".[193]
Dem temporären Charakter der virtuellen Organisation entsprechend ist jedoch denkbar, diese Organisationsform lediglich auf Probe und damit als Vorläufer einer stabileren Struktur einzurichten.[194] Für Aufgaben, in denen eine haftungsbeschränkende Rechtsform sinnvoll und erforderlich ist, sind virtuelle Organisationen nur bedingt geeignet. Insbesondere diejenigen Unternehmenszwecke, die eine starke Identität einer Organisation erfordern, sind auf traditionelle Eigenschaften wie "Eigentum, Verfügungsrechte, einheitliche Führung, Geschäftsfelder oder regionale Zuordnung"[195] angewiesen. Eigenschaften, die in der virtuellen Organisation einheitsbildend wirken, wie kurzfristige Marktchancen oder Projekte, reichen in dieser Situation nicht aus. Aus diesem Grunde ist auch die Beurteilung von Unternehmensverfassungen virtueller Organisationen problematisch. So ist die formale Konstitution virtueller Organisationen aufgrund der Befristung der Zusammenarbeit schwerlich zu untersuchen. Eine weitere Problematik ergibt sich aus der weiten räumlichen Verteilung, die unter Umständen dazu führt, daß das Wirken einer Organisation in den Geltungsbereich anderer Rechts- oder Tarifvorschriften fällt, welches beispielsweise gravierende steuerliche und sozialpolitische Konsequenzen nach sich zieht.[196]
Da eine ausführliche Würdigung juristischer Gestaltungsmöglichkeiten eher dem Bereich der institutionellen Interpretation virtueller Organisationen zuzuordnen ist, wird sie hier nicht weiter verfolgt.[197]
Diese Bestrebungen spiegeln sich jedoch nicht nur in der Frage der Rechtsform, sondern auch in der Bedeutung der Vertragsgestaltung wider, die in der Literatur jedoch nicht unumstritten ist.[198] In diesem Punkt unterscheiden sich die geschlossenen Verträge zur Regelung der Arbeitsweise des Verbundes grundsätzlich nicht von denen zur Gestaltung anderer Formen der Netzwerkorganisation. Lediglich die geringere Vollständigkeit der Verträge und ihr niedrigerer Detaillierungsgrad unterscheiden sich von anderen Formen strategischer Netzwerke.[199] Da virtuelle Organisationen in der Regel nur "Unternehmen auf Zeit"[200] sind, tritt die wichtige Funktion des Vertrages, riskante Zukunftsentwicklungen abzusichern, in den Hintergrund.

---

[192] Vgl. Goldman u.a. /Agil 1996/ 175.
[193] Franck /Entkopplung 1997/ 7.
[194] Vgl. Mertens, Griese, Ehrenberg /Unternehmen 1998/ 135.
[195] Bullinger, Brettreich-Teichmann, Fröschle /Koordination 1995/ 21.
[196] Vgl. Ackermann /Aspekte 1998/ 51ff.
[197] Zur Diskussion rechtlicher Fragen in diesem Zusammenhang siehe Müthlein /Unternehmen 1995/ 68 ff.; Sommerlad /Unternehmen 1996/ 22f.
[198] Vgl. Mertens, Griese, Ehrenberg /Unternehmen 1998/ 3.
[199] Vgl. Krystek, Redel, Reppegarther /Grundzüge 1997/ 204.
[200] Vgl. Reiß /Unternehmung 1996/ 10.

Häufig werden auch Vertragstypen verwendet, in deren Mittelpunkt hauptsächlich die Gestaltung der gegenseitigen Beziehungen innerhalb des Netzwerkes steht und weniger das zu erbringende Werk konkretisiert wird.[201] Innerhalb dieses relationalen Vertragswerks werden bewußt Spielräume geschaffen,[202] die flexibilitätssteigernd wirken sollen. Diese Form der Vertragsgestaltung setzt jedoch voraus, daß ein gemeinsames Geschäftsverständnis entwickelt wurde,[203] daß das zu erbringende Werk bereits hinreichend konkretisiert wird und dieses als Basis der Zusammenarbeit fungiert.
Auch die Einrichtung und Gestaltung traditioneller betriebswirtschaftlicher Institutionen entspricht der befristeten, aufgabenorientierten Arbeitsweise der virtuellen Organisation.[204] Scholz beschreibt die Verbindung der Partner unter diesem Aspekt als „weiche Integration",[205] die auf bürokratische Formalien zugunsten einer gemeinsamen Vision und Vertrauenskultur verzichtet.[206] Es wird daher angestrebt, die erforderliche Kontrolle und Steuerung nicht durch Institutionen und Verträge, sondern durch das vertrauensbasierte Zusammenfügen gegenseitiger Informationen und Ressourcen sowie des Managements der Beziehungen innerhalb des Netzwerkes zu gestalten.[207] Hingegen ist die Vorstellung, daß sich die Elemente der virtuellen Organisation "wie mit einer 'unsichtbaren Hand' selbst steuern",[208] nur schwer nachvollziehbar.

2.2.3.3 Zur Problematik der Koordinationssteuerung in virtuellen Organisationsstrukturen

Zwangsläufig bedarf das Managementhandeln eines Netzwerkes anderer Maßnahmen als das eines Einzelunternehmens.[209] Prozeß-, Mitarbeiter-, Technologie- und Beziehungsmanagement im Verbundunternehmen unterscheiden sich grundlegend von deren Varianten in einer eigenständigen Organisation und müssen daher auch unterschiedlich gestaltet werden.[210]
Die Problematik entsteht aus den heterogenen Steuerflüssen der Prozeßketten, welche die Partner in den Verbund einbringen. Dabei werden nicht nur Ressourcen und Produktionsmittel verschiedenen Reifegrades verbunden, sondern darüber hinaus auch vollständige betriebswirtschaftliche Funktionen wie Ein-

---

[201] Vgl. Krystek, Redel, Reppegarther /Grundzüge 1997/ 204.
[202] Vgl. Horn /Koordination 1997/ 16.
[203] Vgl. Arnold, Härtling /Begriffsbildung 1995/ 23.
[204] Vgl. Scholz /Strategische 1997/ 385.
[205] Scholz /Strategische 1997/ 385.
[206] Vgl. Scholz /Netzwerkkooperation 1998/ 106; Stahl /Vertrauensorganisation 1996/ 29ff.; Sydow /Vertrauensorganisation 1996/ 10ff.; Bertels /Organisation 1996/ 47ff.
[207] Vgl. Jägers, Jansen, Steenbakkers /Characteristics 1998/ 68; Klein /Organisation 1994/ 311.
[208] Vgl. Chrobok /Organisation 1996/ 252.
[209] Vgl. Sydow, Winand /Unternehmungsvernetzung 1998/ 13.
[210] Vgl. Fritz, Manheim /Work 1998/ 131.

kauf oder Logistik, die als Ressourcen der beteiligten Partner Eingang in das Netzwerk finden.[211]
In der Regel wird auf die Einrichtung von aufwendigen Funktionen einer Unternehmung, die üblicherweise zur Sicherung eines dauerhaften, nachhaltigen Erfolges am Markt erforderlich wären, weitestgehend verzichtet.[212] Dieses Vorgehen ist besonders für den Bereich Forschung und Entwicklung zu beobachten, der zumeist für viele kleinere Unternehmen zu aufwendig ist. *Wüthrich u.a.* beschreiben dies mit der Darstellung der Funktionsweise der wiedergegründeten Firma *Dual*, deren Produkte in einer temporären Kooperation internationaler Partner entwickelt werden.[213] Diese Produktentwicklung erfolgt ausschließlich durch wechselnde ostasiatische Partner, die ihre Vorgaben durch die koordinierende Rumpforganisation in Deutschland erhält. Die fertig konzipierten Produkte und Prototypen werden dann an ebenfalls wechselnde Partner im asiatischen Wirtschaftsraum übergeben, welche die Massenfertigung übernehmen. Weitere unabhängige Partner in Europa und Deutschland sind für Werbung, Distribution und den Vertrieb zuständig. Im Kern der Wertschöpfung steht somit hauptsächlich das koordinierende Leitungshandeln der sehr kleinen Rumpforganisation, die das Zusammenwirken der Partner initiiert und überwacht.
Da Leistungen somit direkt über den Markt bezogen werden, muß sich die Steuerung virtueller Organisationen auf das Management der Beziehungen der Partner zueinander konzentrieren. Im Mittelpunkt stehen dabei hauptsächlich die Planung, Steuerung und Kontrolle der in den Kooperationsverbund eingebrachten Kompetenzen und Ressourcen sowie die Messung der Beziehungsintensität und -wirkungen der Mitglieder untereinander.
Diese Maßgabe wirkt sich auf eine Vielzahl betriebswirtschaftlicher Aspekte, wie z.B. der Erfolgskontrolle aus: So wird der kurzfristigen, kennzahlengestützten Kontrolle des Erfolges wie „Kostenkalkulation und Qualitätssicherung mit unmittelbarer Erfolgsrelevanz für virtuelle Verbundunternehmen"[214] der Vorzug gegenüber klassischen Methoden der Erfolgsrechnung gegeben.
Als Netzwerkorganisation von grundsätzlich eigenständigen Komponenten ist das Management des Gesamtverbundes auf die Selbstorganisation der einzelnen Elemente angewiesen.[215] Jeder beteiligte Partner muß die betriebswirtschaftliche Kontrolle seiner eigenen Leistungen im Verbund selbständig überwachen.

---

[211] Vgl. Linde /Virtualisierung 1997/ 44.
[212] Vgl. Klein /Organisation 1994/ 309; Arnold, Härtling /Begriffsbildung 1995/ 22.
[213] Vgl. Wüthrich u.a. /Virtualisierung 1997/ 25.
[214] Scholz /Strategische 1997/ 373.
[215] Vgl. Faucheux /Organizing 1997/ 52; Hoffmann /Unternehmen 1996/ 69; Sydow /Netzwerke 1993/ 252.

Das Leitungshandeln des Netzwerkes ist eng an die Methoden und Werkzeuge der Koordination der Wertschöpfung gebunden. Trotz ihres dezentralen Charakters verfügen virtuelle Organisationen nicht selten über eine Funktion wie "Integrator",[216] "Makler",[217] "fokales Unternehmen",[218] "enterprise head"[219], "Koordinator"[220] "Netzwerk-Coach"[221], „Promoter"[222] oder "Broker"[223], die als zentrale Koordinationsinstanz fungiert.[224] Diese initiieren und überwachen die Teilschritte der Leistungserstellung und nehmen zentrale Unterstützungsfunktionen wahr. Dabei variieren die Aufgaben erheblich und umfassen ein breites Spektrum von beherrschenden Entscheidungen im Sinne strategischer Vorgaben bis hin zu einfachen Maßnahmen der Qualitätskontrolle. Anzumerken ist jedoch, daß sich mit der Herausprägung eines starken „Leader"-Unternehmens[225] die Organisationsform stärker in Richtung anderer Netzwerkorganisationen orientiert, wie im folgenden noch zu zeigen ist. Aus diesem Grunde ist die Frage der Kontrolle der Leistungserstellung stark mit dem Zentralisierungsgrad des Netzwerkes verbunden. Die Forderung, daß sich die Organisation und das Management aller individuellen Teilprozesse auch am Ort der Ausführung dieser Prozesse befinden soll, dürfte sich hingegen kaum realisieren lassen.[226]

So ist auch die Frage nach der Gleichberechtigung der Netzwerkpartner unmittelbar an den Zweck und die Struktur der Aufgabe geknüpft. Entscheidend ist, daß die beteiligten Partner eine eigenverantwortliche Rolle bei der Problemlösung spielen und diese selbstbestimmt und in enger Abstimmung mit allen Beteiligten wahrnehmen.[227]

2.2.3.4 Nutzung von Koordinationstechnologien als Wesensmerkmal virtueller Organisationen

Virtuelle Organisationen erzielen ihre Wettbewerbsvorteile gegenüber klassischen Organisationsformen durch eine effektivere und effizientere Koordinati-

---

[216] Brütsch, Frigo-Mosca /Organisation 1996/ 33.
[217] Reiß /Unternehmung 1996/ 11.
[218] Krystek /Organisation 1997/ 33; Mertens, Griese, Ehrenberg /Unternehmen 1998/ 15.
[219] Jägers, Jansen, Steenbakkers /Characteristics 1998/ 73.
[220] Reiß, Beck /Kernkompetenzen 1996/ 47.
[221] Zuberbühler /Wettbewerbsvorteil 1998/ 23.
[222] Klueber /Promoter 1997/ 3ff.
[223] Mertens, Griese, Ehrenberg /Unternehmen 1998/ 13; Schwarzer, Krcmar /Organisationsformen 1994/ 25.
[224] Vgl. Faisst, Birg /Rolle 1997/ 2; Faisst /Unterstützung 1998/ XXIII für eine umfangreiche Auflistung der verschiedenen Bezeichnungen für Broker-Funktionen.
[225] Mertens, Griese, Ehrenberg /Unternehmen 1998/ 15.
[226] Vgl. Mowshowitz /Virtual 1997/ 36.
[227] Vgl. Jägers, Jansen, Steenbakkers /Characteristics 1998/ 72.

on ihrer Ressourcen und Kompetenzen.[228] Diese Vorteile werden durch den umfassenden Einsatz von Informations- und Kommunikationssystemen zur Koordination der Wertschöpfung in virtuellen Organisationen erzielt. Die weitreichende Verwendung geeigneter Informations- und Kommunikationstechnologien gibt der verbundinternen Kommunikation einen stabilen Bezugsrahmen und unterstützt die laufende operative Abstimmung der Partner.[229] Die wechselseitige, „ko-evolutionäre"[230] Beeinflussung von Informations- und Kommunikationstechnologien und Organisationsstrukturen einer Unternehmung wirkt dabei nicht nur auf der intra-organisatorischen, sondern auch auf der inter-organisatorischen Ebene.

Der Einsatz computergestützter Koordinationssysteme der Gruppenarbeit wird im Sinne der obigen Definition virtueller Organisationen als zwingende Voraussetzung virtueller Organisationen formuliert.[231] Dieses Merkmal soll dabei bewußt enger gefaßt werden, als es in Teilen der Literatur üblich ist. Während Davidow/Malone die Bedeutung der Informationstechnologie zur Bewältigung des Koordinationsaufwandes virtueller Organisationen noch als wichtiges, aber nicht entscheidendes Merkmal beschrieben haben,[232] hat sich in der Literatur der letzten Zeit dieser Faktor als wesensbestimmendes Merkmal virtueller Organisation herausgeprägt.[233]

Diese Auffassung ist zur inhaltlichen Weiterentwicklung des Konzeptes und der Abgrenzung gegenüber anderen Formen von Unternehmensnetzwerken sehr sinnvoll. Unzweifelhaft vereinen sich im Modell der virtuellen Organisation verschiedene Ideen und Konzepte der Organisationstheorie.[234] Doch erst *spezifische* Informations- und Kommunikationstechnologien verstärken diese einzelnen Ansätze und ermöglichen deren Zusammenführung.[235]

Die Leistungsfähigkeit virtueller Organisationen ist abhängig sowohl von der Fähigkeit der einzelnen Partner, sich wirkungsvoll miteinander abstimmen zu können (Koordinationsfähigkeit),[236] als auch der Voraussetzung, die "Ziele des Netzwerkes mit den Einzelzielen der Akteure ... (Konsistenz)"[237] in Einklang zu

---

[228] Vgl. Wüthrich u.a. /Virtualisierung 1997/ 24, die Malone wie folgt zitieren (ohne Quellenangabe): „The revolution under way today will be driven not by changes in production but by changes in coordination."
[229] Vgl. Picot, Maier /Interdependenzen 1993/ 10.
[230] Fraser /Information 1994/ 218.
[231] Vgl. beispielsweise Jarvenpaa, Shaw /Teams 1998/; Wassenaar /Understanding 1999/ 8.
[232] Davidow, Malone /Unternehmen 1993/ ist dabei nicht frei von Widersprüchen, vgl. 101 und 186.
[233] Vgl. beispielsweise Norton, Smith /Organization 1997/ 4; Fink /Unternehmensstrukturen 1998/ 17; Reichwald, Möslein /Chancen 1997/ 9.
[234] Vgl. Reiß /Unternehmung 1996/ 12.
[235] Vgl. sinngemäß Cairncross /Distance 1997/ 153.
[236] Vgl. Rolf /Grundlagen 1998/ 194.
[237] Rolf /Grundlagen 1998/ 194.

bringen. Beide Anforderungen setzen die Verfügbarkeit geeigneter Koordinationsmechanismen voraus, die geeignet sind, die komplexe und informationsintensive Funktionsweise virtueller Organisationen zu unterstützen.[238] Als Ziel müssen sie einen Beitrag zu der Bewältigung eines der größten betrieblichen Koordinationsprobleme, der „Ausrichtung dezentraler Einheiten auf die Erfolgsziele der Unternehmung"[239] leisten.
Die Kooperation zwischen Partnern einer Netzwerkunternehmung kann als ein Konstrukt aus Koordination, Unabhängigkeit, Überwachung und Vertrauen interpretiert werden.[240] Zweifellos *entstehen* virtuelle Organisationen, weil sie sich zur Realisierung von Vorteilen aufgrund gegebener Marktverhältnisse anbieten und nicht, weil Informationstechnologien sie möglich werden lassen.[241] Die Verwendung innovativer Informations- und Kommunikationssysteme erfüllt keinen Selbstzweck, vielmehr ist sie immer eine Variable eines Organisationssystems:

„Technologies are socially constructed; and technical systems embody social knowledge, processes, and outcomes (...). ... The context of use defines a technology as an object of sensemaking. Technologies are interpretable entities whose meaning is constructed by communities of users."[242]

Jedoch differenzieren der Grad der Technikdurchdringung sowie die Art der zum Einsatz kommenden Informations- und Kommunikationssysteme die virtuelle Organisation von anderen Formen, denn die Rolle der unterstützenden Technologien, die dem Netzwerk erforderliche Fähigkeiten wie Flexibilität[243] oder Dezentralisierung[244] zu verleihen, ist hier von maßgeblicher Bedeutung. Sie eröffnen Spielräume der Prozeßgestaltung, in dem sie deren Verlagerung, Re-Integration oder Konzentration erlauben.[245]
Diese Eigenschaften sind unmittelbar an eine leistungsfähige, offene informationstechnische Vernetzungsgrundlage gebunden, die eine Integration ermöglicht und diese durch anpaßbare Funktionen dauerhaft unterstützt.[246] Erst eine solche Grundlage eröffnet die Möglichkeiten zur Gestaltung und Modifikation der er-

---

[238] Vgl. Holland /Trust 1998/ 56; Fritz, Manheim /Work 1998/ 126; Arnold, Härtling /Begriffsbildung 1995/ 9; Fulk, DeSanctis /Electronic 1995/ 340.
[239] Osterloh /Gruppen 1997/ 181.
[240] Vgl. Miller, Clemons, Row /Information 1993/ 304.
[241] Vgl. Johnston, Lawrence /Integration 1988/ 94; Schräder /Management 1996/ 71; Franck /Entkopplung 1997/ 7.
[242] Dubinskas /Virtual 1993/ 392.
[243] Vgl. grundlegend Lucas, Olson /Impact 1994/.
[244] Vgl. Reichwald u.a. /Telekooperation 1998/ 254.
[245] Vgl. Griese /Virtuelle 1994/ 11.
[246] Vgl. Müller, Kohl, Schoder /Unternehmenskommunikation 1997/ 298; Drumm /Dezentralisation 1995/ 6.

forderlichen Koordinationsmechanismen, die wiederum die gesamte Organisationsstruktur bestimmen.[247]
Im Kontext dieser Sichtweise soll daher die Bedeutung der Fortschritte im Bereich der Koordinationstechnologien betont werden.[248] Der Koordinationsbegriff wird dabei bewußt nicht nur auf inter-, sondern auch auf intraorganisatorische Koordination angewandt und soll als Attribut einer Organisation interpretiert werden.[249] Der Begriff der Koordinationstechnologie kann auf *Holt* zurückgeführt werden, der 1988 diesen Terminus zur Kennzeichnung von vernetzten Computersystemen zur Unterstützung von Koordinationsmechanismen einer Organisation verwendete.[250]
In der Überwindung der „vergangenheitsorientierten Beschäftigung mit Binnenproblemen der Koordination und Integration hochspezialisierter, arbeitsteiliger Leistungsbeiträge"[251] spielen Technologien, die diese Ziele nachhaltig unterstützen, die entscheidende Rolle der Ermöglichung und Gestaltung virtueller Organisationen.
Diese Technologien unterstützen die arbeitsteilige Abstimmung und Wertschöpfung in virtuellen Organisationsstrukturen und ermöglichen somit die eigentliche Koordinationsleistung der Organisation. Da die Komponenten einer virtuellen Organisation überwiegend aus dezentralen, autonomen und kompakten Organisationseinheiten bestehen, kann die Verwendung von Koordinationstechnologien weiter konkretisiert werden. So wird, den neueren Entwicklungen der Forschungsrichtungen *Computer-Supported Cooperative Work (CSCW)* sowie *Organizational Computing* folgend, innerhalb dieser Arbeit die Bewältigung des Wertschöpfungsprozesses virtueller Organisation durch den intensiven Einsatz computergestützter Koordinationstechnologien der Gruppenarbeit als Wesensmerkmal angesehen.
Diese sollen als diejenigen Informations- und Kommunikationstechnologien definiert werden, die auf der Basis datenbankgestützter Kommunikations- und Kooperationsmechanismen anpaßbare Problemlösungen für Koordinationssituationen der Gruppenarbeit bieten.[252] Deren Ziel ist die Koordination arbeitstei-

---

[247] Vgl. Schiefloe, Syvertsen /Coordination 1998/ 11. Adler entwickelt in Adler /Interdepartmental 1995/ 152 eine Taxonomie von Koordinationsmechanismen, die speziell deren Veränderlichkeit in Produktionsprozessen erklären soll.
[248] Vgl. Malone, Rockart /Information 1993/ 40.
[249] Schiefloe, Syvertsen bezeichnen dieses als "organische Koordination". Schiefloe, Syvertsen /Coordination 1998/ 12.
[250] Holt prägte diesen Begriff in der Literatur (vgl. Holt /Coordination 1988/ 110) und trug mit seinen theoretischen Erkenntnissen auch zur Entwicklung von Softwareprodukten dieser Kategorie bei, wie z.B. der Anwendung *Together* der Firma *Coordination Technology*. Vgl. ausführlich auch Oravec /Virtual 1996/ 33; Carstensen, Sorensen /Systematic 1996/ 388; Schmidt, Simone /Coordination 1996/ 155.
[251] Krystek, Redel, Reppegarther /Grundzüge 1997/ 19.
[252] Vgl. Malone, Rockart /Information 1993/ 38.

liger Prozesse in einem tendenziell dynamischen, instabilen Umfeld. Ihre Funktionen beschränken sich nicht nur auf Bereitstellung von Werkzeugen der Zusammenarbeit, sondern sie erlauben vielmehr die "Anpassung unvollkommen spezifizierter Strukturen an neue Ereignisse"[253] innerhalb des Netzwerkverbundes. Konventionelle, auf hierarchische, formelle Organisationsstrukturen ausgerichtete Koordinationsmechanismen müssen dabei ebenso berücksichtigt werden, wie Methoden zur Steuerung und Organisation von verteilten, lose gekoppelten Interdependenzen.[254]

Somit weisen Koordinationstechnologien zwei Funktionsebenen auf. Die erste ist eine Basis-Netzwerkstruktur, die allen Mitgliedern zur Verfügung steht und als Grundlage aller Operationen des Verbundes gesehen werden kann. Auf dieser Ebene werden konstitutive Koordinationsmechanismen mit exakt vordefinierter und programmierter Verwendung von Koordinationstechnologien unterstützt.[255] Das Vorhandensein einer solchen Basis-Netzwerkstruktur ermöglicht überhaupt erst das Zusammenwirken und besteht im wesentlichen aus standardisierten computergestützten Telekommunikationssystemen. Deren Leistungsfähigkeit beruht nicht nur auf funktionalen Stärken, sondern berücksichtigt das Erfordernis offener, unabhängiger Schnittstellen, die das Netzwerk benötigt, um kurzfristige Rekonfigurationen durchzuführen.[256] Insofern wirken Koordinationstechnologien auf dieser Ebene auch strukturbildend, da sie Spielräume der selbständigen Schaffung von Organisationseinheiten wie Projektgruppen oder Arbeitsgemeinschaften einräumen.

Die zweite Ebene ist die den Aufgaben angepaßte Werkzeug-Ebene, welche die zur Erfüllung spezifischer Kooperationssituationen erforderlichen Hilfsmittel zur Verfügung stellt. Diese Hilfsmittel sind in ihrem Wesen grundsätzlich auf das Zusammenwirken von Personenmehrheiten ausgerichtet und erlauben eine Anpassung an wechselnde Problemstellungen der Zusammenarbeit. Somit sind sie geeignet, unterschiedliche Koordinationssituationen und -mechanismen flexibel zu unterstützen: Sowohl die bewußte, strategische Planung und Initiierung des Verbundes als auch dessen Operationen werden durch sie unterstützt.[257] Des weiteren sind Koordinationstechnologien auf dieser zweiten Ebene in der Lage, die komplexen Beziehungen virtueller Organisationen zu unterstützen, die in ihrem Charakter sehr wechselhaft sein können.[258] Dieses sind Funktionen, die sowohl die Koordinationsstruktur als auch die Koordinations-

---

[253] Haury /Kooperation 1989/ 72.
[254] Vgl. Chisholm /Coordination 1989/ 11.
[255] Vgl. Schiefloe, Syvertsen /Coordination 1998/ 21.
[256] Vgl. Mertens, Griese, Ehrenberg /Unternehmen 1998/ 69.
[257] Vgl. Schiefloe, Syvertsen /Coordination 1998/ 12; Galbraith /Reconfigurable 1997/ 87 ff.; Schiefloe, Syvertsen /Coordination 1998/ 21.
[258] Vgl. Belzer, Hilbert /Weg 1994/ 250.

mechanismen der Organisation betreffen.[259] Sie erlauben das Management von Qualitäten wie Teamfähigkeit, Vertrauensbildung oder Verantwortungsdelegation,[260] aber auch die Verwaltung und Kontrolle des im Verlauf der Durchführung der Aufgabe erworbenen Wissens der Verbundpartner.[261]
Die Verwendung von Koordinationstechnologien als Voraussetzung für virtuelle Organisationen erlaubt die Abgrenzung zu anderen, bekannten Formen der marktlichen Zusammenarbeit.[262] Sie entspricht der Auffassung der virtuellen Organisation als besondere Form der Koordination von Unternehmen[263] und bietet Ansatzpunkte, deren elementare Eigenschaften, wie Flexibilität und Rekonfigurierbarkeit, zu unterstützen. Die Konkretisierung auf den im Unterschied zum amerikanischen Sprachraum seltener verwendeten Begriff der Koordinationstechnologien[264] erlaubt die genauere Hervorhebung der Aufgaben von Informationstechnologien in virtuellen Organisationen.
Ohne den Einsatz derartiger Technologien zur Koordination der Wertschöpfung und des Managements der Beziehungen zwischen den Partnern wäre die Bewältigung der gestellten Aufgabe nicht möglich. Dieses Merkmal ist somit geeignet, das Profil virtueller Organisationen als eigenständige Struktur zur Bewältigung marktlicher Abstimmungsprozesse zu schärfen. Es liefert einen konkreten Hinweis auf die Arbeitsweise der Organisationsform, betont die Modularität der Wertschöpfung sowohl im inter- als auch im intraorganisatorischen Sinne und liefert konkrete Anknüpfungspunkte für unterstützende Informations- und Kommunikationssysteme. Des weiteren erlaubt die Verwendung des Merkmals auch eine weitergehende funktionelle Präzisierung, wie sie im folgenden im Hinblick auf die Kooperation der Partner untereinander vollzogen wird. Da im Rahmen der Arbeit diese funktionellen Aspekte zu analysieren und zu gestalten sind, erscheint eine solche Akzentuierung sehr sinnvoll.
Die im vorstehenden Abschnitt vollzogene Beschreibung virtueller Organisationsstrukturen hat das Erkenntnisobjekt dieser Arbeit spezifiziert und in seinen Ausprägungen detailliert. Um die Funktionsweise detailliert zu analysieren, ist es erforderlich, virtuelle Organisationsstrukturen in einem theoriegeleiteten Erklärungsrahmen genauer zu untersuchen. Dieser theoriegeleitete Erklärungsrahmen erläutert Wesen und Wirken virtueller Organisationsstrukturen und dient als Referenz für die Gestaltung von geeigneten Kooperationssystemen.

---

[259] Vgl. Yager /Role 1998/.
[260] Vgl. Angermeyer /Lösung 1996/ 201.
[261] Vgl. Bullinger, Brettreich-Teichmann, Fröschle /Koordination 1995/ 22.
[262] Vgl. Meffert /Virtual 1998/ 2.
[263] Vgl. Bullinger, Brettreich-Teichmann, Fröschle /Koordination 1995/ 18.
[264] Vgl. beispielsweise Malone, Rockart /Information 1993/ 38.

3 Erklärungsansätze der Bildung und der kooperativen Funktion virtueller Organisationsstrukturen

Das Bild virtueller Organisationen als Kooperationsform zwischen Markt und Hierarchie erfordert eine theoretische Fundierung, die über die betriebswirtschaftliche Begründung der marktlichen Abstimmung hinausgeht. Schon die Bildung einer virtuellen Organisation in der Ausnutzung kurzfristiger Opportunitäten erfordert eine situative Betrachtung der zum Einsatz kommenden Ressourcen und der erforderlichen Koordinationsvorgänge. Zudem erfordert die Funktionsfähigkeit des Verbundes ein Verständnis dieser Form der Zusammenarbeit, das sich nicht ausschließlich auf Wirkungszusammenhänge im Inneren einer Organisation reduzieren läßt.

Daher werden in diesem Abschnitt zunächst theoretische Erklärungsansätze beschrieben, die geeignet sind, einen Beitrag zur Entstehung und Funktionsweise virtueller Organisationen zu leisten. Insofern beschreibt der folgende Teil theoretische Grundlagen für institutionelle und funktionelle Aspekte virtueller Organisationen, die mit Hilfe der ausgewählten Theorieansätze erklärt werden können. Auf eine explizite Unterscheidung dieser beiden Perspektiven wird ausdrücklich verzichtet, da diese häufig wegen der Separierung von Ausprägung und Funktionsweise der virtuellen Organisation zu sehr einseitigen Sichtweisen führt. Gerade darin ist aber ein entscheidendes Differenzierungsmerkmal virtueller Organisationsstrukturen gegenüber konventionellen Organisationsformen zu sehen.

Das dieser Arbeit zugrunde liegende Verständnis virtueller Organisationen betont kooperative Aspekte dieser Organisationsform. Virtuelle Organisationen ersten und zweiten Grades entstehen und funktionieren durch das Zusammenwirken verschiedener Partner. Sie erfüllen ihre Aufgaben, indem Ressourcen und Kompetenzen zielgerichtet miteinander abgestimmt werden. Insofern ist Kooperation in virtuellen Organisationsstrukturen eine wesentliche Eigenschaft, die sowohl deren intra- wie auch inter-organisatorische Ausprägungsform kennzeichnet. Daher wird im folgenden eine theoretische Fundierung speziell im Hinblick auf kooperative Aspekte virtueller Organisationsstrukturen vorgenommen. Die Auswahl und Interpretation geeigneter theoretischer Ansätze folgt dieser Maßgabe.

In diesem Zusammenhang stellt sich die Frage, ob *eine* zusammenhängende Theorie allein die Bildung und die kooperative Funktion virtueller Organisationen zu klären vermag.[265] Es wird im folgenden zu untersuchen sein, ob wirtschaftswissenschaftliche oder benachbarte Ansätze zur Beschreibung virtueller Organisationen ausreichen und präzise genug sind, um zu einer zusammenfassenden Erklärung zusammengefügt zu werden.

---

[265] Vgl. Reichwald u.a. /Telekooperation 1998/ 237.

Diese Frage ist aus zwei Gründen bedeutsam. Zum einen wird das Konzept virtueller Organisationen häufig dahingehend kritisiert, daß es sich lediglich um eine Zusammenfassung verschiedener marktlicher Abstimmungsprozesse handelt, die sich in der Praxis beobachten läßt. Das Konzept sei nur phänomenologisch und ohne tieferen Bezug zu den Wirtschaftswissenschaften. Insofern erscheint es erforderlich, auf dieses Argument einzugehen und diesem geeignete Bausteine einer theoretischen Fundierung entgegenzuhalten. Interessanterweise wird das Konzept der virtuellen Organisation im Zusammenhang mit der gegenwärtig in der Wirtschaftsinformatik zu beobachtenden Diskussion um deren grundsätzliche Ziele, Erklärungsbeiträge und Aussagen häufiger als aktuelle Referenz verwendet.[266]

Zum anderen ist für die im zweiten Teil dieser Arbeit zu vollziehende Konzeption eines Kooperationssystems für virtuelle Organisationsstrukturen eine Orientierung an gesicherten Erkenntnissen und theoretischen Leitbildern erforderlich, welche die Anwendung geeigneter Gruppenunterstützungssysteme plausibilisieren. Aus diesem Grunde liegt der Schwerpunkt der theoretischen Fundierung des folgenden Absatzes auf funktionalen Aspekten, während das im zweiten Teil dieser Arbeit zu konzipierende Kooperationssystem die Institution der virtuellen Organisation und deren Sinnhaftigkeit implizit unterstellt. Fragen der *Evolution* virtueller Organisationen sowie deren verschiedene Ausprägungsformen sollen somit nur erörtert werden, wenn sie in einem sinnvollen Zusammenhang mit der Funktionsweise oder der Gestaltung zentraler Wirkungsmechanismen virtueller Organisationen stehen.[267]

Die Idee virtueller Organisationen läßt sich mit einer Vielzahl von wirtschaftswissenschaftlichen Erklärungsansätzen in Verbindung bringen. Dieses trifft nicht nur auf betriebswirtschaftliche, sondern auch auf volkswirtschaftliche Erklärungszusammenhänge zu. Im folgenden werden ausgewählte Theorieansätze beschrieben, die in unterschiedlicher Weise sowohl die Begründung und Institution virtueller Organisationen beschreiben als auch einzelne Funktionen und Teilaspekte dieser Organisationsform erklären.

Ein präzise Unterscheidung zwischen diesen beiden Aspekten erscheint weder durchführbar noch hilfreich. Eine Abgrenzung beispielsweise in strukturelle und prozedurale Aspekte, wie sie an anderer Stelle postuliert wird, muß zwangsläufig willkürlich und problematisch werden, da sich virtuelle Organisationen nicht durch eine strikte Trennung institutioneller und instrumenteller Aspekte auszeichnen, also beispielsweise keine strikte Trennung von Aufbau- und Ablauforganisation aufweisen.[268]

---

[266] Vgl. Rolf /Grundlagen 1998/ 7f. und Heinzl, König /Artikel 1999/ 51.
[267] Vgl. zu Entwicklungsstufen virtueller Organisationen Arnold, Härtling /Begriffsbildung 1995/ 16; Mertens, Griese, Ehrenberg /Unternehmen 1998/ 3f. und Sydow, Winand /Unternehmungsvernetzung 1998/ 21.
[268] Vgl. Krystek, Redel, Reppegarther /Grundzüge 1997/ 5.

Wie systemtheoretische Ansätze der Selbstorganisation im folgenden noch verdeutlichen werden, ist vielmehr sogar von einer begrenzten wechselseitigen Beeinflussung der Organisationsstruktur und der Arbeitsverrichtung auszugehen. Daher wäre eine Unterscheidung von theoretischen Ansätzen, die institutionelle von funktionalen Überlegungen zu trennen beabsichtigen, nicht zielführend.

Zur theoretischen Fundierung werden im folgenden drei Kategorien von Ansätzen dargestellt, deren Erklärungsbeitrag als maßgeblich einzuschätzen ist:

- *Systemtheoretische Ansätze:* Diese Ansätze beschreiben eine virtuelle Organisation als System und zeigen auf, welche Mechanismen und Funktionen eine solche Organisation aufweisen müßte, um als System funktionieren zu können.
- *Transaktionskostentheoretische Ansätze:* Sie informieren über die Bedingungen, unter denen die Organisationsform der virtuellen Organisation vorteilhaft ist und charakterisieren die damit zusammenhängenden Koordinationsvorgänge aus institutionenökonomischer Sicht.
- *Ausgewählte inter-organisationstheoretische und ökonomische Ansätze:* Unter diesem Punkt sind ausgewählte theoretische Ansätze zusammengefaßt, die das Zusammenwirken von Marktpartnern im Sinne einer Interorganisationsbeziehung erklären.

3.1 Grundlegende Ansätze zur theoretischen Erklärung: Systemtheoretische Abstraktion

Die Anwendung systemtheoretischer Prinzipien kann und soll an dieser Stelle bewußt nur ausschnitthaft erfolgen. Virtuelle Organisationen in allen Details als Systeme zu beschreiben, widerspricht dem eigentlichen Untersuchungsgegenstand dieser Arbeit. Gleichwohl bietet insbesondere die neuere Systemtheorie eine Reihe interessanter Perspektiven, die geeignet sind, die eingangs formulierte differenzierte Interpretation virtueller Organisation gegenüber der traditionellen Organisationstheorie zu schärfen.

Zur theoretischen Betrachtung virtueller Organisationen ist es zunächst erforderlich, von ihren wie auch immer strukturierten konkreten Formen zu abstrahieren und sie in ihren Grundstrukturen zu verstehen. Die im vorigen Abschnitt beschriebenen Eigenschaften einer virtuellen Organisation können nicht allein über Opportunitäten des Marktes beschrieben werden, sondern müssen ihre Begründung und ihr Wesen auch aus dem Kontext ihrer umgebenden und sinngebenden Struktur finden.

Dieses System kann mit Hilfe der Systemtheorie grundsätzlich beschrieben und erklärt werden. Gleichzeitig wird es durch Rückgriff auf die Erkenntnisse der Systemtheorie möglich, Zusammenhänge und Beziehungen zwischen einzelnen unterschiedlichen Elementen der Organisationsform herzustellen, die aus einer Betrachtung der zugrunde liegenden Aufgabe allein nicht offensichtlich er-

scheinen.[269] Dabei sind insbesondere Erkenntnisse der systemtheoretisch orientierten Organisationslehre von Interesse.[270] Im folgenden sollen mögliche Ansätze der organisatorischen Systemtheorie anhand von ausgewählten Konzepten beschrieben werden. Ziel soll es dabei nicht sein, diese nur als Schlagwörter zur Beschreibung von Organisationsformen zu verwenden, sondern deren Erklärungsbeitrag für die Funktionsweise einer virtuellen Organisation als System zu sehen.[271]
Die Verwendung von Grundprinzipien der Systemtheorie bietet hauptsächlich den Vorteil, einen breiten Problembereich adressieren zu können, der von elementaren Fragen der gesamten Betriebswirtschaft bis zu spezifischen Detailfragen einzelner Teilgebiete, wie der Logistik oder der Wirtschaftsinformatik, reicht.[272] Des weiteren eignet sich die dynamische Betrachtungsweise der Systemtheorie, in deren Mittelpunkt Prozeßsicht und Interdisziplinarität stehen,[273] insbesondere zur Klärung des Verhältnisses einzelner Teile virtueller Organisationen zu dem Konstrukt als ganzem sowie zu dessen Umwelt.[274]
Im Mittelpunkt der allgemeinen Systemtheorie steht die Auffassung eines Systems als geordnete Gesamtheit von zusammenhängenden Elementen. Deren Auswahl und Beschreibung ist dabei vom jeweils angewandten Untersuchungszweck abhängig.[275] Die aus der allgemeinen Systemtheorie in diesem Sinne abgeleiteten verschiedenen Systemmethodiken konkretisieren jedoch das Erkenntnisobjekt insoweit, daß dessen Betrachtung und Interpretation mit dem Begriff *Systemdenken* beschrieben werden kann.[276] Diese Sichtweise erlaubt die Abbildung der relevanten Realitätsausschnitte in einem Modellrahmen, der aus Objekten, Subsystemen und deren Beziehungen beschrieben werden kann.[277]
In der Anwendung der betriebswirtschaftlichen Systemtheorie kann das Gesamtsystem der virtuellen Organisation zunächst als komplexes System beschrieben werden, das aus einer grundsätzlich offenen Zahl von Subsystemen beitragender Partner besteht. Dessen Komplexität definiert sich über die hohe Anzahl der beteiligten (teil-) autonomen Elemente sowie „Vielfalt und der Veränderlichkeit der System- und System-Umwelt-Beziehungen".[278] Das System

---

[269] Vgl. Neugebauer /Unternehmertum 1997/ 14f.
[270] Vgl. Schiemenz /Systemtheorie 1993/ Sp. 4138; Grochla /Organisationstheorie 1990/ 1806f.; Grochla, Lehmann /Systemtheorie 1990/ 2204ff.
[271] Vgl. Scholz /Organisation 1994/ 37.
[272] Vgl. Schiemenz /Systemtheorie 1994/ 23 und Fischer, Stiefler /Logistik 1994/ 205ff.
[273] Vgl. Schiemenz /Fortschritte 1984/ 232.
[274] Vgl. Krystek, Redel, Reppegarther /Grundzüge 1997/ 33.
[275] Vgl. Neugebauer /Unternehmertum 1997/ 15.
[276] Vgl. Schwaninger /Systemtheorie 1996/ Sp. 1946f.
[277] Vgl. Schiemenz /Systemtheorie 1993/ Sp. 4128; Schiemenz /Komplexität 1996/ Sp. 895.
[278] Neugebauer /Unternehmertum 1997/ 16.

der virtuellen Organisation besteht dabei aus einer Reihe unterschiedlicher Partner und Wertschöpfungsbeiträge, die in variabler Beziehung zueinander stehen. Dieses System ist in seiner Zielsetzung zwar grundsätzlich deterministisch, da es sich über die Ausübung einer gemeinsamen Aufgabe definiert, die gleichsam als Existenzbegründung des Systems verstanden werden kann. In der Vorhersagbarkeit des Verhaltens seiner Subsysteme ist das System der virtuellen Organisation jedoch probabilistisch, da das exakte Verhalten der einzelnen Elemente ex ante nicht exakt bestimmbar ist.[279] Diese Eigenschaft liegt in der Spezifität der Aufgabe sowie in der Wahl der individuellen Ziel-Mittel-Verflechtung der einzelnen Elemente während der Wertschöpfung begründet.[280] Eine virtuelle Organisation kann auf unterschiedlichen Ebenen als System gesehen werden. Aus inter-organisatorischer Sicht wird dabei zunächst idealerweise ein geringer Aggregationsgrad gewählt, der das Zusammenwirken der einzelnen Teile miteinander und im Zusammenspiel mit ihrer Umwelt modelliert. Eine solche Sichtweise scheint die Interpretation des Konzeptes virtueller Organisationen gegenwärtig in der Literatur noch zu dominieren, da sich die Mehrzahl der relevanten Beiträge mit Fragen der Konstitution und der Gestaltung der Subsystem-Beziehungen auf horizontaler Ebene befassen.[281] Im Mittelpunkt einer derartigen Modellierung von virtuellen Organisationen stehen somit Grundfragen von Netzwerkunternehmen, elektronischen Märkten und Hierarchien. Besonders wertvolle Impulse für die Gestaltung der Beziehungen zueinander dürfte dabei die Modellierung der für Systeme so bedeutsamen Konnektivität haben.[282]

Gleichwohl kann das System auch auf vertikaler Ebene modelliert werden, indem der problemrelevante Ausschnitt auf ein einzelnes Subsystem beschränkt wird, das als isoliertes Element betrachtet wird.

Abgeleitet aus diesen Überlegungen sollen nun weitere Betrachtungen virtueller Organisationen aus systemtheoretischer Sicht unter Aspekten der Umweltanpassung, der Komplexitätsbewältigung, interner Ordnung sowie der Regelungsprozesse erfolgen.

---

[279] Vgl. Neugebauer /Unternehmertum 1997/ 16.
[280] Vgl. Sieber /IT-Branche 1998/ 32.
[281] Vgl. z.B. Sieber /Bibliography 1995/ 8ff.
[282] Vgl. Schiemenz /Systemtheorie 1993/ Sp. 4133.

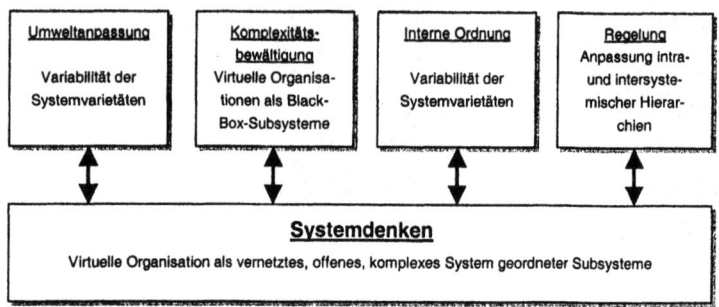

Abb. 2: Systemtheoretische Fundierung virtueller Organisationen

3.1.1 Umweltanpassung durch Systemvarietäten

Komplexität als Basis der systemtheoretischen Argumentation kann in der Maßgröße *Varietät* ausgedrückt werden.[283] Diese Größe beschreibt die Anzahl aller möglichen Zustände eines Systems und wird bestimmt durch „Verhaltensoptionen, Verhaltensrestriktionen und Bestimmbarkeit (im Sinne von Berechenbarkeit oder Vorhersagbarkeit) des Verhaltens".[284] Zwischen zwei sich gegenseitig beeinflussenden Systemen wird Komplexität nur bewältigt werden können, wenn zwischen diesen ein ausgeglichenes Varietätsmaß besteht.[285] Dieses, als *Ashbys Gesetz* bezeichnete Erkenntnis erfordert somit, daß die Lenkungsvarietät eines Systems derartig zu gestalten ist, daß sie mit der umgebenden Umweltkomplexität korrespondiert.[286]

Aufgrund der ausgeprägten Beziehungen zwischen den Subsystemen und deren Elementen sowie der Problematik, direkte Wirkungszusammenhänge bei alternativen Handlungen nur sehr schwer abschätzen zu können, ergibt sich ein hoher Komplexitätsgrad des Systems der virtuellen Organisation.[287] Anzahl und Art der Elemente des Systems sowie Umfang und Art der Beziehungen zwischen diesen determinieren ein quantifizierbares Komplexitätsmaß.[288]

In der weiteren Anwendung auf das System der virtuellen Organisation kann dieses Postulat wie folgt konkretisiert werden: Das System reagiert auf die Varietät der jeweiligen zu erfüllenden Aufgabe mit der Varietät seiner Kompetenzen.[289] Je nach Zustand seiner Umwelt variiert das System seine Leistungsfä-

---

[283] Vgl. Schwaninger /Systemtheorie 1996/ Sp 1948.
[284] Schwaninger /Systemtheorie 1996/ Sp. 1948
[285] Vgl. Schiemenz /Komplexitätsbewältigung 1990/ 20.
[286] Vgl. Ashby /Cybernetics 1963/; Scholz /Strategische 1997/ 331; Weber /Organisation 1996/ 53f.
[287] Vgl. Neugebauer, Nr. 2
[288] Vgl. Schiemenz /Komplexitätsbewältigung 1990/ 10.
[289] Vgl. Scholz /Strategische 1997/ 331.

higkeit und entspricht somit dem individuellen Situationszustand. Diese Zustände wiederum werden durch konstituierende Variablen hervorgebracht, die auch als die von den Subsystemen bereitgestellten Kompetenzen angesehen werden können. Der jeweilige Zustand selbst kann dann als Kombination verschiedener Kompetenzen ausgedrückt werden. Als Zustandsvariablen kommen Kompetenzformen in Frage, wie etwa

- *Fachkompetenzen*: Fähigkeiten zur Bewältigung fachlich-individueller Aufgaben (z.b. Produktion eines Maschinenteils);
- *Prozeßkompetenz*: Beherrschung funktionsübergreifender Prozesse (z.b. Produkt-Marketing);
- *Interaktionskompetenz*: Gestaltung und Aufrechterhaltung von Beziehungsstrukturen zu Elementen der Umwelt (z.b. Kunden oder Zulieferer).[290]

Dieses Problem läßt sich auf verschiedenen Ebenen des Systems modellieren. Einerseits kann diese Betrachtungsweise auf die Ebene der eigenständigen, leistungserbringenden Elemente, z.b. der beteiligten Partnerunternehmen, angewandt werden. Andererseits ist dieses Prinzip der erforderlichen Systemvarietät auch auf die organisationsinterne Ebene einer virtuellen Organisation zu beziehen. *Scholz* stellt fest dazu fest, daß auf dieser Ebene eine virtuelle Organisation ihre Systemvarietät nicht vergrößert, sondern verkleinert.[291] Somit sinkt zwar die Variablenvielfalt der gegebenen Konfiguration, durch Entkopplung einzelner Elemente (Partner) und neuartiger „synergetischer Kombination"[292] kann diese jedoch wieder so weit gesteigert werden, daß eine Anpassung an das Varietätsniveau des Umfelds möglich wird. Eine interessanter Aspekt in diesem Zusammenhang ist die Frage, wie die Systemvarietät des einzelnen Partners im System verringert werden kann. Ein denkbarer Ansatzpunkt wäre eine Steigerung der Leistungsspezifität, was zu einer geringeren Breite und gleichzeitig gesteigerter Tiefe des Leistungsumfangs führt.

3.1.2 Komplexitätsbewältigung des Systems Virtuelle Organisation

Die Systemtheorie bietet vielfältige Möglichkeiten, Systeme unterschiedlicher Komplexitätsebenen zu beschreiben, zu erklären und somit Komplexität zu handhaben.[293] Diese Systematik ist prinzipiell auch für virtuelle Organisationen anwendbar, wobei sich die Trennungen zwischen den einzelnen Ebenen jedoch als zu statisch für die sehr unterschiedlichen Ausprägungsformen virtueller Organisation erweisen dürften. So gibt die Systemtheorie damit wertvolle Vorschläge zur Konzeption eines Typologierahmens virtueller Organisationen, der

---

[290] Vgl. Reiß, Beck /Kernkompetenzen 1996/ 5-6; Faisst, Spiegel /Unterstützung 1996/ 11.
[291] Vgl. Scholz /Strategische 1997/ 331.
[292] Vgl. Scholz /Strategische 1997/ 331.
[293] Vgl. Schiemenz /Betriebskybernetik 1982/ 108 ff.

auf der Basis ausgewählter Systemeigenschaften entwickelt werden kann und einen Beitrag zum besseren Verständnis der komplizierten Verflechtungen der einzelnen beteiligten Elemente liefert. Ein relevanter Systemschnitt in diesem Zusammenhang wäre dabei auf die systemkonstitutierenden Merkmale gerichtet, in dessen Mittelpunkt die Verrichtung der zur Wertschöpfung erforderlichen Tätigkeiten der virtuellen Organisation steht. So erbringt das Gesamtsystem eine Leistung, die sich in verschiedene Teilleistungen von Subsystemen zerlegen läßt.

Zur Handhabung der Systemkomplexität hat die Systemtheorie eine Reihe von Konzepten entwickelt, die auch für die Beschreibung und Gestaltung eines Systems einer virtuellen Organisation relevant sind.[294]

So kann beispielsweise die Anwendung des Black-Box-Konzepts auf die Modellierung der komplexen Zusammenhänge dazu beitragen, die Leistungsbeiträge der einzelnen Elemente sowie die Funktionsweise des Gesamtssystems besser zu verstehen.[295] In diesem Konzept wird bewußt darauf verzichtet, ein System in weitere Subsysteme zu zerlegen. Statt dessen werden die jeweiligen Input- und Output-Faktoren gemessen und klassifiziert, um so Erkenntnisse über das Systemverhalten zu erlangen.[296]

In der Anwendung auf virtuelle Organisationen kann die Black-Box-Analyse zur allgemeinen Beschreibung und der Beurteilung des Verhaltens der am Wertschöpfungsprozeß beteiligten Partner verwendet werden. Da die Komplexität eines Systems immer auch von deren Beschreibungsweise abhängig ist,[297] erscheint das Black-Box-Prinzip als ein geeignetes Beschreibungsmuster, das nicht nur Zusammenhänge, Abhängigkeiten und Redundanzen in virtuellen Organisation offenlegt, sondern auch operationalisieren kann.

Die Leistungserbringung einer virtuellen Organisation kann somit als Kette von *Black Boxes* modelliert werden, deren Eingangs- und Ausgangsfaktoren Aufschluß über generelle Systemeigenschaften, Leistungsfähigkeit oder Schwachpunkte geben. Das Black-Box-Prinzip entspricht im übrigen durchaus der tatsächlichen Funktionsweise virtueller Organisation, da die einzelnen Partner häufig nichts über die interne Leistungserstellung an vor- oder nachgelagerten Punkten der Wertschöpfung wissen.

Die Aussagefähigkeit derartig modellierter Realitätsausschnitte variiert mit der Anzahl der beteiligten *Black Boxes* sowie der Komplexität der zwischen diesen fließenden Ein- und Ausgangsströme.

---

[294] Vgl. Schiemenz /Komplexität 1996/ 900.
[295] Vgl. Schiemenz /Systemtheorie 1993/ Sp. 4129.
[296] Vgl. Schiemenz /Komplexitätsbewältigung 1990/ 16.
[297] Vgl. Simon /Science 1991/ 475.

Ob sich dieses Vorgehen eignet, auch konkrete Verhaltensaussagen über sehr komplexe und veränderliche virtuelle Organisationssysteme zu treffen, kann nicht abschließend beurteilt werden.[298] Dennoch bietet dieses Vorgehen eine Reihe weiterer Ansatzpunkte für systemtheoretische Überlegungen. Das systemtheoretische Regelmodell zeigt beispielsweise, wie ein Regler als aktive Komponente von Systemen verwendet werden kann, um das gewünschte Systemverhalten zu erreichen. Diese Rolle des Reglers zur Rückkopplung und Steuerung in Systemen kann mit der Rolle eines Brokers verglichen werden, der im Verlauf der Wertschöpfung gestaltend in die Leistungserstellung eingreift.[299] Soll dieses Problem mit Aussagen und Hilfsmitteln der Systemtheorie gelöst werden, zeigt sich ein weiterer Vorteil: Die Systemtheorie bietet einen geeigneten Rahmen, der je nach Problemstellung auch Erkenntnisse anderer relevanter Theorien aufzunehmen vermag. Im Fall der Bewertung der Frage des Brokers als Regler kann auf Erkenntnisse der Regelungs- und Stabilitätstheorie zurückgegriffen werden, die beispielsweise Lösungswege zur quantitativen Beurteilung des Reglers im Gesamtsystem liefert.[300]
Eine weitere Anwendungsmöglichkeit des Black-Box-Prinzips besteht in der bereits beschriebenen Verwendung von Kompetenzen als Kennzeichnungsgrößen für (Sub-) Systeme. Diese können beispielsweise im Rahmen einer Nutzwertanalyse als Input-Größen verwendet werden, während als Output die tatsächlich erbrachte Leistung verwendet werden kann. Eine derartige Modellierung gibt beispielsweise Auskunft über die Leistungsfähigkeit sowie die Ressourcennutzung einzelner Elemente (Prozeßpartner) oder der Effizienz der gesamten Prozeßkette. Gleichwohl dürfte eine Modellierung aufgrund der schwierigen Quantifizierbarkeit dieser Zustandsvariablen sowie deren Veränderlichkeit im Zeitablauf sehr kompliziert werden.[301]

3.1.3 Interne Ordnung durch externinduzierte Selbstorganisation

Neuere Entwicklungsrichtungen der Systemtheorie betrachten die Ordnungsbildung in Systemen nicht mehr nur als ausschließlich lineare Vorgänge, die in stabilen Konfigurationen ablaufen.[302] Anpassungsprozesse des Systems an seine Umwelt können demnach, entsprechend neuerer naturwissenschaftlicher Erkenntnisse, auch als dynamische Bildung von Mustern beobachtet werden.[303]

---

[298] In der Literatur wird der Wert dieser Perspektive stets betont (vgl. Presley, Rogers /Process 1996/ 476), jedoch in der Modellierung von Prozeßketten von virtuellen Organisationen nur eingeschränkt verwendet.
[299] Vgl. Faisst, Birg /Rolle 1997/ 12.
[300] Vgl. Schiemenz /Komplexitätsbewältigung 1990/ 19.
[301] Vgl. Schiemenz /Betriebskybernetik 1982/ 22.
[302] Vgl. Weber /Organisation 1996/ 63f.
[303] Vgl. Weber /Organisation 1996/ 64.

Die zu natürlichen Systemen hergestellten Analogien sind durchaus nicht unumstritten, da neben methodischen Defiziten die Übertragbarkeit auf Unternehmenssysteme weder zufriedenstellend nachgewiesen werden, noch empirisch belegt werden konnte.[304] Dennoch bieten diese Ansätze einen interessanten Rahmen, wie das Verhalten von (teil-) autonomen Subsystemen in ihrem Zusammenwirken auf ein übergeordnetes Ziel charakterisiert werden kann. Der maßgeblich von *Malik* und *Probst* vertretene Ansatz kennzeichnet vier Merkmale der Selbstorganisation, die dem System zu einer selbständigen Anpassung an seine Umweltbedingungen verhelfen:[305]

- *Autonomie:* Das System besitzt ausgeprägte Handlungsspielräume, die es zur eigenständigen Steuerung seiner Aufgaben und Funktionen ausschöpfen kann.
- *Selbstreferenz:* Gegenüber der Umwelt ist eine Abgrenzung durch selbstbezügliche Interaktionen möglich, welche die Ausprägung einer eigenständigen Identität ermöglichen.
- *Hoher Komplexitätsgrad:* Zwischen den Elementen des Systems ist eine umfangreiche Interaktionsstruktur festzustellen, welche die spontane Rekombination als Anpassung an die Umweltvarietät ermöglicht.
- *Redundanz:* Spielräume der Handlungsautonomie können nur geschaffen werden, wenn das für die Handlung erforderliche Wissen sowie auch in begrenzter Weise die zu deren Durchsetzung erforderlichen Ressourcen an mehreren Stellen im System vorhanden sind. Redundanzen („*Slack Resources*"[306]) sind somit zur Gestaltung dezentraler Steuerungskonzepte zwingend erforderlich, um lokale Handlungsautonomie und Durchsetzungsfähigkeit zu ermöglichen. Des weiteren reduzieren sie den Kommunikationsaufwand zwischen Systemelementen, da weniger Informationen zwischen diesen ausgetauscht werden müssen.[307]

Scholz entwickelt aus den beschriebenen Merkmalen das *Prinzip der externinduzierten Selbstorganisation*, welches den St. Gallener Ansätzen nur bedingt folgt und als Weiterentwicklung der Arbeiten von *Weick* zum „organizational design" interpretiert werden kann.[308] Letztere sehen Selbstorganisation als einen nicht-linearen, dynamischen Prozeß, der den eigentlichen Betrieb des Systems permanent begleitet.

---

[304] Vgl. Kieser /Fremdorganisation 1994/ 200ff. und 225. Für eine Diskussion der Einwände und Kritiken an diesen Ansätzen vgl. Scholz /Strategische 1997/ 193f.
[305] Probst /Selbstorganisation 1992/ Sp. 2261; Probst /Selbstorganisation 1987/ 245ff., Scholz /Organisation 1994/ 38; Weber /Organisation 1996/ 66; Sydow /Netzwerke 1993/ 252; Probst, Scheuss /Organisieren 1984/.
[306] Galbraith /Organizations 1973/ 22ff.
[307] Vgl. Galbraith /Design 1977/ 50.
[308] Vgl. Weick /Organization 1977/; Scholz /Organisation 1994/ 41.

Ein derartig selbstorganisierendes System muß demnach eine fortlaufende Neuordnung, aber auch ein Zusammenhalten der Elemente vollziehen, um sich in seiner Struktur und seinen Funktionen ändern zu können.[309]
In der Anwendung auf Organisationen beschreibt dieses Prinzip die Konstitution des Systems aus kleinen, autonomen Einheiten, deren Ordnung sich nicht durch zentrale Lenkung, sondern durch Umweltanreize und angepaßte Kommunikationsnetze ergibt.[310] Für das Konzept virtueller Organisationen sind diese Prinzipien für Aussagen über dessen Struktur und Funktionsweise geeignet. Sie begründen die Sichtweise virtueller Organisationen als Verbund lose gekoppelter, autonomer Komponenten, die über Handlungsspielräume verfügen und über ein komplexes Interaktionsnetz miteinander verbunden sind.[311] Anpassungsprozesse an Umweltbedingungen werden durch die Neuordnung der zur Verfügung stehenden Ressourcen zu einer effizienteren Wertschöpfungskette vollzogen,[312] so daß die Organisation der Mittelverwendung den eigentlichen Anpassungsprozeß darstellt. Das System paßt sich dabei permanent im laufenden Betrieb den Erfordernissen der Umwelt an und erzeugt je nach Problemstellung alternative Ordnungsmuster. Somit begründen sie sowohl die konstituierenden Anpassungs- als auch die eigentlichen Handlungsprozesse der Ordnungsbildung innerhalb des Systems.[313]
Diese Gegebenheit kann auch strukturtheoretisch beschrieben werden,[314] und in der Anwendung auf virtuelle Organisationen begründen, daß Handlungen der einzelnen beteiligten Partner als Grundlage der Entstehung von Systemstrukturen wirken können.
In diesem Zusammenhang ist zu der Bedeutung der Fremdorganisation Stellung zu nehmen. Es ist unstrittig, daß Selbstorganisation und -strukturierung durch einen Rahmen der Fremdorganisation, bzw. der Zielvorgabe, ermöglicht werden. Nichtsdestotrotz ist der Anteil der Fremdorganisation in diesem Zusammenhang nicht maßgeblich, da die Strukturbildung sowohl aus geplanten Maßnahmen der Selbstkoordination und -strukturierung als auch in begrenzter Weise aus dem Arbeitshandeln selber erfolgen kann.[315]
An das Prinzip der externinduzierten Selbstorganisation anknüpfend, stellt sich die Frage, ob ein System grundsätzlich auch zu einer vollständigen Selbsterneuerung fähig ist. Diese Eigenschaft eines Systems erfordert es, sich durch

---

[309] Vgl. Scholz /Organisation 1994/ 41. Für eine beispielhafte praktische Umsetzung vgl. Nieder, Michalk /Selbstorganisation 1997/ 4ff.
[310] Vgl. Scholz /Strategische 1997/ 194.
[311] Vgl. Scholz /Strategische 1997/ 331.
[312] Vgl. Scholz /Strategische 1997/ 332.
[313] Vgl. Osterloh /Gruppen 1997/ 193; Probst /Selbstorganisation 1987/ 248; Weber /Organisation 1996/ 71.
[314] Vgl. Eccles, Nohria /Organization 1991/ 9,17 zitiert in Weber /Organisation 1996/ 71f.
[315] Vgl. Kieser /Fremdorganisation 1994/ 219f. Vgl. grundlegend auch Hoffmann /Führungsorganisation 1980/ 321 ff.

sich selbst neu kreieren zu können, dabei gleichzeitig jedoch sein Wesen und zentrale Charakteristika beizubehalten. Diese sogenannte selbstreferentielle Eigenschaft wird insbesondere in der neueren Systemtheorie hervorgehoben[316] und gilt in ihrer Anwendbarkeit auf betriebswirtschaftliche Organisationen als umstritten.[317]
Insbesondere das von Maturana und Varela begründete Konzept *autopoietischer Systeme*, das im Ursprung auf biologischen Gegebenheiten gründet, ist als Theorie individueller, lebendiger System immer wieder auf soziologische Zusammenhänge bezogen worden.[318] In Anlehnung an die klassische Systemtheorie erster Ordnung beschreiben die Autoren ein autopoietisches System als ein Netzwerk von Prozessen, das die Produktion von wesensbildenden Bestandteilen organisiert.[319] Das System ist dabei komplett selbstbezüglich und vermag seine Erneuerung in einer zirkulären Verknüpfung der Elemente zu leisten.[320] Um diese rekursiven Reproduktionsprozesse hervorzubringen, bedarf es einer inneren Geschlossenheit, die das System als eigenständige Einheit gegenüber seinem Umgebungsraum abgrenzt.[321] Gleichwohl interagiert es mit seiner Umwelt, woraus sich zunächst ein vermeintlicher Widerspruch ergeben mag. Dieser wird dahingehend aufgelöst, daß das System eine innere (geschlossene) Struktur findet, welche die Außenbeziehungen regelt.[322]
In der Anwendung der Prinzipien autopoietischer Systeme auf soziologische Sachverhalte generalisiert *Luhmann* das Konzept erheblich und rückt die interne Kommunikation als strukturbildendes Element in den Vordergrund.[323] Diese unkonventionelle Sichtweise erschwert die Integration der Theorie mit unstrittigen Erkenntnissen der Soziologie und gestaltet die Interpretation betriebswirtschaftlicher Organisationen als autopoietische Systeme schwierig.[324] Dieser Sachverhalt ist nur ein ausgewähltes Beispiel für die problematische Übertragbarkeit des Ansatzes, dessen kognitionsbiologische Wurzeln Prämissen erfordern, die in dieser Form nicht zwingend auch für soziale Systeme gelten.[325]

---

[316] Vgl. Neugebauer /Unternehmertum 1997/ 24.
[317] Vgl. Scholz /Strategische 1997/ 196.
[318] Vgl. grundlegend Varela /Autonomy 1979/, Maturana, Varela /Autopoieses 1980/; Varela, Maturana, Uribe /Autopoieses 1991/ 559 ff., Maturana /Origin 1991/ 121ff.; Fischer /Autopoieses 1991/.
[319] Vgl. Kneer /Theorie 1993/ 48.
[320] Vgl. Kirsch, Knyphausen /Unternehmungen 1991/ 79; Wallner /Selbstorganisation 1991/.
[321] Vgl. Varela, Maturana, Uribe /Autopoieses 1991/ 560.
[322] Vgl. Varela /Autonomy 1979/ 55; Wilke /Systemtheorie 1991/ 46.
[323] Vgl. Luhmann /Autopoiesis 1982/ 369; Endruweit /Theorien 1993/ 51; Kneer /Theorie 1993/ 65. Vgl. zu Maturanas Auffassung Maturana /Erkennen 1982/ 35ff. und Fischer /Information 1991/ 77ff.
[324] Vgl. Hejl /Kybernetik 1983/ 56.
[325] Vgl. Fischer /Geist 1991/ 10.

Die Frage, ob autopoietische Systeme wiederum aus anderen autopoietischen Systemen bestehen können, wie es zur Erklärung soziologischer Phänomene zwingend erforderlich wäre, führt zu weiteren Problemen. So ist, *Maturana* folgend, zwar eine Unterscheidung in autopoietische Systeme höherer und niedrigerer Ordnung denkbar,[326] deren Konsequenzen für die Grundprinzipien der Autopoiese, insbesondere der Selbsterneuerung, aber unklar.[327] Diese Problematik tritt besonders dann offen hervor, wenn menschliche Motive und Handlungen in einem solchen System verschiedener Ordnungsebenen betrachtet werden sollen. Wird ein autopoietisches System, wie beispielsweise eine gemeinsam verbundene Gesellschaftsgruppe, aus vielen autopoietischen Systemen, also Menschen, konstruiert, so bedingt die Prämisse der Selbststeuerung eine derartig statische Sichtweise der Systemfunktion, daß der Erklärungsbeitrag dieser Theorie zur Erläuterung sozialer Handlungen gering ausfallen muß. Somit liegt die Bedeutung des Konzeptes autopoietischer Systeme für betriebswirtschaftliche Organisationen im wesentlichen in ihrer Begründung der operativen Geschlossenheit eines Systems und in der Möglichkeit, einen Zusammenhang zwischen den Handlungen einer Organisation als geschlossenes System und ihrer Interaktion mit der Umwelt als offenes System herzustellen.[328] Diese Ansätze wurden dabei immer wieder als Erklärungsrahmen für Prozesse der Selbstorganisation eines Systems verwendet[329] und auch über die Disziplinen der Soziologie und der betriebswirtschaftlichen Organisationslehre hinaus, wie z.B. in der Systemgestaltung der Informatik, verwendet.[330]
In der Anwendung autopoietischer Ansätze auf virtuelle Organisationen sieht *Scholz* eine *begrenzte* Autopoiese, die sich auf den vermeintlich nicht vollständig geschlossenen Systemcharakter einer virtuellen Organisation bezieht.[331] Ob die ohnehin kontroverse Anwendung der Theorie auf betriebswirtschaftliche Organisationen auch noch eine derartige Einschränkung erlaubt, ohne elementare Prämissen zu verletzen, erscheint fraglich. Zweifellos vollzieht das System der virtuellen Organisation seine Selbsterneuerung in Abstimmung mit seiner Umwelt bzw. dem Markt. Ob dieser Umweltbegriff jedoch zwingend demjenigen im ursprünglichen Modell autopoietischer Systeme entsprechen muß und damit die Relevanz der angewandten Theorie in der Erklärung der *Funktionsweise* der Selbsterhaltung liegt, wäre zu diskutieren.[332]
Scholz' Sichtweise ist dann sinnvoll, wenn das System der virtuellen Organisation als insofern selbsterhaltend beschrieben wird, daß es seinen Zweck und

---

[326] Vgl. Maturana, Varela /Systeme 1982/ 211ff.
[327] Vgl. Neugebauer /Unternehmertum 1997/ 28.
[328] Vgl. Scholz /Strategische 1997/ 196.
[329] Vgl. Zelger /Verfahren 1991/ 99 ff.
[330] Vgl. Mambrey u.a. /Autopoietic 1996/ 2ff.; Fischer /Geist 1991/ 9f.
[331] Vgl. Scholz /Strategische 1997/ 332.
[332] Vgl. Neugebauer /Unternehmertum 1997/ 31f.

seine dafür erforderlichen Komponenten selbständig findet und erzeugt. Diese Interpretation wiederum erscheint in Anbetracht der variablen Ausprägungsformen virtueller Organisationen sehr generell, denn sie impliziert, daß Ziel- und Mittelvorgabe dem System nicht oder nur eingeschränkt aus der Umwelt vorgegeben sein können.[333] Für eine weitere Beurteilung der Eignung autopoietischer Ansätze für virtuelle Organisationen im Sinne *Scholz'* wäre somit eine genauere Untersuchung der Abgrenzung einer virtuellen Organisation von seiner Umwelt und dem Zusammenspiel von Fremd- und Selbstreferenz durchzuführen.[334]
In der Bewertung wird festgestellt, daß sich die Theorie autopoietischer Systeme als nützlicher Denkrahmen für Fragen der Umweltanpassung und Erneuerung virtueller Organisationen anbietet.[335] Ob sie auch einen tiefergehenden Erklärungsbeitrag leisten kann, muß aufgrund der nicht eindeutig lösbaren Übertragbarkeit auf soziale Organisationen und der problematischen Überprüfbarkeit offen bleiben.
Unabhängig von den Fragen, ob und wie exakt sich das Konzept auf betriebswirtschaftliche Organisationen übertragen läßt oder ob eine empirische Fundierung möglich wäre oder nicht, liegt der Wert der Anwendung autopoietischer Prinzipien auf virtuelle Organisation in dem Erkenntnisgewinn, der aus deren Abstraktion entsteht.[336] Die Theorie autopoietischer Systeme verdeutlicht die Abgrenzung zwischen inneren und äußeren Interaktionen und veranschaulicht Eingangsfaktoren, die zur Systemerhaltung und -erneuerung geeignet sind. Wie die Grenzziehung zwischen System und Umwelt in der Anwendung der Theorie auf virtuelle Organisationen im Sinne autopoietischer Systeme höherer Ordnung erfolgen kann, ist dabei ein immer noch offenes und zu lösendes Problem. Gleichwohl handelt es sich bei dieser Frage um ein Grundproblem der Systemtheorie, das vermutlich nicht abschließend objektivierbar sein dürfte.[337] Gemessen an der Problematik, ob und inwieweit autopoietische Eigenschaften auch empirisch analysiert und detailliert erklärt werden können, dürfte dieser Aspekt auch als weniger bedeutsam erscheinen.

3.1.4 Regelungsmechanismen zur Anpassung intra- und intersystemischer Hierarchien

Ein wesentlicher Problembereich der Systemtheorie ist die Frage, wie eine lenkende Beeinflussung eines Systems vorgenommen werden kann.[338] Neben der

---

[333] Vgl. Hejl /Kybernetik 1983/ 56.
[334] Vgl. Knyphausen /Unternehmungen 1988/ 218.
[335] Vgl. Scholz /Strategische 1997/ 196.
[336] Vgl. zur Frage auto- und allopoietischer Aspekte einer Unternehmung Kirsch, Knyphausen /Unternehmungen 1991/.
[337] Vgl. Sydow /Netzwerke 1993/ 97.
[338] Vgl. Schwaninger /Systemtheorie 1996/ Sp. 4132.

Steuerung ist dabei besonders der Bereich der Regelung des Systems von Bedeutung. Dabei haben Systemtheorie und Kybernetik eine Reihe von Beschreibungs- und Erklärungsmodellen hervorgebracht, unter welchen das rückkoppelnde Regelkreismodell das anerkannteste sein dürfte. Deren Ausdehnung auf mehrere Ebenen führt zu Regelungskaskaden, bei denen Reglermechanismen auf verschiedene Systemebenen verteilt werden, die so das Erreichen von unterschiedlichen Zielen des Systems ermöglichen.[339] Dieses Konzept führt zur Bildung von Hierarchien als Ordnungsmuster stabiler Systeme, die in diesem Fall als Intersystemhierarchien bezeichnet werden.[340] Dabei befindet sich der Regler dieses hierarchischen Systems außerhalb des geregelten Systems und beeinflußt den Ablauf des jeweiligen Subsystems. Im Gegensatz dazu werden Intrasystem-Hierarchien als Struktur eines Systems höherer Ordnung bezeichnet, das wiederum aus Subsystemen niederer Ordnung mit vielfältigen Beziehungen besteht.[341] Hierarchien bezeichnen in dieser Sichtweise nicht zwingend aufeinander aufbauende Systemebenen, sondern miteinander zusammenhängende Subsysteme, die wiederum zu weiteren Elementen zusammengefaßt werden können.[342] Mit diesem Konzept werden somit Systeme bezeichnet, die aus interagierenden, evtl. autonomen Modulen bestehen und zu einem Gesamtsystem, wie beispielsweise dem der modularen Fabrik, verbunden werden können.[343] Besondere Bedeutung erfahren in diesem Zusammenhang Gestaltungselemente dieser intrasystemischen Hierarchien. So beschreibt beispielsweise das Prinzip der Rekursion Subsysteme als selbstähnliche Elemente eines Systems, die in bezug auf Verhalten und Struktur Ordnungsmuster einer übergeordneten Ebene aufgreifen und nachbilden.[344] Der Vorteil dieses fraktalen Gestaltungsprinzips liegt in der Vereinfachung komplexer Beziehungs- und Koordinationsstrukturen sowie in der effizienteren Zielvereinbarung zwischen verschiedenen Ebenen.[345] Die einzelnen Einheiten wirken dabei weitgehend autonom und verfügen über die für ihre Funktionsfähigkeit erforderlichen Merkmale, die für ihre Aufgabenebene relevant sind.[346] Das rekursive Gestaltungsprinzip erlaubt dabei eine effiziente Schnittstellenmodellierung zwischen Einheiten unterschiedlicher Ebenen, so daß Koordinationsprobleme minimiert werden können. Gleichwohl beinhaltet dieser Ansatz auch die hinlänglich bekannten Probleme dezentraler Organisationsstrukturen, wie etwa das Erfordernis, Redundanzen der Systemressourcen in Kauf nehmen

---

[339] Vgl. Schwaninger /Systemtheorie 1996/ Sp. 4136.
[340] Vgl. Scholz /Hierarchiemethodik 1981/ 10ff.
[341] Vgl. Simon /Science 1991/ 458; Schiemenz /Komplexitätsbewältigung 1990/ 375.
[342] Vgl. Simon /Science 1991/ 459.
[343] Vgl. Wildemann /Fabrik 1994/.
[344] Vgl. Schiemenz /Komplexität 1996/ Sp. 903; Schiemenz /Hierarchie 1994/ 288ff.
[345] Vgl. Warnecke /Fabrik 1992/; Goldman u.a. /Agil 1996/ 331ff.; Osterloh /Gruppen 1997/ 181.
[346] Vgl. Schuhmann /Model 1993/ 94.

zu müssen oder den Nachteil, Spezialiserungsvorteile zentraler Strukturen nicht nutzen zu können.[347] Hierarchien und Rekursionen sind hierbei keine gegensätzlichen Konzepte, sondern lediglich unterschiedliche Ansätze der Problemlösung.[348] Die hierarchisch-rekursive Sichtweise einer betriebswirtschaftlichen Organisation ermöglicht es, Wertschöpfungsvorgänge auf unterschiedlichen Aggregationsebenen einer Unternehmung zu betrachten und die Beiträge einzelner Prozesse zu diesen Vorgängen auf den unteren Ebenen zu modellieren. Die Rekursion erfolgt durch die angewandte Modellierungsmethode, wie etwa der Netzplantechnik beim Projektmanagement oder strukturierten Analyse- und Beschreibungsmethoden in der Systementwicklung der Informatik.[349] Dabei kommt der Bildung von Hierarchien zunächst eine komplexitätsreduzierende Wirkung im Sinne der obigen Ausführungen zu. Des weiteren kann der Ansatz aber auch zur Gestaltung eines Systems verwendet werden, um so bestimmte strategische oder operative intrasystemische Eigenschaften zu ermöglichen. Steuerungs- und Regelungsvorgänge können dabei auf verschiedenen Ebenen und Instanzen verteilt und entsprechend wieder integriert werden.[350] Diese Aspekte sind insbesondere für die theoretische Fundierung virtueller Organisationen von Interesse. Die Möglichkeit, Wertschöpfungsvorgänge in diesen Unternehmensnetzwerken mit Hilfe von Hierarchien beschreiben zu können, vereinfacht die Darstellung und den Entwurf komplexer Leistungsprozesse erheblich. So können beispielsweise Produktionsvorgänge, die in einem System einer virtuellen Organisation ablaufen, nicht nur als Komponenten intersystemischer Vorgänge beschrieben werden, sondern die einzelnen Leistungsbeiträge auch zu einer intrasystemischen Perspektive speziell für diesen Wertschöpfungsverbund dargestellt werden. Dabei erlaubt das Gestaltungsprinzip der Rekursion eine Angleichung der Struktur und Arbeitsweise der einzelnen Einheiten, bis hin zur Verwendung gleichartiger oder ähnlicher Methoden und Werkzeuge.[351] Insbesondere die häufig für virtuelle Organisationen maßgebliche Projektorganisation eignet sich für die hierarchisch-rekursive Gestaltung des Systems Virtuelle Organisation.[352] So können Projektabläufe auf verschiedenen

---

[347] Vgl. Osterloh /Gruppen 1997/ 181; Kullmann, Kühl /Einheiten/; Wächter /Dezentralisation 1997/.
[348] Vgl. Schiemenz /Hierarchie 1994/ 291.
[349] Vgl. Schiemenz /Hierarchie 1994/ 299f.
[350] Vgl. Schiemenz /Komplexitätsbewältigung 1990/ 370.
[351] Vgl. Schiemenz /Hierarchie 1994/ 304. In diesem Zusammenhang sei auf *Stafford Beers* Viable Systems Model (vgl. Beispielhaft Beer /Kybernetik 1967/) hingewiesen. Klueber führt in Klueber /Promoter 1997/ 3f. aus, daß eine virtuelle Unternehmung eine rekursive Organisation in diesem Sinne sein könnte. Auf eine weitergehende Diskussion muß im Rahmen dieser Arbeit verzichtet werden.
[352] Vgl. für eine Zerlegung der Projektorganisation in geeignete Untersuchungsgegenstände Drexl, Kolisch, Sprecher /Koordination 1998/.

Ebenen modelliert werden, die dann auf unterschiedliche Einheiten abgebildet und detailliert werden können. In der Spezifikation der Projektdurchführung auf den unteren Ebenen kann dabei nicht nur eine durchgängige Methodik auf allen Ebenen sichergestellt werden, sondern auch eine, möglichst auf Standards basierende, konsistente Auswahl der zur Leistungserstellung erforderlichen Mittel und Werkzeuge erfolgen.

Im Zusammenhang mit der Projektorganisation wird offensichtlich, daß die Anwendung hierarchisch-rekursiver Prinzipien auch einen wertvollen Beitrag zur Organisation der Gruppenarbeit als kleinster, arbeitsteiliger Wertschöpfungseinheit einer virtuellen Organisation leisten kann. So ist leicht vorstellbar, wie sich kleinere und größere Gruppen auf der Basis gemeinsamer oder ähnlicher Arbeitsprinzipien und -ausstattungen zu Hierarchien im klassischen Sinne der Systemtheorie zusammensetzen können.

Hierarchie und Rekursion im traditionellen Bild der Systemtheorie können somit als mächtige Modellierungs- und Gestaltungsprinzipien angesehen werden, die für das Verständnis des mehrschichtigen Wertschöpfungsverbundes und dem Entwurf virtueller Organisationsstrukturen wertvolle Leitlinien geben.

Die folgende Abbildung 3 zeigt die systemtheoretisch-fundierte Hierarchiebildung anhand des Beispiels der Softwareentwicklung in einer virtuellen Organisation.

Auf höchster Hierarchieebene werden die Leistungen von drei Netzwerkpartnern in Beziehung zueinander gesetzt, die entsprechend ihrer Kompetenzen die jeweils erforderlichen Ressourcen einbringen.[353] Das Beispiel demonstriert das Zusammenwirken der Partner, die im Kundenauftrag eine Datenbanklösung konzipieren, entwickeln und implementieren. Partner A übernimmt dabei die Organisation des Partnernetzwerkes sowie die formalen Vorgänge der Kundenbeziehung. Ferner führt er vor Ort den konzeptionellen Entwurf der Lösung durch, den er dann an Partner B weitergibt. Dieser ist an einem beliebigen geographischen Ort für den Entwurf und die Realisierung des Datenbanksystems verantwortlich. Die von Partner A vor Ort erhobenen Ergebnisse der Analyse des Kundenauftrages dienen dabei als Grundlage. Die Durchführung des Entwurfs- und Kodierungsprozesses durch B kann auf den tieferen Ebenen weiter modularisiert werden. Diese Modularität der einzelnen Prozesse erlaubt prinzipiell auch die Vergabe von Unterprozessen an andere Partner, da ihre Schnitt-

---

[353] Ausführliche Praxisbeispiele zur Softwareentwicklung von virtuellen Organisationen stellen die folgenden Autoren dar: Mertens, Griese, Ehrenberg /Unternehmen 1998/ 18; Griese, Sieber /Virtualität 1998/ 175ff.; Sieber /Virtualness 1998/ 107ff.; Sieber /IT-Branche 1998/ 87ff. Im Esprit-Forschungsprogramm wird gegenwärtig das Projekt *VISCOUNT* (Virtual Software Corporation Universal Testbed) durchgeführt (vgl. Mair /Issues 1997/ 77). Es werden Methoden und Werkzeuge zum verteilten Software Engineering entwickelt, wie Konfigurationsmanagement, Prozeßmodellierung und Funktionsspezifikation.

stellen und Eingangs- und Ausgangsinformationen eindeutig definiert sind. So ist denkbar, daß Partner B den in der unteren Ebene vollzogenen Entwurf des Datensystems auch einen weiteren Partner seiner Wahl übergeben könnte. In jedem Fall wird das Endergebnis der Leistungen des Partners B auf der höchsten Hierarchieebene an den folgenden Partner C übergeben, der wiederum vor Ort bei dem Kunden die Implementierung des Datenbanksystems vornimmt.

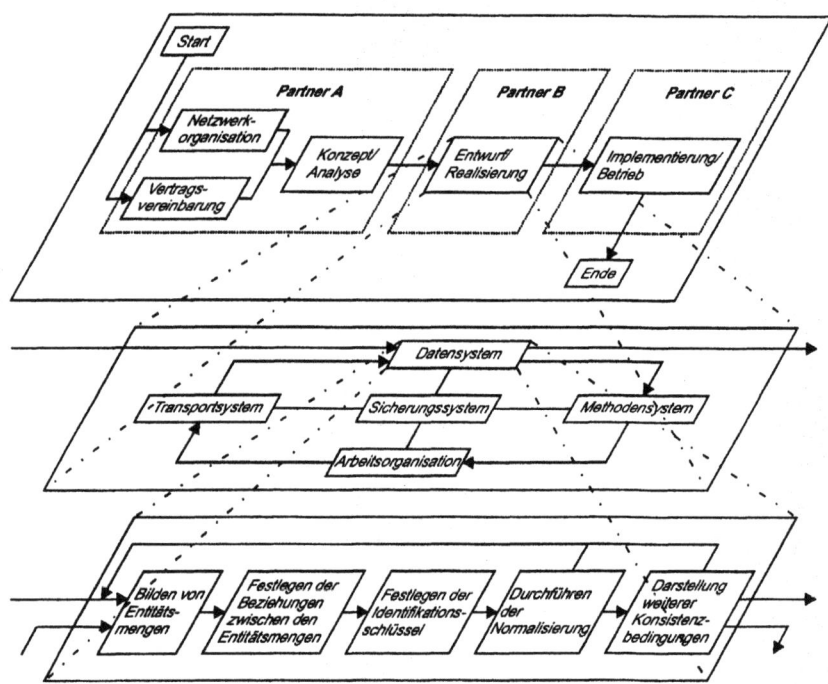

Abb. 3: Hierarchisches Systemmodell einer virtuellen Organisation zum Zwecke der Softwareentwicklung (in Anlehnung an Schiemenz /Hierarchie 1994/ 299 und Heinrich /Systemplanung/ 23 u. 104)

Zur Beschreibung der Anpassung der Systemhierachien an ihre jeweilige Aufgabe in virtuellen Organisationen ist nach *Scholz* jedoch noch eine funktionelle Erweiterung des Hierarchieverständnisses erforderlich. In diesem Sinne erweitert *Scholz* die traditionellen Hierachieüberlegungen um den Aspekt der Heterarchie, die er als netzartige Querschnittsfunktion aus zusammengesetzten Verhaltenssystemen unabhängiger Akteure in formalen Hierarchiestrukturen interpretiert.³⁵⁴ Heterarchien begünstigen daher dezentrale Entscheidungsprozesse und informelle Kommunikationsprozesse, die die formale Hierarchie einer Organisation als Ordnungs- und nicht als Funktionsmuster sieht. Für virtuelle Organisationen gelte es, das Prinzip heterarchischer Hierarchien zu verwirklichen.³⁵⁵ Dieses verbindet die heterarchische Funktionsweise autonomer, selbständig entscheidender Einheiten mit der Rahmenstruktur einer formalen Hierarchie. Erst diese Eigenschaft des Systems Virtuelle Organisation erlaubt eine Anpassung an variable Problemstellungen und veränderliche Missionen der virtuellen Organisation. Verantwortungen, Kompetenzen und Kontrollinstanzen können so dynamisch verändert werden und die nötige Flexibilität des Systems gewährleisten.³⁵⁶

Scholz' Überlegungen sind trotz des vermeintlichen Widerspruchs als Konkretisierung der Funktionsweise einer virtuellen Organisation zu sehen und nur aus dieser Perspektive mit der traditionellen Sichtweise von Hierarchien in der Systemtheorie eindeutig vereinbar. Das Prinzip heterarchischer Hierarchien verdeutlicht damit auch die Besonderheit dieses Organisationstyps. Gefordert ist nicht ein statisches Beschreibungsmodell, sondern vielmehr ein Rahmenkonzept, das die wesentlichen Charakteristika des Systems Virtuelle Organisation angemessen berücksichtigt.

In der Beurteilung systemtheoretischer Ansätze für die Bildung und Funktionsweise von virtuellen Organisationen wird deutlich, daß diese vielfältige Erklärungs- und Begründungszusammenhänge aufzeigen. Sie geben Aufschluß darüber, wie ein System einer Virtuellen Organisation insbesondere funktionell legitimiert und gestaltet werden kann.³⁵⁷ Gerade Erkenntnisse der neueren Systemtheorie sind dabei geeignet, die notwendige Adaptivität und Flexibilität virtueller Organisationen zu erklären und Prinzipien zu deren Realisierung zu formulieren.
Gleichwohl ist die bedenkenlose und unkritische Übernahme systemtheoretischer Ansätze zur alleinigen Begründung virtueller Organisationen nicht ausreichend. Die dem Konzept der virtuellen Organisation zugrundeliegenden Prämissen sind zu komplex, um sich vollständig in mechanistischen Steuerungs-, Regelungs- und Anpassungsvorgängen abbilden zu lassen.³⁵⁸ Sie sind insbesondere in ihrer Funktionsweise stark ausgeprägt sozio-ökonomischer Natur und lassen sich demnach auch nur begrenzt mit allgemeinen Aussagen zu

---
[354] Vgl. Scholz /Organisation 1994/ 42f.; Scholz /Strategische 1997/ 198ff.
[355] Vgl. Scholz /Strategische 1997/ 332f.
[356] Vgl. Scholz /Organisation 1994/ 43.
[357] Vgl. Klüber /Framework 1998/ 101.
[358] Vgl. zur Begründung Baetge /Systemtheorie 1974/ 14.

Systemen erklären.[359] Aber dieser Anspruch ist für das Verständnis der Struktur und des Verhaltens virtueller Organisationen vermutlich auch nicht erforderlich, da die erzielbaren Ergebnisse wohl ohnehin nur einen begrenzten, sehr individuellen Aussagewert enthielten.

Vielmehr liegt der Wert systemtheoretischer Ansätze für die virtuelle Organisation in den Methoden und Instrumenten, in der wirkungsvollen Abbildung des Wesens und des Verhaltens virtueller Organisationen. Der Versuch, diese Organisationsform zu verstehen und Methoden zu finden, sie effizienter zu gestalten, setzt im ersten Schritt eine möglichst isomorphe Wiedergabe des betreffenden Realitätsausschnittes voraus.[360] Die skizzierten systemtheoretischen Ansätze erfüllen diesen Anspruch, sie sind damit zugleich Begründung und Hilfsmittel zur Analyse des Konzeptes virtueller Organisationen.

3.2 Zur Begründung virtueller Organisationen aus Sicht transaktionskostentheoretischer Ansätze

Wie die vorstehenden Ausführungen zeigen, handelt es sich bei virtuellen Organisationen um komplexe, offene und dynamische Systeme, die innerhalb eines gegebenen Rahmens auch über Fähigkeiten zur Anpassung an ihre Umwelt und zur Selbstorganisation verfügen. *Brosziewski* interpretiert diese Fähigkeit als „Modus unternehmerischer Selbst- und Fremdbeobachtung und -bewertung ..., der quer steht zum Beobachtungs- und Bewertungsmodus, der durch den Markt, also durch Preissignale inszeniert wird".[361] Diese Sichtweise entspricht einer Perspektive virtueller Organisationen als Konzept zwischen Markt und Hierarchie und stellt die Anpassungs- und Änderungsmechanismen innerhalb der Organisation dem externen Anreiz des Preissignals gegenüber. Da ein wesentlicher Faktor der Kostensituation einer Organisation die Preisstruktur ihrer umgebenden Umwelt ist, kommt diesem Aspekt bei der Gestaltung virtueller Organisationen eine wesentliche Bedeutung zu.

Die Frage, wie ein solches Organisationskonzept kostenminimierend gestaltet werden kann, bezieht sich im Fall der virtuellen Organisation hauptsächlich auf die Koordination der arbeitsteiligen Prozesse, da sich die Kostensituation in der eigentlichen Produktion nicht von der in anderen Organisationsformen unterscheidet.

Die Transaktionen, die zwischen einzelnen Partnern eines Wertschöpfungsverbundes ablaufen, können mit Hilfe der Transaktionskostentheorie in ihrer institutionellen Bedeutung dargestellt werden.

---

[359] Vgl. für eine ausführliche Darstellung des sozio-ökonomischen Systems Unternehmung Neugebauer /Unternehmertum 1997/ 33ff.
[360] Vgl. Baetge /Systemtheorie 1974/ 14.
[361] Brosziewski /Selbstbewertung 1998/ 98. Vgl. auch Baecker /Form 1993/.

Dabei werden sowohl der gesamte Verbund des Unternehmensnetzwerkes als auch die eigenständigen Partner innerhalb des Verbundes als Institutionen gesehen. Der Ansatz beschreibt, neben der Principal-Agent- und der Property-Rights-Theorie als weiterer Teil der Neo-Institutionenökonomie, die Entstehung und Entwicklung von ökonomischen Institutionen unter Kostengesichtspunkten.[362] Grundannahme des maßgeblich auf *Coase* und in der Weiterentwicklung auf *Williamson* zurückzuführenden Transaktionskostenansatzes ist,[363] daß die an einem ökonomischen Austauschprozeß beteiligten Partner die Wahl der Organisationsformen für diesen Prozeß (Markt und Hierarchie) so gestalten, daß dieser transaktionskostenminimierend ablaufen kann.[364] Transaktionskosten werden in diesem Ansatz im wesentlichen als Informations- und Kommunikationskosten gesehen. Dies liegt darin begründet, daß nicht der zwischen einzelnen Akteuren stattfindende Güteraustausch, sondern die Übertragung von Verfügungsrechten an diesen Gütern (Transaktion) von Interesse ist.[365] Durch die Untersuchung der Bedingungen, unter denen einzelne Transaktionen zwischen Tauschpartnern vollzogen werden, sind Rückschlüsse auf die Effizienz alternativer Koordinationsstrukturen möglich.[366]

Die im Zusammenhang mit der Übertragung der Verfügungsrechte entstehenden Kosten werden im allgemeinen unterschiedlichen Phasen des Transfers zugeordnet. So entstehen Kosten der folgenden Kategorien: Anbahnung, Vereinbarung, Abwicklung, Kontrolle, Anpassung und Beendigung der Realisierung des Güteraustausches.[367] In der Transaktionskostentheorie wird die Koordinationsleistung des Güteraustauschs als Vertragsproblem anhand der Extreme *Markt* und *Hierarchie* erläutert. Zwischen diesen Organisationsformen sind intermediäre oder hybride Formen für Koordinationslösungen des Problems erklärbar,[368] die unter anderem von der individuellen Austauschbeziehung sowie der Spezifität und dem Standardisierungsgrad der Transaktion abhängen.[369] So

---

[362] Vgl. beispielsweise Ebers, Gotsch /Theorien 1995/ 185.
[363] Vgl. grundlegend Coase /Nature 1937/; Williamson /Markets 75/; Williamson /Organization 1981/; Williamson /Institutions 1985/.
[364] Vgl. Sydow /Netzwerke 1993/ 130; Picot /Transaktionskostenansatz 1982/ 270.; Meyer /Organisation 1995/ 71ff.; Scholz /Strategische 1997/ 176ff.
[365] Vgl. Picot, Dietl, Franck /Organisation 1997/ 66.
[366] Vgl. Garbe /Einfluß 1998/ 102.
[367] Vgl. Picot, Dietl, Franck /Organisation 1997/ 66; Sydow /Netzwerke 1993/ 130; Appel, Behr /Theory 1996/ 4f.; Picot /Transaktionskostenansatz 1982/ 270; Krystek, Redel, Reppegarther /Grundzüge 1997/ 224ff.; Balling /Kooperation 1998/ 56; Appel, Behr /Theory 1997/ 17ff.
[368] Vgl. insbesondere Williamson /Alternatives 1991/; Weber /Organisation 1996/ 119; Garbe /Einfluß 1998/ 102ff.; Meyer /Organisation 1995/ 76; Picot, Maier /Interdependenzen 1993/ 9ff.
[369] Vgl. Appel, Behr /Theory 1996/ 6; Garbe /Einfluß 1998/ 102ff.; Lang, Pigneur /Market 1997/ 9ff.

ist beispielsweise ein Austausch über Marktmechanismen dann effizienter, wenn eine geringere Spezifität der Transaktion und damit eine höhere Standardisierung derselben vorliegt. In Hierarchien ist der Standardisierungsgrad einer Transaktion hingegen zumeist geringer, da im Vorhinein die Austauschbeziehung bereits aufwendig spezifiziert wurde. *Williamson* entwickelt aus den Elementen der Transaktionskostentheorie einen Bezugsrahmen des Marktversagens bzw. Hierarchieversagens, der beschreibt, unter welchen Modellbedingungen die eine oder andere Organisationsform Vor- und Nachteile aufweist.[370] Dabei erweitert *Williamson* den Theorierahmen um die Elemente der Informationsverkeilung ([sic!] *Information Impactedness*), Transaktionshäufigkeit (*Frequency*) und Transaktionsatmosphäre (*Atmosphere*). Diese Erweiterungen sind wesentlich, da sie die Aspekte geschlossener Organisationsformen berücksichtigen und Vertrauen und gemeinsame Werte als Einflußfaktoren, beispielsweise in einer Hierarchie, einbeziehen.[371]
Der Erklärungs- und Gestaltungsbeitrag des Transaktionskostenansatzes ist nach *Picot, Dietl* und *Franck* in den folgenden Punkten ersichtlich:[372]
- Beiträge zur effizienten Arbeitsteilung, indem eine transaktionsminimierende „Zerlegunslogik" gefunden werden kann;
- Verminderung von Interdependenzen zwischen Teilaufgaben, so daß ein geringer Abstimmungsbedarf erforderlich ist;
- Reduktion des Abstimmungsaufwands durch Vermeidung umfangreicher Wissenstransfers zwischen Aufgabenträgern;
- Optimierte Zuweisung von Aufgaben an Aufgabenträger mit angemessener Spezifität.

Die Anwendung transaktionskostentheoretischer Überlegungen auf Netzwerkunternehmen im allgemeinen und virtuelle Organisationen im besonderen ist im Schrifttum einer der meistverwendeten Ansätze zu deren Begründung.[373] Mit der offensichtlichen Eignung des Ansatzes zur Analyse der für Netzwerkunter-

---

[370] Vgl. für eine ausführliche Betrachtung und kritische Würdigung Picot, Dietl, Franck /Organisation 1997/ 67ff.; Picot, Reichwald, Wigand /Unternehmung 1996/ 42ff.
[371] Vgl. Sydow /Netzwerke 1993/ 132.
[372] Vgl. für die folgenden Ausführungen Picot, Dietl, Franck /Organisation 1997/ 72ff.; Picot, Reichwald, Wigand /Unternehmung 1996/ 41ff. Außer acht sollen an dieser Stellen die Beiträge des Transaktionskostenansatzes (und anderer neo-institutionenökonomischer Ansätze) zu einer *Theorie der Unternehmung* bleiben. Coases institutionenökonomische Begründung von Unternehmen stellte damit der Neoklassik und Industrieökonomik eine Erklärung gegenüber, die nicht vorwiegend auf die Markt- und Produktionsverhältnisse einer Unternehmung abzielt (Grundzüge: Coase /Nature 1937/).
[373] Vgl. Büchs /Kooperationen 1991/; Ochsenbauer /Alternativen 1989/; Thorelli /Networks 1986/ 37ff. und insbesondere Sydow /Netzwerke 1993/ 129. Die Bedeutung der Transaktionskostentheorie hält *Sydow* dabei für so groß, daß er in dieser Quelle vor einer „theoretischen Einfalt" bei der Verwendung des Ansatzes warnt. Diese Einschätzung ist jedoch weniger als Kritik an der Aussagefähigkeit, denn mehr als Plädoyer für mehr theoretische Vielfalt der Begründung von Netzwerkorganisationen zu verstehen.

nehmen wesenbegründenden Struktur der Koordinationskosten bietet die Betrachtung der Transaktionskosten eine Begründung der Vorteilhaftigkeit des Fremdbezugs versus Eigenfertigung in Netzwerkunternehmen.[374] Dabei wird diese Begründung von Make-or-Buy-Entscheidungen nicht über Variablen der Umwelt wie Marktverhältnisse oder Wettbewerbsvorteile gesichert, sondern ausschließlich auf die kostenvorteilhafte Gestaltung der Austauschbeziehung zurückgeführt.[375] Diese Zusammenhänge sind insbesondere für die Entstehung von inter-organisatorischen Verbünden wichtig, da sie Entscheidungen über eine angemessene Leistungstiefe der Wertschöpfung begründen können und somit beispielsweise erklären können, wann es für eine Unternehmung sinnvoll ist, Eigenentwicklungen anzustreben bzw. Kooperationsverträge oder Lizenzvereinbarung einzugehen.[376]

Trotz der beschränkenden theorieimmanenten Bedingungen kann der für virtuelle Organisationen wichtige Effekt der Funktionsexternalisierung mit Hilfe der Transaktionskostentheorie erklärt werden und damit auch die Entstehung von Netzwerkorganisationen erklären.

So lassen sich innerhalb des theoretischen Transaktionskostenansatzes Vorteile von Netzwerkorganisation darlegen, die insbesondere auch für virtuelle Organisationen gelten.[377] Diese liegen im wesentlichen im intermediären Charakter der Netzwerkorganisation begründet, der es erlaubt, die Vorteile marktlicher und hierarchischer Organisationsformen zu kombinieren und deren Nachteile wenn nicht zu vermeiden, dann zumindest angemessen zu berücksichtigen.[378] Aufgrund dieser Vorteile ist es den Hybridformen gelungen, sich auf dem Spannungsfeld zwischen Markt und Hierarchie als eigenständige Organisationsform und nicht länger als Übergangsform zu etablieren.[379]

Es ergeben sich für diese Organisationsformen Transaktionskostenvorteile gegenüber dem Markt aufgrund geringerer Anbahnungs- und Absatzkosten sowie günstigerer Bedingungen für Wissenstransfer und -nutzung zwischen den Teilnehmern. Dabei ist insbesondere die transaktionskostenminimierende Wirkung von Vertrauen bezeichnend, welche die Entwicklung und den Ausbau von Selbstregulierungsmechanismen ermöglicht und fördert.[380]

Gegenüber Hierarchien sind diese hybriden Organisationsformen aufgrund ihrer günstigeren Transaktionskostensituation in der Lage, schneller auf Umweltänderungen zu reagieren und aufgrund ihrer ausgeprägten Funktionsorientie-

---

[374] Vgl. Gurbaxani, Whang /Impact 1991/ 63f.
[375] Vgl. Sydow /Netzwerke 1993/ 135.
[376] Vgl. Picot, Reichwald, Wigand /Unternehmung 1996/ 45f.
[377] Vgl. Sydow /Netzwerke 1993/ 143; Appel, Behr /Theory 1996/ 7 für die folgenden Ausführungen.
[378] Vgl. Williamson /Alternatives 1991/ 281.
[379] Vgl. Reichwald u.a. /Telekooperation 1998/ 36.
[380] Vgl. Krystek, Redel, Reppegarther /Grundzüge 1997/ 372; Schräder /Management 1996/ 62ff.

rung ein höheres Maß an Flexibilität bei der Kooperationsentscheidung zu realisieren. So empfehlen sie sich im allgemeinen, wenn eine mittlere Faktorspezifität vorliegt, die dadurch charakterisiert ist, daß Inputfaktoren der zu erbringenden Leistung den Bedürfnissen der Abnehmer in etwa entsprechen.[381] Doch auch die effiziente Verarbeitung höherer Spezifität durch Hybridformen, die ursprünglich ein wesensbegründender Aspekt hierarchischer Organisationsformen ist, kann mit dem Transaktionskostenansatz begründet werden. Dadurch, daß eine hybride Organisationsform, wie etwa eine virtuelle Organisation, leistungsfähige Informations- und Kommunikationssysteme zur Unterstützung ihrer Koordinationsmechanismen verwendet, kann sie nicht nur die Höhe der anfallenden Transaktionskosten, sondern auch deren Verlauf im Sinne einer Grenzkostenkurve beeinflussen.[382] Somit ist sie in der Lage, eine Leistungstiefe hervorzubringen, für die traditionell eine andere Koordinationsstruktur erforderlich war. Dieser Sachverhalt ist insbesondere dann zu beobachten, wenn der Stellenwert des Faktors Information bei Koordinationsvorgängen von Transaktionen einen höheren Stellenwert hat und eine starke Variabilität der Aufgabenstellungen zu beobachten ist.[383]

Eine weitere Erklärung von Netzwerk- und virtuellen Organisationen durch den Transaktionskostenansatz kann im Zugang und der Nutzung zu externen Ressourcen unter unsicheren Marktverhältnissen gesehen werden. Dieses betrifft dabei sowohl das zur Ausnutzung von Marktchancen erforderliche Wissen, wie auch die notwendigen Ressourcen.

Insbesondere unter risikoreichen Bedingungen erlauben hybride Organisationsformen, deren Kompetenzen komplementär zueinander stehen, eine vorteilhafte Verteilung des Risikos bei gleichzeitiger Werterhaltung ihrer Kompetenzen.[384] Umgekehrt können mit dem Transaktionskostenansatz auch Probleme und Risiken von Netzwerkorganisationen beschrieben werden. So läßt sich begründen, daß die zur Wertschöpfung erforderliche Abstimmung in ihrer Aufbau- und Unterhaltungsphase sehr aufwendig ist. Erstere wird durch die aufwendige Anbahnung und Spezifikation, beispielsweise im Bereich der Qualitätssicherung, bestimmt. Letztere ist im wesentlichen auf Koordinations-, Kompromiß- und Flexibilitätskosten des Austausches zurückzuführen. Diese können bei-

---

[381] Vgl. Linde /Virtualisierung 1997/ 85.
[382] Vgl. Linde /Virtualisierung 1997/ 85.
[383] Vgl. Garbe /Einfluß 1998/ 116. Gleichwohl ist zu berücksichtigen, in welcher Phase der Koordination die Transaktion vollzogen wird: So fallen zwar in der Anbahnung erheblich höhere Koordinationskosten an, die aber in der Durchführung durch geringere Operationskosten (Suchkosten, Tauschkosten) so weit aufgeholt werden, daß immer noch ein effektivitätssteigernder Effekt entsteht (Gebauer /Virtual 1996/ 100). Vgl. zu Variabilität der Aufgaben auch Sieber /Organizations 1997/ 5; Picot, Reichwald, Wigand /Unternehmung 1996/; Dembski /Future 1998/ 50.
[384] Vgl. Gebauer /Virtual 1996/ 100; Linde /Virtualisierung 1997/ 86; Clemons /Information 1993/ 231.

spielsweise durch Koordinationswiderstände begründet sein oder durch die Nutzung von für alle profitablen Aktivitäten entstehen, wie z.b. gemeinsamer Werbung. Auch die Beendigung der Interaktion verursacht Transaktionskosten, die der effizienten Organisation entgegenstehen. Diese Kosten werden durch die Auflösung der Zusammenarbeit verursacht und betreffen die zukünftige Planung und Allokation der synergetisch genutzten Sach- und Humaninvestitionen einer virtuellen Organisation.[385]

Neben der Erklärung inter-organisatorischer Beziehungen im Sinne virtueller Organisationen soll an dieser Stelle auch auf die Eignung der Transaktionskostentheorie als Instrument zur Effizienzanalyse von Organisationsstrukturen hingewiesen werden. *Picot* sieht die Transaktionskostentheorie in diesem Zusammenhang als Instrument zur Untersuchung von Zentralisierungs- bzw. Dezentralisierungstendenzen und zur Beurteilung der Vorteilhaftigkeit der Modularisierung einer Unternehmung aufgrund geringerer Transaktionskosten.[386] *Reichwald et al.* legen Transaktionskosten u.a. auch unter diesem Aspekt aus und interpretieren sie als Reibungsverluste der Anpassung einer Organisation an veränderte Markt- und Produktionsverhältnisse.[387] Dieser Zusammenhang kann auch weiter gefaßt werden und erklären, wie in Märkten Unternehmensgrößen abnehmen, da die zur Leistungserstellung erforderlichen Ressourcen besser über kleinere, intensiv kooperierende Einheiten koordiniert werden können.[388]

Für die Funktionsfähigkeit einer Organisation auf einer noch detaillierteren Ebene werden Transaktionskostenüberlegungen auch auf die Aufgabenerfüllung in der Organisation angewandt. *Finholt*, *Sproull* und *Kiesler* untersuchen, welche Transaktionskosteneffekte bei der computerunterstützten Gruppenarbeit entstehen.[389] Danach entstehen Transaktionskosten, sowohl wenn Vorgänge der Gruppenkommunikation ineffizient ablaufen als auch wenn gruppendynamische Effekte zu Fehlverwendungen von Informationen führen. Die Zeit, die zur Verteilung von Informationen unter Gruppenteilnehmern erforderlich ist, kann gemessen, bewertet und als Transaktionskosten beziffert werden. Des weiteren kann die Zusammenführung arbeitsteiliger Prozesse zur Entstehung von Koordinationskosten führen, wenn individuelle Arbeitsbeiträge zunächst aufwendig explizit gemacht oder auf ihre Integrationsfähigkeit geprüft werden müssen. Insbesondere begünstigt das Erfordernis der Synchronisation individueller Bei-

---

[385] Vgl. ausführlich Krystek, Redel, Reppegarther /Grundzüge 1997/ 227 und 237 ff.
[386] Vgl. beispielsweise Picot, Reichwald, Wigand /Unternehmung 1996/ 234; Picot, Reichwald /Auflösung 1994/ 557. Da an dieser Stelle Fragen der Grundstruktur virtueller Organisationen im Mittelpunkt stehen, soll dieser Aspekt hier nicht weiterverfolgt werden. Vgl. auch Eccles, Nohria /Beyond 1992/ 121ff. für eine kritische Würdigung der Dezentralisierungsdiskussion.
[387] Vgl. Reichwald u.a. /Telekooperation 1998/ 38f.
[388] Vgl. Gebauer /Virtual 1996/ 101.
[389] Vgl. Finholt, Sproull, Kiesler /Communication 1991/ 292.

träge die Entstehung von Koordinationskosten, da es im Zeitablauf der Aufgabenverrichtung erforderlich ist, objektive Zustände des Arbeitsfortgangs zu ermitteln.[390] Somit entstehen Koordinationskosten auch in der Interaktion einzelner Gruppenmitglieder miteinander und mit der umgebenden Organisation. Bei der Bewertung des Transaktionskostenansatzes ist festzustellen, daß dieser nicht nur allgemeine Begründungszusammenhänge für Netzwerkorganisationen veranschaulicht, sondern auch unter bestimmten Bedingungen erläutert, warum und wie virtuelle Organisationen entstehen können.[391] Diese Bedingungen beschreiben jedoch nicht eine allgemeine Begründung virtueller Organisationen, sondern legen dar, wann eine institutionelle Form gefunden wird, die kostenminimierend und damit vorteilhaft wirkt. Darauf aufbauend kann eine solche vergleichende Sichtweise mit alternativen Organisationsformen in Einzelaspekte wie die Betrachtung der Kontrollmechanismen, Anpassungsfähigkeit oder Anreizintensität zerlegt werden, um so weitere Aussagen ableiten zu können.[392]
Die Relevanz des Transaktionskostenansatzes zur Gestaltung virtueller Organisationen liegt im konkreten Bezug auf Koordinationskostenunterschiede verschiedener Organisationsformen.[393] Wie diese Differenzen entstehen und beeinflußt werden können und welche unterstützenden Technologien zur Realisierung von Koordinationskostenvorteilen eingesetzt werden können, sind somit Leitlinien der Verbindung des Transaktionskostenansatzes mit dem Konzept virtueller Organisation im Sinne der Definition dieser Arbeit, die das Erfordernis leistungsfähiger computergestützter Koordinationstechnologien als konstituierendes Merkmal betont.
Aus diesem Grunde sollte der Zusammenhang zwischen Informations- und Kommunikationssystemen und deren Einfluß auf Transaktionskosten bzw. die Senkung der Spezifität entscheidend bei der Beurteilung des Wertes des Transaktionskostenansatzes für die Entstehung speziell virtueller Organisation sein. Diese Zusammenhänge wurden bereits häufiger in der Literatur hergestellt,[394] dürften aber als noch nicht allgemein anerkannt gelten. Von methodischen Problemen der Operationalisierung des Transaktionskostenansatzes abgese-

---

[390] McGrath legt dazu eine *Zeitbasierte Theorie funktioneller Gruppen* („Time-Based Theory of Functional Groups") vor. Dabei werden die Ebenen der Aufgabenverrichtung, der Mitgliederunterstützung und des Gruppenwohlbefindens den Phasen des der Konstitution und des Arbeitsablaufes gegenübergestellt. Vgl. McGrath /Time 1991/ 23ff. und 29ff. Vgl. auch Powell /Communication 1996/ 52.
[391] Vgl. Sydow /Netzwerke 1993/ 168. Kritisch: Linde /Virtualisierung 1997/ 87.
[392] Vgl. Scholz /Strategische 1997/ 341.
[393] Vgl. Picot /Coase 1992/ 80. Vgl. zum Zusammenhang zwischen Unternehmungsgrenzen, Transaktions- und Koordinationskosten auch Kogut, Zander /Firms 1996/ 504.
[394] Vgl. beispielsweise Appel, Behr /Theory 1996/ 13ff. und Picot, Rippberger, Wolff /Boundaries 1996/, die den Einfluß von Informations- und Kommunikationssystemen auf Koordinationsstrukturen durch die Bestimmung fixer und variabler Kosten sowie der Wirkung auf die Spezifität erklären. Vgl. auch Garbe /Einfluß 1998/ 106ff.; Clemons /Information 1993/ 219.

hen,[395] sind die zu erzielenden Ergebnisse bei einer Betrachtung des Zusammenhanges zwischen Informations- und Kommunikationssystemen und Transaktionskosten in virtuellen Organisationen nicht immer einwandfrei interpretierbar.[396]

„Die Transaktionskostentheorie steht zudem in einem ständigen Spagat zwischen einer Fokussierung auf kommunikative Elemente (Transaktionen) und ihrer Basierung auf einem methodologisch-individualistischen Fundament". [397]

So ist der Transaktionskostenansatz zwar nur eingeschränkt für die Ableitung von detaillierten Handlungsanweisungen verwendbar, aber im Hinblick auf die Erklärung von Phänomenen interorganisationaler Beziehungen sehr nützlich.[398] Keinesfalls kann der Transaktionskostenansatz widerspruchsfrei die Evolution virtueller Organisationen *allein* begründen. Dennoch gibt er wertvolle Hinweise für die Struktur und die Gestaltung von Koordinationsmustern in virtuellen Organisationen im Sinne dieser Arbeit. Sydow empfiehlt in der Beurteilung des Transaktionskostenansatzes für die Erklärung strategischer Netzwerke u.a., diesen nur als einen Ansatz unter verschiedenen anderen einer multi-paradigmatischen Perspektive zu sehen.[399]

In der Einschätzung der Bedeutung des Ansatzes für die Organisationsforschung wird insbesondere die Eignung zur Kombination mit anderen organisationstheoretischen Ansätzen herausgestellt.[400] Somit kann der Wirkungsgrad ihrer Aussagen für die individuelle, organisatorische und inter-organisatorische Ebene der organisationstheoretischen Analyse noch verstärkt werden.

Ein Beispiel, wie der Transaktionskostenansatz im Zusammenhang mit anderen Theorieelementen verwendet werden kann, zeigt *Gebauer*. Dazu werden die theoretischen Ansätze *Wettbewerbsstrategie nach Porter, Transaktionskostenansatz* und *Property-Rights-Theorie* zur Erklärung virtueller Organisationen verbunden.[401] Die Kombination verdeutlicht nicht nur Grenzen der Aussagefähigkeit einzelner Theorieelemente, sondern auch Perspektiven, wie sich diese gegenseitig ergänzen können: So geben strategische Entscheidungen zur Schaffung von Wettbewerbsvorteilen einen Rahmen vor, in dem Transaktionskosten-Überlegungen zu einer effizienten Koordinationsstruktur führen, die je nach Organisationsform variabel sein kann.

---

[395] Vgl. beispielsweise Scholz /Strategische 1997/ 177; Schräder /Management 1996/ 52.
[396] Vgl. Garbe /Einfluß 1998/ 117.
[397] Vries /Unternehmen 1998/ 55.
[398] Vgl. Scholz /Strategische 1997/ 177.
[399] Vgl. Sydow /Netzwerke 1993/ 168. Ähnlich: Balling /Kooperation 1998/ 63.
[400] Vgl. beispielsweise Ebers, Gotsch /Theorien 1995/ 226.
[401] Vgl. Gebauer /Virtual 1996/; Wassenaar /Understanding 1999/ 9.

Ob diese Koordinationsstruktur operabel sein kann, geeignete Anreizstrukturen geschaffen werden können und wie effizient die aus ihr hervorgehenden Entscheidungen sind, kann die Property-Rights-Theorie zumindest in Ansätzen erklären.[402]
Eine weitere Interpretation des Transaktionskostenansatzes und Kombination mit anderen Ansätzen zeigen *Bakos* und *Brynjolfsson*. Anknüpfend an *Malones* Ansätze einer Koordinationstheorie führen die Autoren eine empirische Untersuchung der Koordinationskosten einer Netzwerkorganisation durch und verwenden anschließend die Theorie unvollständiger Verträge zur Ermittlung einer optimalen Anzahl von Partnerbeziehungen.[403]
Die zugrundeliegende Sichtweise von Koordinationskosten baut auf *Williamsons* Arbeiten zu Transaktionskosten auf, faßt diese jedoch in bezug auf die Institution von Beziehungen zwischen Unternehmen weiter. Koordinationskosten vereinigen in der Argumentation der Autoren die Suchkosten, die Kosten zum Aufbau einer Beziehung und die in der Durchführung der Interaktionen entstehenden Transaktionskosten.[404] *Bakos* und *Brynjolfsson* stellen darauf aufbauend einen Zusammenhang mit dem zu erwartenden Nutzen, der aus der Verwendung einer größeren Anzahl von Partnern entsteht, her.[405] Ihre Untersuchungen zeigen, daß geringere Koordinationskosten zu einer größeren Anzahl von Beziehungen zu Partnern führen. Diese Beobachtung wird mit dem günstigeren Verlauf der Grenzkoordinationskosten begründet, die mit zusätzlich hinzukommenden Partnern fallen. Die Autoren beziehen sich dabei bewußt auf durch Informationstechnologien gesunkene Koordinationskostenverläufe, die organisationelle Partnerschaften im Sinne virtueller Organisationen ermöglichen.[406]

---

[402] Vgl. Gebauer /Virtual 1996/ 94.
[403] Vgl. Bakos, Brynjolfsson /Partnerships 1997/; Malone, Crowston /Coordination 1991/; Malone, Crowston /Coordination 1993/; Malone, Crowston /Interdisciplinary 1994/; Malhotra /Critique 1997/.
[404] Vgl. Bakos, Brynjolfsson /Partnerships 1997/ 3; Malone, Rockart /Information 1993/ 44ff.
[405] Vgl. Bakos, Brynjolfsson /Vendors 1993/; Brynjolfsson et al. /Information 1991/. Vgl.
[406] Eine weitere empirische Validierung findet sich in Shin /Costs 1997/. Diese Untersuchung analysiert IT-Investitionen und Koordinationskosten der internen Wertschöpfung von 549 amerikanischen Unternehmen im Zeitraum 1988-1992. Als Ergebnis wird eine gegenläufige Entwicklung der beiden Größen konstatiert, die die Hypothese stützt, daß höhere IT-Investitionen koordinationskostenmindernd wirken. Eine weitere Begründung findet sich im Zusammenhang zwischen Kommunikation und Koordinationskosten, vgl. Alstyne /Network 1997/ 95ff.

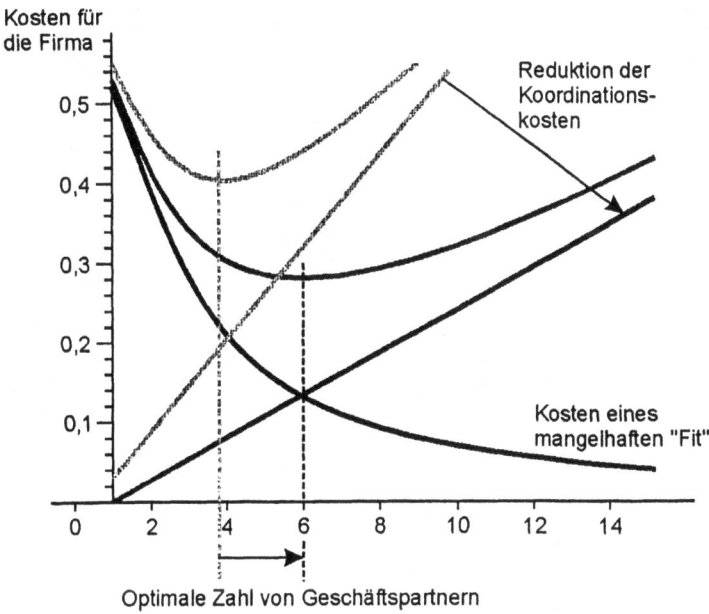

Abb. 4: Koordinationskostenverläufe zur Begründung geringerer Partnerzahlen
(Bakos, Brynjolfsson /Partnerships 1997/ 3)

Diesem allgemeinen Ergebnis stellen die Autoren die empirisch erhobene Beobachtung gegenüber, daß in ausgewählten Branchen nicht eine Steigerung, sondern eine Minderung der Anzahl der Partner festzustellen ist.[407] Dieser Befund widerspricht zunächst der durch den niedrigeren Grenzkoordinationskostenverlauf günstigeren Möglichkeit, mit einer größeren Partneranzahl zusammenzuarbeiten. Aus Feldstudien leiten *Bakos* und *Brynjolfsson* ab, daß die Neigung von Unternehmen, eine geringere Anzahl von Partnerbeziehungen aufrecht zu erhalten, nicht durch Vorteile von skalenökonomischen Effekten, Koordinationskosten oder Faktorspezifitäten zu begründen sind.[408] Vielmehr entsteht der Nutzen offensichtlich aus dem Charakter kleinerer, integrierterer Netzwerke, die aufgrund von nicht vertraglich abgesicherten Eigenschaften effizienter produzieren. So entstehen Vorteile bei der Durchsetzung von Innovationen und Qualitätsmaßstäben, des Informationsaustausches, der Adaption neuer Technologien, der Bildung von Vertrauen und der Erhöhung der Flexibi-

---

[407] Vgl. Bakos, Brynjolfsson /Partnerships 1997/ 4ff.
[408] Vgl. Bakos, Brynjolfsson /Partnerships 1997/ 7.

lität und Verkürzung der Reaktionszeiten einer Organisation.[409] *Bakos* und *Brynjolfsson* begründen darauf aufbauend diese Eigenschaften von Beziehungen mit der Wirkung von Anreizen in Kooperationssituationen mit unvollständigen Verträgen.[410] Da es sich bei den genannten Merkmalen um nicht vertraglich abzusichernde Faktoren wie z.b. Vertrauen handelt, schlußfolgern die Autoren, daß ex ante Anreize bestehen müssen, die die ex post realisierbaren Vorteile erstrebenswert erscheinen lassen. Diese Anreize lassen sich jedoch lediglich durch eine geringe Anzahl der am Netzwerk beteiligten Partner verwirklichen, so daß die optimale Zahl von Netzwerkpartnern trotz der vermeintlich günstigen Koordinationskostensituation sinkt.[411]

Bakos und *Brynjolfsson* erklären mit dem daraus entwickelten Modell nicht nur, warum virtuelle Organisation aus Kostengesichtspunkten sinnvoll sind, sondern zeigen darüber hinaus, welche Faktoren das Zusammenwirken eines solchen Netzwerks beeinflussen und wie diese mit Hilfe unvollständiger Verträge erklärt werden können.[412]

3.3 Ausgewählte inter-organisationstheoretische und ökonomische Ansätze der Erklärung virtueller Organisationen

Ziel der folgenden Auflistung ist es, einen Überblick über diejenigen zur Verfügung stehenden Konzepte zu geben, die zur Anwendung auf virtuelle Organisationen besonders gut geeignet sind. Diese Auswahl kann per se nicht abschließend und objektiv sein. Dieser Anspruch ist mit dem Ziel der Arbeit auch nicht vereinbar. Sollen virtuelle Organisationsstrukturen jedoch grundlegend verstanden werden, ist eine derartige multi-perspektivische, organisationstheoretisch-fundierte Betrachtung unerläßlich. Das Konzept virtueller Organisation ist noch nicht abschließend widerspruchsfrei und befriedigend theoretisch fundiert, so daß die Wirtschaftsinformatik keine exakten, konsistenten Leitlinien für die Entwicklung von unterstützenden Informationssystemen vorfindet. Im übrigen ist zweifelhaft, ob dieses Ergebnis in absehbarer Zeit zu erwarten ist, jedoch muß diese Situation damit nicht zwingend als ein Hindernis für die Wirtschaftsinformatik gelten. Im Gegenteil mag das Fehlen verbindlicher Gestaltungsvorschriften die Integration von organsationstheoretischen Ansätzen

---

[409] Vgl. Bakos, Brynjolfsson /Partnerships 1997/ 7.
[410] Vgl. Bakos, Brynjolfsson /Vendors 1993/.
[411] Vgl. Bakos, Brynjolfsson /Partnerships 1997/ 7ff.
[412] Die so begründeten Vorteile von Netzwerkorganisationen dürften langfristig auch gravierende institutionelle Auswirkungen auf Unternehmensgrößen und -formen haben. Ob die unter dem Schlagwort „move to the middle" (zwischen Markt und Hierarchie) zu beobachtende Tendenz zu Netzwerkorganisationen tatsächlich zu kleineren Unternehmen führen wird, kann in dieser Arbeit nicht erörtert werden. Vgl. dazu Brynjolfsson et al. /Information 1991/; Barron /Impacts 1993/; Picot, Reichwald /Auflösung 1994/; Huberman, Loch /Collaboration 1996/; Laubacher, Malone /Scenarios 1997/.

und Informations- und Kommunikationstechniken begünstigen: „Es wird dann um softwaregestützte Organisationsmodelle, Organisationsgestaltung und entwicklung bzw. um Softwareentwicklungen gehen, die sich an organisatorischen Strukturen, Abläufen, Arbeits- und Organisationssituationen orientieren."[413] Insofern sind die folgenden organsationstheoretischen Ansätze nicht nur als Hilfsmittel zum besseren Verständnis der Organisationsform virtueller Organisationen zu sehen, sondern auch als ausgewählte Anknüpfungspunkte für Informations- und Kommunikationssysteme.

3.3.1 Zur Bedeutung grundlegender Ansätze der Netzwerkorganisation

Die Untersuchung inter-organisatorischer Kooperationen hat in der internationalen Betriebswirtschaftslehre der letzten Dekade eine maßgebliche Rolle gespielt. Dabei sind eine Vielzahl von theoretischen Ansätzen zur Erklärung nicht nur verwendet, sondern auch entwickelt und für das Erkenntnisobjekt Netzwerkorganisation angepaßt worden.[414]
Die Vielfalt der unterschiedlichen Konzepte, Theorien und Methodiken der in der Literatur verwendeten Ansätze ist dabei so groß, daß von einem „terminologischen Dschungel"[415] gesprochen werden kann. Viele dieser Ansätze bieten auch Ansatzpunkte zur Erklärung des Konzeptes virtueller Organisationen, da letztere im Sinne der Definition dieser Arbeit als spezielle Ausprägungsform einer Netzwerkorganisation gesehen werden.

---

[413] Rolf /Grundlagen 1998/ 9; Rolf /Wirtschaftsinformatik 1998/ 259ff. *Rolf* fordert eine stärkere Einbindung organisationstheoretischer Erkenntnisse und Modelle in die Wirtschaftsinformatik. *Heinzl* und *König* erwidern darauf (vgl. Heinzl, König /Artikel 1999/ 51), daß diese Forderungen bereits länger bekannt seien und inhaltlich zu pauschal ausfiele. Mögen diese Einwendungen auf die Art und Form von Rolfs Argumentation sicherlich zutreffen, so ist aus Sicht des Verfassers diese These von Rolf als Appell zu einer systematischeren und intensiveren Auseinandersetzung mit organsationstheoretischen Ansätzen zu verstehen. Die in der amerikanischen Literatur bereits etablierte Richtung des *Organizational Computing* entspricht offenbar Rolfs Vorstellungen in diesem Zusammenhang.

[414] Vgl. Oliver, Ebers /Network 1998/ 549f.; Sydow /Netzwerke 1993/ 196; Larsen /Organization 1999/ 19.

[415] Nohria /Network 1992/ 3.

3.3.2 Der Ressourcen-basierte Ansatz zur Erklärung der Kooperationsfähigkeit

Der in der amerikanischen Literatur der Organisationslehre maßgebliche Ansatz ist der Ressourcen-basierte Ansatz.[416] Die auf der sozialen Austauschtheorie basierende Theorieentwicklung untersucht im allgemeinen Strategien, mit deren Hilfe Organisationen ihre Umweltbeziehungen zum Vorteil ihrer Stellung im inter-organisatorischen Umfeld reduzieren können. Im speziellen untersucht der Ansatz die einer Organisation zur Verfügung stehenden Ressourcen im Hinblick auf die Unterstützung der zugrundeliegenden strategischen Ziele. Ressourcen gelten dabei als Quellen von Wettbewerbsvorteilen und als Faktoren und Fähigkeiten einer Organisation, die zur gemeinschaftlichen Wertschöpfung verwendet werden können.[417] In der Sichtweise des Ressourcen-basierten Ansatzes werden die mögliche Kooperationsfähigkeit und die faktische Kooperation mit anderen Marktteilnehmern als Ressourcen gesehen, die einem Unternehmen Wettbewerbsvorteile verschaffen können.[418] Zur Nutzung externer Ressourcen bieten sich sodann die durch Vertragsbeziehungen stabilisierte Umfeldgestaltung sowie die Bildung von Kooptationen und Koalitionen an.[419] Ausgangspunkt ist dabei die Untersuchung der Ressourcen, die in ihren jeweiligen Eigenschaften die Natur der Zusammenarbeit begründet. So entscheiden beispielsweise Lebensdauer, Transparenz, domänenunabhängige Verwendbarkeit oder Replizierbarkeit einer Ressource darüber, wie diese von zweien oder mehreren Partnern genutzt werden kann.[420]
Diese Sichtweise ist geeignet, um in virtuellen Organisationen komplementäre Leistungsverflechtungen zum Vorteil aller Beteiligten zu erklären und die Bedingungen zu spezifizieren, die zu einer stabilen Zusammenarbeit zu erfüllen sind. In der neueren Literatur wird der Ressourcen-basierte Ansatz häufiger mit anderen organisationstheoretischen Konzepten zusammengefügt, um neue An-

---

[416] *Oliver* und *Ebers* haben 1998 diejenigen 158 Aufsatzveröffentlichungen in den Zeitschriften *Organization Studies, Academy of Management Journal, Administrative Science Quarterly* und *American Sociological Review* untersucht, die sich zwischen 1980 und 1996 mit der theoretischen Fundierungen der Netzwerkorganisation auseinandersetzten. Der Ressourcen-basierten Ansatzes wurde mit 27,8% am häufigsten verwendet, wobei der methodische Schwerpunkt auf einer empirisch-quantitativen Untersuchung multipler organisationsweiter Beziehungen lag. Vgl. Oliver, Ebers /Network 1998/.
[417] Vgl. Sydow /Netzwerke 1993/ 196ff.; Schräder /Management 1996/ 53; Stahl /Vertrauensorganisation 1996/ 29; Kronen /Unternehmungskooperationen 1994/ 87.
[418] Vgl. Schräder /Management 1996/ 54.
[419] Vgl. Sydow /Netzwerke 1993/ 198.
[420] Vgl. Schräder /Management 1996/ 53.

wendungsfelder zu ermöglichen und eine höhere Aussagekraft zu realisieren.[421] In der Anwendung auf virtuelle Organisation ist insbesondere die Bedeutung des Aufbaus einer gemeinsamen Ressourcenbasis von Interesse, die zur Bewältigung der gestellten Aufgaben erforderlich ist. Aus Sicht des ressourcenbasierten Ansatzes können somit die Vorteile eines solchen Ressourcengeflechts für die einzelnen Partner beschrieben werden, die daraus entstehen, daß die operationale Nutzung einer Ressource nicht zwingend den rechtlichen Besitz voraussetzt.[422]

Andere Erweiterungen dieses Ansatzes beziehen sich z.b. speziell auf informationssystembasierte Kooperation als Ressource[423] und deren Beitrag zur Unterstützung einer Strategie einer virtuellen Organisation.[424] Informationssysteme werden in diesem Zusammenhang als eine Variable eines Interorganisationssystems gesehen, die als Fähigkeit und Erfolgsfaktor einer virtuellen Organisation Ressourcencharakter besitzt.[425]

Linde konkretisiert den Gedanken von Informationsressourcen auf eine Betrachtung der Technologien zur Erklärung virtueller Organisationen. Er beschreibt einen Informationstechnologischen Ansatz, in dem die innovative technologische Verwendung von Informationen eine raum-zeitliche Festlegung von Materie (Ressourcen) überflüssig macht.[426] Diese Entkopplung informationeller von physischen Güterflüssen ist somit geeignet, räumliche und zeitliche Bindungen zu überwinden und neue Organisationsformen zu erlauben. In der Konsequenz führen diese technologischen Möglichkeiten zu einer Entmaterialisierung des Unternehmensgeschehens. Einflußfaktoren auf diese Entwicklung sind dabei im wesentlichen die Informationsintensität der Wertschöpfung sowie der Grad der Nutzung und die Leistungsfähigkeit der eingesetzten Informationssysteme.[427]

---

[421] Sydow nennt als Beispiele organisationsökologische Ansätze, institutionelle Konzepte oder transaktionskostentheoretische Überlegungen (Sydow /Netzwerke 1993/ 199). Balling weist auf Weiterentwicklungen zum interaktionsorientierten Netzwerkansatz hin (Balling /Kooperation 1998/ 70f.)
[422] Vgl. Kronen /Unternehmungskooperationen 1994/ 98f.
[423] Vgl. Kronen /Unternehmungskooperationen 1994/ 92f.
[424] Vgl. Choi /Classification 1997/.
[425] Diese Ansätze sind in der Regel präskriptiveren Charakters und für das Verständnis grundlegender Zusammenhänge der Funktionsweise einer virtuellen Organisation eher von nachrangiger Bedeutung. Wassenaar /Understanding 1999/ 7 und 11ff. Aus diesem Grund soll ihnen an dieser Stelle nicht weiter nachgegangen werden.
[426] Vgl. Linde /Virtualisierung 1997/ 79f.
[427] Vgl. Linde /Virtualisierung 1997/ 80.

3.3.3 Agency-Modelle zur Erklärung der Beziehungen zwischen Kooperationspartnern

Ein weiterer Bereich der theoretischen Fundierung betrifft ebenfalls die Gestaltung der vertraglich abgesicherten Koordination von Entscheidungen zwischen Vertragsparteien. Diese Untersuchungen sind Gegenstand der Principal-Agency-Modelle, die sich in den letzten Jahren als selbständiger Theoriezweig der Neuen Institutionenökonomik etablieren konnten.[428] Die Fragestellung betrifft das Verhältnis des Principals als Auftraggeber und Kontrolleur zu einem Agenten, der durch einen Vertrag an die Interessen des Principals gebunden ist.[429] In den Modellen, deren genaue Forschungsrichtungen variieren, stehen drei Aspekte im Mittelpunkt des Interesses. Zum einen ist dies die Frage der Interessenorientierung und der Nutzenmaximierung innerhalb der Principal-Agent-Beziehung. Zum zweiten ist die Verteilung des Risikos bei der Durchführung des Auftrags sowie die zugehörigen Risikoprofile der Beteiligten ein besonders relevanter Aspekt. Drittens bestimmt die Frage der Informationsverteilung, die in der Regel als Asymmetriesituation zwischen beiden Beteiligten charakterisiert wird, deren Verhalten und die Auswirkungen auf das Modell.[430] Diese Informationsungleichverteilungen, die daraus entstehen, daß der Agent besser informiert ist als der Principal, führen dabei zu den sogenannten Agency-Kosten, die aus den Signalisierungskosten des Agenten, den Kontrollkosten des Principals und dem entgangenen Wohlfahrtsverlust bestehen.[431]

Die Aussage der Principal-Agent-Theorie in bezug auf virtuelle Organisationen kann dabei zunächst auf die eigentliche Gestaltungsvariable der Theorie, den Vertrag, bezogen werden. Verträge sind bei der Konstitution virtueller Organisationen wichtig und beeinflussen die weitere Funktionsfähigkeit erheblich. Sie sind Grundlage nicht nur der gemeinsamen Leistungserstellung, sondern auch für sekundäre Effekte, wie der Bildung von Vertrauen, das im Laufe einer erfolgreichen Zusammenarbeit den Zwang zur vertraglichen Kodifizierung von Beziehungen zwischen Netzwerkelementen zu relativieren vermag.[432]

Des weiteren kann die Principal-Agent-Theorie auch auf die Analyse der Steuerung des Verhaltens über Anreizsysteme zwischen Organisationen verwendet werden.[433] Diese Anwendungen der Principal-Agent-Theorie auf solche Vertragsbeziehungen zwischen Organisationen sind in der Literatur zwar selten,

---

[428] Vgl. Balling /Kooperation 1998/ 63. Vgl. grundlegend Ebers, Gotsch /Theorien 1995/ 194ff.
[429] Vgl. Scholz /Strategische 1997/ 179.
[430] Vgl. Scholz /Strategische 1997/ 180.
[431] Vgl. beispielhaft Picot, Dietl, Franck /Organisation 1997/ 83; Picot, Reichwald, Wigand /Unternehmung 1996/ 48. Vgl. zur Informationssituation in der Principal-Agent-Theorie ausführlich Schneeweiss /Hierarchies 1999/ 118ff.
[432] Vgl. Reichwald u.a. /Telekooperation 1998/ 54.
[433] Vgl. Scholz /Strategische 1997/ 180.

jedoch im Beispiel strategischer Netzwerke vorhanden.[434] Insbesondere das bereits aus der Transaktionskostentheorie bekannte Problem der Funktionsinternalisierung bzw. -externalisierung ließe sich mit Hilfe dieser Theorie so modellieren, daß der Kompromiß zwischen Risikoübernahme und Anreizgestaltung in und zwischen Partnern einer virtuellen Organisation, im Sinne einer zwischenbetrieblichen Kooperation, dargestellt werden kann.[435] Gleichwohl ist festzustellen, daß eine derartige Anwendung aufgrund möglicher Prämissenverletzungen eventuell nicht frei von Widersprüchen wäre.[436]
Auch für die Innenbeziehungen von virtuellen Organisationen leistet die Theorie einen Erklärungs- und Gestaltungsbeitrag. So kann das kurzfristige, projekthafte Zusammenwirken von Auftraggebern und Auftragnehmern erklärt werden.[437] Da der Principal bzw. Broker häufig nicht über die Kenntnisse und Fähigkeiten verfügt, die zur Erbringung einer Leistung erforderlich sind, ist er auf die Erfüllung durch den Agenten angewiesen. Hinzu kommt die Problematik der räumlich und zeitlichen Barrieren, die nicht nur die Verschärfung von Informationsasymmetrien begünstigt, sondern auch die Gefahr der opportunistischen Ausnutzung dieser Situation durch den Agenten vergrößert (*moral hazard*).[438]
Ein besonderes Merkmal virtueller Organisationen ist, die Funktionsfähigkeit dieser Beziehung durch eine möglichst explizite Gestaltung der Leistung auf seiten des Agenten zu gewährleisten, also dem Principal mit Hilfe leistungsfähiger Informations- und Kommunikationssysteme einen Einblick in die Leistungsverrichtung durch den Agenten zu geben.[439] So können Monitoring-Aktivitäten des Principals, wie etwa die Überwachung des Projektfortschritts, durch einen geringeren Aufwand realisiert werden und beispielsweise eine institutionelle Integration erläßlich machen. Die Property-Rights-Theorie verdeutlicht somit nicht nur Ansatzpunkte, wie diese Zusammenhänge in virtuellen Organisationen erklärt werden können, sondern auch in bezug auf die entstehenden Agencykosten gestaltet werden können.

3.3.4 Spieltheoretische Ansätze zur Erklärung von Kooperationssituationen

Eine weitere Erklärung der Kooperation von Unternehmen ist anhand spieltheoretischer Ansätze möglich. Sie begründen die Entstehung von Kooperationen und deren möglicher Dauerhaftigkeit. In der Anwendung auf Kooperationsphä-

---

[434] Vgl. Sydow /Netzwerke 1993/ 172; Gurbaxani, Whang /Impact 1991/ 61.
[435] Vgl. Sydow /Netzwerke 1993/ 172f. Picot, Dietl, Franck /Organisation 1997/ 91; Hauser /Institutionen 1991/ 111ff.
[436] Vgl. Scholz /Strategische 1997/ 180.
[437] Vgl. Picot, Dietl, Franck /Organisation 1997/ 91.
[438] Vgl. Picot, Reichwald, Wigand /Unternehmung 1996/ 49f.
[439] Vgl. Ebers, Gotsch /Theorien 1995/ 201.

nomene kann zwischen selbsterhaltenden und überwachungsbedürftigen Institutionen unterschieden werden.[440] Während erstere selbständig Regelungen findet, die ihr Zusammenwirken mit Dritten zum Vorteil aller ermöglichen, sind im Falle der letzteren von einander abweichende opportunistische Interessen Begründung für das Erfordernis eines Überwachungsmechanismus. Beide Modi bringen, wenn auch in unterschiedlicher Form, Normen hervor, die von den Beteiligten beachtet werden müssen, um deren Nutzen zu mehren und durch gruppenkonformes Verhalten einen Fortbestand der Kooperation zu ermöglichen. Ergebnisse der spieltheoretischen Untersuchung von Unternehmenskooperationen zeigen nicht nur die Überlegenheit kooperativer Strategien zur Wohlfahrtsmehrung der Beteiligten, sondern veranschaulichen, daß Vertrauen zwar in Kooperationen entstehen kann, dauerhaft aber nur durch schlüssiges Handeln bestehen bleibt.[441]

Der konkrete Beitrag der Spieltheorie zur Erklärung virtueller Organisationen ist darin zu sehen, daß sie aufzeigt, wie Normen und Regeln der Zusammenarbeit wechselseitig entstehen und analysiert werden können. Grundannahme in diesem Zusammenhang ist, daß das System der virtuellen Organisation dauerhaft Anreize zu opportunistischem Verhalten aus seiner Umwelt bezieht und somit Leitlinien für den Verbleib oder das Verlassen eines Verbundes eine wichtige Rolle spielen.

Die Spieltheorie erlaubt dabei nicht nur eine Untersuchung, welche alternativen Handlungen zwischen zusammenarbeitenden Partnern eine Auswirkung auf den zu erwartenden Nutzen haben, sondern zeigt des weiteren, welche Verhaltensmuster zur dauerhaften Selbsterhaltung der Beziehungen führen.[442] Dabei kann der Aussagewert auch bewußt weiter gefaßt werden und die Entstehung und Erhaltung von Vertrauen in Kooperationen erklären.[443]

Somit können mit Hilfe spieltheoretischer Ansätze Kooperationssituationen virtueller Organisationen simuliert werden, die Handlungsempfehlungen für die einzelnen Elemente des Verbundes sein können, um den Gesamtnutzen der Kooperation zu fördern und aufrecht zu erhalten. *Axelrod* belegt in diesem Zusammenhang am Beispiel der Untersuchung des Gefangenendilemmas, daß Kooperationen auch unter unsicheren Bedingungen und Opportunismus entstehen können.[444] Damit vermögen spieltheoretische Ansätze auch Aussagen zum Nutzen einer Kooperation hervorzubringen und nicht nur, wie im Fall der Transaktionskostenansätze, die Kostensituation zu untersuchen.[445]

---

[440] Vgl. Picot, Reichwald, Wigand /Unternehmung 1996/ 35.
[441] Vgl. Vgl. Kronen /Unternehmungskooperationen 1994/ 126ff.
[442] Vgl. Ledyard /Coordination 1991/ 58.
[443] Vgl. Sydow /Netzwerke 1993/ 169.
[444] Vgl. Axelrod /Evolution 1991/ zitiert in Balling /Kooperation 1998/ 189.
[445] Vgl. Balling /Kooperation 1998/ 64; Scholz /Strategische 1997/ 340; Sydow /Netzwerke 1993/ 169.

Ein weiterer Aspekt des Nutzens spieltheoretischer Ansätze zur Begründung virtueller Organisationen ist die Erklärung der Entstehung von Standards in Kooperationen.[446] Diese wirken als überwachende Vereinbarungen und geben ein Regelwerk vor, das opportunistisches Verhalten Einzelner nicht lohnenswert erscheinen läßt.
Trotz dieser Nutzenaspekte spieltheoretischer Überlegungen ist deren Reichweite zur Erklärung von Phänomenen virtueller Organisation begrenzt, da Kooperationssituationen nur sehr abstrakt und zuweilen auch einseitig behandelt werden. Somit mögen spieltheoretische Ansätze daher weniger bei einer ex post-Analyse der Entstehung einer virtuellen Organisation Verwendung finden, sondern eher bei der planvollen Konzeption einer virtuellen Organisation, in deren Planungsphase bereits frühzeitig bewußte Entwicklungsstrategien für Zusammenarbeit und Vertrauen berücksichtigt werden sollen.[447]
Während in der Literatur in bezug auf die vorstehenden Ansätze weitestgehend Übereinstimmung in deren Relevanz für Unternehmenskooperationen im allgemeinen und der virtuellen Organisation im besonderen, festzustellen ist, führen verschiedene Autoren ein zum Teil breites Spektrum weitergehender Ansätze der theoretischen Fundierung an.
So begründet *Scholz* aus Sicht der Verhaltenstheorie organisationskulturelle Aspekte virtueller Organisationen.[448] So wird die sich aus dem Verhalten der Organisationsmitglieder ergebende Organisationskultur als Wert- und Normensystem beschrieben, das damit Merkmale wie beispielsweise Vertrauenskultur, Kunden-, Technik- und Prozeßorientierung hervorbringen kann.[449]

3.3.5 Zur Anwendung lerntheoretischer Überlegungen auf virtuelle Organisationsstrukturen

Werden virtuelle Organisationen als Systeme der Informationsverarbeitung und -speicherung interpretiert, stellt sich die Frage, wie dieses System erforderliches Wissen erwirbt und verwendet. Dazu ist die Anwendung der Lerntheorie denkbar, die virtuelle Organisation als lernende Systeme charakterisiert.[450] Nach *Scholz* ist dieser Ansatz geeignet aufzuzeigen, wie ein System einer virtuellen Organisation mit Hilfe einer gemeinsamen Informationsbasis und kooperativem Handeln „seine durch Lernprozesse erworbenen Kernkompetenzen synergetisch zu kombinieren vermag".[451] Die unter dem Schlagwort *Lernende Organisation* zusammengefaßten Überlegungen, wie ein Unternehmen durch

---

[446] Vgl. Picot, Reichwald, Wigand /Unternehmung 1996/ 35.
[447] Vgl. Scholz /Strategische 1997/ 341.
[448] Vgl. Scholz /Strategische 1997/ 335.
[449] Vgl. Scholz /Strategische 1997/ 335ff.; Grabowski, Roberts /Risk 1998/ 11ff.
[450] Vgl. Scholz /Strategische 1997/ 344.; Gosain /Design 1998/ 15; Bullinger, Schäfer /Management 1996/ 16ff.; Foreman /Distance 1998/ 20.
[451] Vgl. Scholz /Strategische 1997/ 344; Bertels /Organisation 1996/ 49.

bewußten Wandel Anpassungen an Herausforderungen seiner Umwelt vornehmen kann, gelten dabei auch für virtuelle Organisationen. Sie geben Anhaltspunkte für die Gestaltung gemeinsamer Informations- und Wissensbestände sowie von Mechanismen und Werkzeugen, die zur Analyse und Überwindung von Schwachstellen in Frage kommen.[452]

3.4 Fazit: Beurteilung theoretischer Grundlagen der Erklärung und Gestaltung virtueller Organisationsstrukturen

Die ausgewählten Ansätze zur Erklärung inter-organisatorischer Beziehungen zeigen zahlreiche Ansatzpunkte zur Erläuterung und Gestaltung virtueller Organisationen. Das gemeinsame Leitmotiv dieser Ansätze besteht darin, daß virtuelle Organisationen als engeres Netzwerk nicht nur die Vorteile marktlicher Koordination bieten, sondern gleichzeitig auch deren Nachteile vermeiden.[453]
In der Gesamtheit der vorgestellten Ansätze tritt somit ein Erklärungsrahmen hervor, der das Wesen und die Funktionsweise virtueller Organisation konkretisiert und dem Konzept schärfere Konturen verleiht. Zur Betrachtung ausgewählter funktioneller Aspekte, die noch erfolgen soll, ist dieser Rahmen zwingend erforderlich, denn nur durch ein umfassendes Verständnis der Grundgedanken virtueller Organisationen kann einer Gestaltung eines so wichtigen Merkmals wie der *Kooperation* Rechnung getragen werden. Neben der Erkenntnis, daß sich in der Betriebswirtschafts- und hier insbesondere in der Organisations- und Managementlehre sowie in der Wirtschaftsinformatik einige besonders aussagekräftige Ansätze des Verstehens und Erklärens virtueller Organisationen herausbilden, haben die vorstehende Ausführungen die Problematik einer *integrierten* theoretischen Fundierung virtueller Organisation gezeigt. Kein Ansatz allein kann das Erkenntnisobjekt treffend beschreiben, da er es weder befriedigend abstrakt darstellt, noch in seinen vielfältigen Erscheinungsformen so abgrenzt, daß eindeutige Gesetzmäßigkeiten einer Theorie erkennbar würden, die sich exakt und formal nachvollziehbar auf Grundzusammenhänge virtueller Organisationen zurückführen lassen.
Die eingangs formulierte Frage, ob eine Theorie virtueller Organisationen existiert, muß somit verneint werden.[454] Zwar lassen sich zahlreiche wissenschaftlich begründbare Aussagen zur Erklärung virtueller Organisation vorbringen. Deren Verbindung zu einem geschlossenen, zusammenhängenden System erscheint aufgrund der methodischen Differenzen jedoch nur schwer vorstellbar. Möglicherweise könnte die Weiterentwicklung der theoretischen Fundierung in

---

[452] Vgl. Riekhof /Lernfähigkeit 1997/; Bullinger, Schäfer /Management 1996/ 16ff.; Bertels /Organisation 1996/; Krallmann, Boekhoff /Technologische 1996/; Wojda /Lernende 1996/; Dier, Lautenbacher /Groupware 1994/; Nevis, DiBella, Gould /Organizations 1995/.
[453] Vgl. Wassenaar /Understanding 1999/ 10.
[454] Vgl. Reichwald u.a. /Telekooperation 1998/ 237 und Scholz /Strategische 1997/ 237.

Richtung der Findung von Integrationsrahmen für verschiedene Theorieelemente einen erfolgversprechenden Lösungsweg für diese Problematik darstellen. So ist denkbar, ein Phasenmodell virtueller Organisationen als Referenz heranzuziehen, um so Theorieelemente den jeweiligen Erklärungszusammenhängen der Entstehung, Anbahnung, Abstimmung, Operation und Auflösung virtueller Organisationen zuzuordnen.[455]
Die Problematik des Fehlens *empirischer* Absicherungen zur Begründung von Aussagen zu virtuellen Organisationen vermögen aber auch derartige Integrationsrahmen nicht zu lösen. Insofern wird die theoretische Fundierung auch in nächster Zeit nur partiell sein können.
Dennoch ist die Vielfalt geeigneter Erklärungsansätze hervorzuheben, die den Makel der schwachen Verbindung theoretischer Bezugssysteme zwar nicht kompensieren, wohl aber abzuschwächen vermag.
Nicht zuletzt ist auf den instrumentellen Wert des Konzepts hinzuweisen. *Klein* sieht in der Organisationsform „mehr ein Programm als eine konkrete Lösung".[456] So betont *Faucheux* auch die Möglichkeit, Formen der virtuellen Organisation als Ausprägungen menschlicher Denkschemata zu begreifen:

> *„Virtual Organizing is essentially a reflective tool for critical self-examination of one's own actions. Using it properly helps us humans become more aware of our implicit, tacit values and goals as they manifest themselves in what we do. ... Moreover, it affords an opportunity to reformulate or reconfirm our goals and values in a more deliberate manner."*[457]

In der abschließenden Beurteilung der erfolgten Darstellung von Theorieelementen sind diese als nützlicher Erklärungsrahmen zu bewerten. So läßt sich die Begründung und Institution virtueller Organisation in Grundzügen ebenso konkretisieren wie auch wichtige funktionelle Aspekte. Die Erklärung maßgeblicher Eigenschaften und Funktionen qualifiziert die Theorieelemente als Grundlage für Maßnahmen der *Gestaltung* virtueller Organisationsstrukturen. So müssen die Partner sehr dynamischer virtueller Organisationen die Schnellebigkeit und die größere Zahl von Beteiligten auch angemessen in ihren intraorganisatorischen Strukturen berücksichtigen. Stabile virtuelle Organisationen, die auf eine längerfristige Kooperation unter der Führung eines Unternehmens ausgelegt sind, sind hingegen weniger auf Prinzipien der virtuellen Organisati-

---

[455] Vgl. Faisst /Unterstützung 1998/ 64ff.; Mertens, Griese, Ehrenberg /Unternehmen 1998/ 93ff. Die Autoren legen ein Phasenmodell der Unterstützung virtueller Organisation durch Informations- und Kommunikationssysteme vor, das als Grundlage eines Integrationsrahmen im obigen Sinne vorstellbar ist.
[456] Vgl. Klein /Organisation 1994/ 311. Klein führt diesen Aspekt weiter aus und sieht in dem Begriff *virtuell* eine dialektische Synthese, „in der zugleich eine kleine überschaubare Struktur und erheblich Größe, dezentrale Kompetenz auf der Basis zentral gespeicherter Informationen, lokale und globale Präsenz ermöglicht werden." (Klein /Organisation 1994/ 311).
[457] Faucheux /Organizing 1997/ 55.

on im Inneren des Verbundes angewiesen, da sie eher hierarchische als marktähnliche Züge aufweisen.[458]

---

[458] Vgl. Bultje, Wijkt /Taxonomy 1998/ 17.

4 Instrumentelle Aspekte virtueller Organisationsstrukturen aus Sicht der CSCW-Forschung

Die in den vorherigen Abschnitten dargestellten institutionellen und funktionalen Erklärungen der Kooperation in virtuellen Organisationsstrukturen konzentrierten sich zumeist auf die Entstehung und Wirkung dieser Organisationsform. Die Realisierung des Potentials der Kooperation in virtuellen Organisationen im Sinne einer aktiven Organisationsgestaltung bedarf jedoch noch einer zusätzlichen Sichtweise: Die instrumentelle Perspektive virtueller Organisationsstrukturen betrachtet die erforderlichen Ressourcen und Hilfsmittel, die zur Umsetzung einer virtuellen Organisation erforderlich sind. Damit ergänzt diese Sichtweise die vorstehenden beiden Blickwinkel, indem praktische Werkzeuge und Einsatzkonzepte insbesondere für Informations- und Kommunikationssysteme in den Mittelpunkt der Betrachtung rücken.

Die potentiell einsetzbaren Instrumente zur Gestaltung virtueller Organisationen sind umfangreich und nicht immer spezifisch für diese Organisationsform.[459] Auch im Hinblick auf die Unterstützung der Kooperation ist eine isolierte Orientierung an technischen Werkzeugen nicht zwingend spezifisch für virtuelle Organisationsstrukturen.[460] Erst wenn die diesen Werkzeugen zugrundeliegende Methodik angemessen berücksichtigt wird, ist es möglich, fundierte Aussagen zur Spezifikation von Kooperationssystemen für virtuelle Organisationsstrukturen zu treffen.

Aus diesem Grund wird im folgenden der instrumentelle Aspekte der Kooperation in virtuellen Organisationsstrukturen ausführlich am Beispiel des CSCW-Forschungsgebietes beschrieben.

4.1 Zur Relevanz der CSCW-Forschung für die Gestaltung virtueller Organisationsstrukturen

Um das computerunterstützte Zusammenwirken von Personenmehrheiten zu verstehen, ist es erforderlich, theoretische Ansätze aus verschiedenen Fachgebieten zusammenzuführen. So bedarf es neben informationstechnischen auch organisationstheoretischer, soziologischer und psychologischer Erkenntnisse, um zu nützlichen Gestaltungsvorschlägen der Unterstützung kooperativer Arbeit durch Computersysteme zu gelangen.[461]

---

[459] Vgl. beispielsweise Mertens, Griese, Ehrenberg /Unternehmen 1998/ 67ff.
[460] Vgl. Faisst /Unterstützung 1998/ 54ff.
[461] Vgl. beispielsweise Scrivener, Clark /Introducing 1994/ 20.

Diese Zielsetzung verfolgt das Forschungsgebiet der Computerunterstützten Gruppenarbeit (Computer-Supported Cooperative Work, CSCW).[462] Im Mittelpunkt des Interesses stehen die folgenden drei Problemstellungen:[463]
- die Identifikation, Verteilung und Koordination arbeitsteiliger Vorgänge in und zwischen Personenmehrheiten,
- die Organisation und gemeinsame Nutzung eines kollektiven Informationsraumes und
- die Anpassung der Technologie an eine Organisation und vice versa.

Die interdisziplinäre CSCW-Forschung kann zur Erarbeitung dieser Problemstellungen auf ein reichhaltiges, wenn auch zumeist unzusammenhängendes theoretisches Fundament zurückgreifen.[464] Insbesondere diejenigen Ansätze, die sich mit der Funktion von Gruppen innerhalb von Organisationen auseinandersetzen, können zur Erklärung und Gestaltung virtueller Organisationsstrukturen verwendet werden. Zwei wesentliche Aspekte begründen deren Relevanz.

Zum einen kommt der Gruppenarbeit bei der Rekonfigurierung der Wertschöpfung als Basiskomponente der virtuellen Organisation eine hohe Bedeutung zu. Arbeitsgruppen funktionieren als selbstorganisierende Einheiten, die ihr Zusammenwirken eigenständig planen und an einem vorgegebenen Ziel ausrichten. Bei Veränderungen der Wertschöpfungsplanung kann diese Einheit häufig schnell und flexibel mit anderen Einheiten zu der gewünschten Konfiguration rekombiniert werden. Daß sich dabei auch Zugehörigkeiten einzelner Personen zu mehreren Gruppen im Sinne einer Matrixorganisation ergeben können, steigert die Flexibilität der gefundenen Lösung zusätzlich.[465] Damit werden Ansätze erkennbar, die beschreiben, wie Gruppenarbeit zur Funktionsweise einer gesamten Organisation verwendet werden kann.

Zum anderen bieten CSCW-Ansätze Gestaltungsleitlinien zur Zusammenarbeit innerhalb von Gruppen. Da diese Gruppen in einer virtuellen Organisation, wie eingangs formuliert, mit Hilfe innovativer Informations- und Kommunikationssysteme räumliche und zeitliche Restriktionen zu überwinden haben, stellen

---

[462] Vgl. Hasenkamp, Syring /Grundlagen 1994/ 15ff.; Teufel u.a. /Computerunterstützung 1995/ 14ff.; Krcmar /Computerunterstützung 1992/ 425ff., Burger /Groupware 1997/ 7ff.; Zur Entwicklung des Gebietes vgl. insbesondere Grudin /Work 1994/ 20f.; Bannon /Perspectives 1992/ 148ff.; Crow, Parsowith, Wise /Evolution 1997/ 20ff.; Oravec /Virtual 1996/ 31ff.; Borghoff, Schlichter /Gruppenarbeit 1998/ 108ff.

[463] Vgl. Bannon, Schmidt /CSCW 1991/ 52ff; Robinson /Concepts 1993/ 38ff. Spezifischere Ziele der CSCW-Forschung werden zumeist aus Sicht der jeweiligen Disziplinen konkretisiert. So wird in Ansätzen aus der Informatik häufig die Entwicklung und Bewertung von geeigneten Werkzeugen betont (vgl. Hasenkamp, Syring /Grundlagen 1994/ 16), während sich die sozialwissenschaftliche Perspektive zumeist auf Fragen der Arbeitsorganisation und der menschlichen Arbeitsverrichtung konzentriert (vgl. Holand, Danielsen /Cooperation 1991/ 17ff; Wilson /CSCW 1991/ 4).

[464] Vgl. beispielsweise Wilson /CSCW 1991/ 7.

[465] Vgl. beispielsweise Lassmann /Koordination 1992/ 221.

sich Anforderungen an die Gestaltung dieser Gruppenarbeit, die mit traditionellen Erkenntnissen der Funktionsweise von Gruppen allein nicht realisiert werden können. Fragen der Benutzerrepräsentation, der Navigation in gemeinsamen Informationsräumen oder der Nutzung von Anwendungssystemen bei wechselnden Stati der Gruppendynamik sind nur einige Beispiele, die zeigen, daß das Wissen um die konventionelle, nicht-computergestützte Funktionsweise der Gruppenarbeit nicht ausreicht.[466]
Die jeweiligen europäischen und amerikanischen Perspektiven des Forschungsgebietes zeigen, welche Beiträge zur Gestaltung einer verteilten Organisation zu erwarten sind.[467] Europäische Beiträge zur CSCW-Forschung brachten neben zahlreichen formalen und informatiknahen Vorhaben häufig gesellschaftswissenschaftliche, theoretisch breit fundierte Diskussionsbeiträge in die Forschung ein. Dementsprechend sind europäische Beiträge häufig qualitativer und konzeptioneller Art, welches auch ihre Eignung zur Organisationsgestaltung kennzeichnet.[468] Rahmenkonzepte, die das integrierte Zusammenwirken von Informations- und Kommunikationstechnologien, Gruppen, Individuen und Organisationen umfassen, eignen sich dabei zumeist auch für die funktionelle Gestaltung von virtuellen Organisationsstrukturen.
Demgegenüber sind amerikanische Beiträge zur CSCW-Forschung häufiger praktisch orientiert.[469] Dies liegt zum einen am Vorhandensein einer stark verwertungsorientierten Softwareindustrie, deren Forschungsförderung meist marktfähige Ergebnisse verlangt.[470] Eine Vielzahl amerikanischer Projekte, besonders zu Beginn der CSCW-Forschung Anfang der neunziger Jahre, entsprachen im wesentlichen klassischen Software-Systementwicklungen, die auf eine eng abgegrenzte Problemstellung kooperativer Computerssysteme abzielten. Zum anderen ist in der amerikanischen CSCW-Forschung eine ausgeprägte

---

[466] Vgl. beispielsweise Suchman /Making 1995/ 56ff.; Bannon /Politics 1995/ 66ff.
[467] Vgl. Grudin /Work 1994/ 24ff. Grudin fundiert diese Tendenzen durch eine demographische Untersuchung der Konferenzbeteiligungen wichtiger Veranstaltungen in diesem Bereich (CSCW-, ECSCW-, CHI- und ICIS-Tagungen). Die Sichtung und grobe Klassifizierung der letzten Jahrgänge der folgenden einschlägigen Fachveröffentlichungen bestätigt diese Trends: *Computer-Supported Cooperative Work (CSCW) - The Journal of Collaborative Computing* (Kluwer Academic Publishers, ISSN 0925-9724) sowie *Transactions on Human-Computer-Interaction* (ACM Press, ISSN 1073-0516). Eine umfassendere, evtl. quantitative Untersuchung ist aufgrund der Fülle des verfügbaren Materials sowie der aus Sicht des Verfassers eingeschränkten Aussagefähigkeit einer solchen Analyse nicht durchgeführt worden.
[468] Vgl. Grudin /Work 1994/ 24ff.
[469] Vgl. Grudin /Work 1994/ 23ff.
[470] *Plowman, Rogers* und *Ramage* kritisieren solche Formen der Forschungsfinanzierung für CSCW-Projekte am Beispiel der zurückgehenden Zahl von grundlegenden Feldstudien, die sie in Großbritannien beobachtet haben. Vgl. Plowman, Rogers, Ramage /Workplace 1995/ 312.

Neigung zur Verwendung empirischer Methoden nachweisbar.[471] Diese erfordern Analysemethoden und Versuchsreihen, die an praktischen Einsatzszenarien orientiert sind, so daß sich ein Praxisbezug bereits aus dieser Vorgehensweise begründet. Die europäische und amerikanische Perspektive wirken trotz terminologischer Probleme komplementär und sind zur Entwicklung eines tieferen Verständnisses kooperativer Arbeit in einer verteilten Organisation unverzichtbar.[472] Beide Perspektiven haben Ansätze hervorgebracht, die sich insbesondere zur funktionalen Gestaltung virtueller Organisationsstrukturen anbieten.
Die dafür besonders relevanten CSCW-Ansätze lassen sich grundsätzlich in zwei Bereiche unterteilen. Dies sind zum einen allgemeine und abstrakte Theorien zur Erklärung von Gruppenarbeit und Gruppenfunktionen in Organisationen. Zum anderen sind dies Theorien, die das funktionelle computerunterstützte Zusammenwirken einer Gruppe zu erklären versuchen.
Im folgenden werden diese Ansätze und Theorien zunächst kurz beschrieben. Im Anschluß an diese Darstellung erfolgt eine zusammenfassende Bewertung der Anwendbarkeit auf virtuelle Organisationsstrukturen.

4.2 Allgemeine und abstrakte Ansätze zur Erklärung von Gruppenarbeit und Gruppenfunktionen in Organisationen

Die Analyse und Erklärung des Zusammenwirkens von Personen und Personenmehrheiten ist traditionell Aufgabe der Soziologie sowie der Organisationslehre. Die CSCW-Forschung hat zur Untersuchung der Computerunterstützung der Gruppenarbeit von Beginn an theoretische und methodische Vorarbeiten aus beiden Gebieten übernommen.[473] In diesen steht bereits ein reichhaltiges und sinnvolles Instrumentarium zur Untersuchung der Gruppenarbeit zur Verfügung.

---

[471] Vgl. Grudin /Work 1994/ 23ff.
[472] Ein ähnliches Bild läßt sich für die Forschungssituation im Bereich Virtueller Organisationen feststellen. So bestätigt die Sichtung der diesbezüglichen Beiträge zu internationalen Tagungen der letzten Jahre diese Tendenz: *International Conference on Engineering and Technology Management (IEMC), Hawaii International Conference on System Science (HICCS), Americas Conference on Information Systems (ACIS), International Conference on Information Systems (ICIS), European Conference on Information Systems (ECIS), IEEE International Workshops on Enabling Technologies: Infrastructure for Collaborative (WET-ICE)*. Auch weisen die Schwerpunkte der Beiträge des *Electronic Journal on Organizational Virtualness (Institut für Wirtschaftsinformatik, Universität Bern, ISSN 1422-9331, vormals VoNet - The Newsletter)* seit 1996 auf diesen Zusammenhang hin.
[473] Vgl. beispielsweise Teufel u.a. /Computerunterstützung 1995/ 19f.

Somit konnten zahlreiche Vorgehensweisen und Methoden zur Analyse computerunterstützter Gruppenarbeit adaptiert werden.[474]
In der CSCW-Forschung werden eine Vielzahl organisationstheoretischfundierter Ansätze verwendet, die zur Gestaltung von kooperativen Informations- und Kommunikationssystemen herangezogen wurden. Weite Verbreitung fanden dabei insbesondere Ideen der Kontingenztheorie, die einen Wirkungszusammenhang zwischen Organisationsstruktur und Organisationsumgebung herzustellen versucht.[475] Kontingenztheoretische Forschungen bilden dabei einen für die CSCW praktikablen Rahmen, in dem Fragen der Interdependenzen zwischen und innerhalb von Organisationen mit deren Anpassung an eine unsichere Umwelt in Verbindung gebracht werden.[476]
Zur Entwicklung eines grundlegenden Verständnisses kooperativer Gruppenarbeit in Organisationen wurde in der CSCW-Forschung häufig die Analyse der Koordination von einzelnen Aktivitäten eines Kooperationsprozesses in den Mittelpunkt des Interesses gerückt. Die Zusammenführung individueller Arbeitsbeiträge der beteiligten Personen oder Gruppen wird hier als Hauptproblem formuliert, das in seinen Grundzügen auf einfache Wirkungszusammenhänge reduziert werden soll. Im Ergebnis steht dann ein konzeptioneller Rahmen, der das Wesen und die Struktur der Koordination einer Arbeitsgruppe erfaßt und vereinfacht. Diese geradezu mechanistische Auffassung organisatorischer Koordination sollte dann als Grundlage einer Automatisierung der Abstimmungsvorgänge in und zwischen Gruppen dienen.[477]
Da in virtuellen Organisationsstrukturen die Koordination arbeitsteiliger Prozesse von hoher Bedeutung ist, werden im folgenden repräsentative CSCW-Ansätze dargestellt.

---

[474] Organisationstheoretische Grundlage wurden bereits in den vorigen Abschnitten dargelegt. Auf sozialpsychologische und soziologische Ansätze der Kleingruppenforschung kann aus Platzgründen hier nicht eingegangen werden. Vgl. dazu beispielsweise Becker-Beck, Schneider /Kleingruppenforschung 1990/ 274ff.; Flick u.a. /Sozialforschung 1997/; Mann /Sozialpsychologie 1997/; Patzelt /Grundlagen 1987/; Simonsen, Kensing /Ethnography 1997/ 82ff.; Schäfers /Gruppensoziologie 1980/.
[475] Vgl. beispielsweise Hinssen /Difference 1998/ 14.
[476] Beispielsweise zeigt Miller mit Hilfe empirischer Methoden, daß diejenigen Organisationen die beste Anpassung an unsichere Umweltbedingungen erreichen, die die geringste Zahl von Interdependenzen zwischen internen Strukturen und Prozessen aufweisen. Vgl. Miller /Environmental 1992/ 175.
[477] Holt formuliert in der Entwicklung seines *Coordination Mechanics*-Ansatzes in Holt /Coordination 1988/ 110: „to turn linked computers into coordination engines by turning coordination mechanics into technology...". Vgl. auch Oravec /Virtual 1996/ 33; Syring /Computerunterstützung 1994/ 87.

4.2.1 Strukturierung und Repräsentation der Koordination von Aktivitäten der computerunterstützten Gruppenarbeit

Die Zusammenführung von Arbeitsbeiträgen verschiedener Beteiligter eines Prozesses wird in verteilten Arbeitsgruppen durch vielfältige räumliche, zeitliche und organisatorische Restriktionen so erschwert, daß konventionelle Koordinationsmuster ineffizient werden.

In der betriebswirtschaftlichen Organisationslehre sind zwar zahlreiche Ansätze zur abstrakten Erklärung und Gestaltung der Koordination arbeitsteiliger Prozesse vorhanden, doch ist deren Eignung als Entwurfsgrundlage kooperativer Informations- und Kommunikationssysteme beschränkt.[478] Diese Problemstellung ist seit Beginn der CSCW-Forschung zu einem der zentralen Leitthemen des Fachgebietes geworden.[479] Die Forschungen zielten dabei häufig auf effektive Formen der Repräsentation und Formalisierung der Gruppenprozesse ab, um auf deren Basis geeignete Gruppenunterstützungssysteme entwerfen zu können.[480] Diese Ansätze zeichneten sich dabei nicht nur durch eine Dekomposition des Koordinationsprozesses sowie der Formulierung von funktionalen Beziehungen dieser Komponenten zueinander aus.[481] Vielmehr wurde die Fähigkeit zur Formalisierung von Abstimmungsprozessen zu einem wesentlichen Merkmal dieser Ansätze.

---

[478] Vgl. für einen synoptischen Überblick über allgemeine Koordinationsansätze in Organisationstheorien Rohde/ Komponentensysteme 1999/ 30ff. Für eine grundlegende Darstellung der wissenschaftlichen Diskussion des Koordinationsbegriffes vgl. Hoffmann /Führungsorganisation 1980/ 298ff.

[479] Vgl. beispielhaft Bentley, Dourish /Medium 1995/ 137; Procter u.a. / Coordination 1994/ 122ff, 128f.

[480] Dabei ist es zunächst einmal das Ziel, einfache Wirkungszusammenhänge wie den folgenden erkennbar zu machen: „When coordination becomes harder, owing to greater complexity, a common reaction is to increase the size, scope and power of the agency responsible for coordination (...). This policy leads to more bureaucracy and higher cost, but does not achieve an significant improvements in the effectiveness of coordination." Amadio, Fassina /Studies 1994/ 35.

[481] Vgl. für verschiedene CSCW-Ansätze der theoretischen Fundierung von Koordinationsvorgängen Malone, Crowston /Coordination 1993/ 377; Oravec /Virtual 1996/ 33; Syring /Computerunterstützung 1994/ 86. Schmidt und Bannon fassen den Koordinationsbegriff für CSCW-Systeme weiter und entwickeln in diesem Zusammenhang Interaktionsmechanismen, vgl. Schmidt, Bannon /CSCW 1992/ 7ff.; Symon, Long, Ellis /Coordination 1996/ 2.

Rüdebusch nennt als spezielle Anforderungen an Koordinationsmodelle für verteilte Gruppenarbeitssysteme die Merkmale Variabilität, Universalität und Dynamik der Koordination, die in einer Repräsentationsmethode idealerweise vorhanden sein sollten:[482]

- *Variabilität:* Dieses Merkmal bezeichnet die Flexibilität, mit der Koordinationsmechanismen an verschiedene Situationen angepaßt werden können. Mögliche Ausprägungen dieses Merkmales sind zum einen präskriptive Beschreibungen, die Problemlösungen vor der Laufzeit exakt und unabänderbar vorgeben. Deskriptive Beschreibungen zum anderen geben lediglich einen Rahmen der Koordination verteilter Gruppenarbeit wieder.
- *Universalität:* „Koordination sollte in der gesamten Bandbreite von elementarer bis komplexer Koordination beschreibbar sein."[483] Dabei wird zwischen Mikro- und Makrokoordination unterschieden. Während die Mikrokoordination sich auf den lokalen Objektkontext bezieht, konzentriert sich die Makrokoordination auf den globalen Zusammenhang von Teilaufgaben.
- *Dynamik:* Die im Zeitablauf der Gruppenarbeit schnell wechselhafte Entstehung von Kooperationssituationen erfordert Koordinationskonzepte, die diese hohe Dynamik berücksichtigen. Somit ist erforderlich, sowohl Gruppen- als auch Aufgabenstrukturen modellieren zu können.

Diese Merkmale spiegeln idealtypische Anforderung an ein Modellierungskonzept zur Koordination verteilter Gruppenarbeit wider, aus dem sich unmittelbar ein Implementierungsentwurf ableiten lassen könnte. Damit treffen nicht alle Anforderungen in gleicher Weise auf Koordinationsmodelle zu. Tatsächlich finden in der CSCW-Forschung sehr unterschiedliche Koordinationsmodelle Verwendung. Einer der populärsten Ansätze dieser Kategorie ist die von Malone und Crowston entwickelte Koordinationstheorie, die im folgenden in ihren Grundzügen und neueren Weiterentwicklungen repräsentativ für andere Arbeiten beschrieben werden soll.[484]

Malone und *Crowston* definieren in ihrer *Koordinationstheorie* einen konzeptionellen Rahmen, der Koordinationszusammenhänge unabhängig von spezifischen Fachdisziplinen strukturieren soll.[485] Der Theoriebegriff wird in diesem Zusammenhang weniger streng ausgelegt und bezeichnet in ihren Arbeiten

---

[482] Vgl. Rüdebusch /CSCW 1993/ 59f. Rüdebusch stellt diesen speziellen Anforderungen die folgenden allgemeinen Anforderungen voran, die seiner Entwicklung eines Koordinationskonzeptes für verteilte Teamarbeit zugrunde liegen: Allgemeinheit und Aussagekraft, Realitätsnähe und Systemnähe, Klassenbildung und Wiederverwendbarkeit sowie Dynamik (vgl. Rüdebusch /CSCW 1993/ 40ff.).

[483] Rüdebusch /CSCW 1993/ 59.

[484] Vgl. Malone, Crowston /Coordination 1991/ 3ff.; Malone, Crowston /Coordination 1993/ 375ff.; Malone, Crowston /Interdisciplinary 1994/ 87ff.

[485] Vgl. Malone, Crowston /Coordination 1993/ 376; Müller /Coordination 1997/ 29; Syring /Computerunterstützung 1994/ 87; Borghoff, Schlichter /Gruppenarbeit 1998/ 367.

nicht ein geschlossenes und konsistentes System begründeter Aussagen, sondern lediglich einen Satz abstrakter Prinzipien.[486] Koordinationsvorgänge werden in die Komponenten *Ziele, Aktivitäten, Akteure* und *Abhängigkeiten* zerlegt, um auf diese Weise Teilprozesse in ihren Interaktionen verstehen und modellieren zu können.[487] Von zentraler Bedeutung ist die Handhabung der verschiedenen Abhängigkeitstypen, welche vom Typ Handlungsvoraussetzung, Ressourcenvoraussetzung oder Simultanität sein können.[488] Die Komponenten dieses Modells werden in einem Schichtenmodell zueinander in Beziehung gesetzt, so daß Koordinationsprozesse abgebildet werden können.

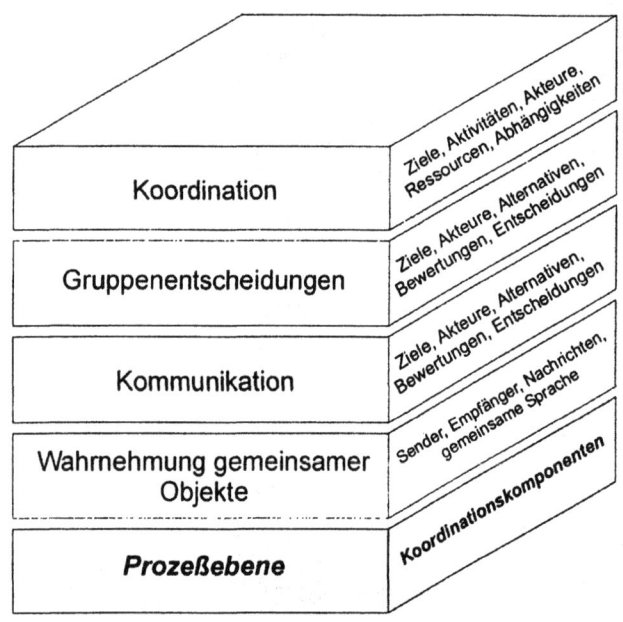

Abb. 5: Schichtenmodell von Koordinationsprozessen nach Malone, Crowston (in Anlehnung an Malone, Crowston /Coordination 1993/ 383; Borghoff, Schlichter /Gruppenarbeit 1998/ 369)

Koordination wird hier als Aktivitätenmodell beschrieben, womit ein konzeptioneller Rahmen zur Strukturierung von Abstimmungsvorgängen in und zwi-

---

[486] Vgl. Schiefloe, Syvertsen /Coordination 1998/ 12.
[487] Vgl. Malone, Crowston /Coordination 1993/ 378.
[488] Vgl. Malone, Crowston /Coordination 1993/ 381; Borghoff, Schlichter /Gruppenarbeit 1998/ 367f.

schen Gruppen einer Organisation verfügbar ist. Das Schichtenmodell und die damit zusammenhängende Klassifizierung von Abhängigkeiten können auch als Referenzmodell zur Gestaltung von Koordinationsmechanismen in einer Organisation verwendet werden.
Die Autoren betonen den generischen Charakter ihres Ansatzes und zeigen die Anwendbarkeit dieses Erklärungsrahmens über dessen Referenzcharakter hinaus. Sie verwenden diesen Ansatz einer *Koordinationstheorie* im Rahmen der MIT-Initiative *Inventing the Organizations of the 21st Century*, welche die Entwicklung von Strukturen und Szenarien neuartiger betrieblicher Organisationsformen zum Ziel hat.[489] Eine Zielsetzung ist es, Prototypen für Softwarewerkzeuge zu entwickeln, die organisatorische Innovationen unterstützen.[490] Im Rahmen des Projektes *Process Handbook* wurde ein Prozeßmodellierungswerkzeug entwickelt, das zur Repräsentation von betrieblichen Prozessen die syntaktische Basis der Koordinationstheorie mit Methoden der objektorientierten Programmierung kombiniert.[491] Dabei werden spezielle Prozesse aus Instanzen generischer Aktivitätenklassen gebildet, die in ihrer Hierarchie Vererbungs- und Wiederverwendungsprinzipien berücksichtigen.
So kann beispielsweise ein generischer Prozeß eines Produktverkaufes in verschiedenen Alternativen spezialisiert werden. Dies könnte beispielsweise der Verkauf im Einzelhandel, im Internet, über einen Katalog- oder Vertretervertrieb sein. Jede dieser alternativen Subaktivitäten wird nun mit Hilfe der Weitergabe von Eigenschaften aus dem generischen Prozeß an die jeweiligen individuellen Unterprozesse konkretisiert (*Vererbung*).
Auf diese Weise entstehen Prozeßmodelle, die sich in ihrer Spezialisierung von konventionellen Modellierungswerkzeugen dahingehend unterscheiden, daß sie selbständig vielfältige variable Kombinationen von Koordinationsmechanismen und Aktivitäten hervorbringen können. Diese Fähigkeit entspricht der Zielsetzung des Werkzeuges, nicht nur Modellierungsfunktionen, sondern vielmehr auch Möglichkeiten der Generierung von Alternativen zu bestehenden Prozessen zur Verfügung zu stellen. Das Werkzeug erlaubt die Rekombination der am Koordinationsprozeß beteiligten Komponenten zu vollständig neuen Alternativen und damit auch zu neuartigen Organisationsformen.

---

[489] Vgl. einführend Laubacher, Malone /Scenarios 1997/ 1ff.
[490] Vgl. Malone u.a. /Tools 1999/ 425ff.
[491] Vgl. Malone u.a. /Tools 1999/ 432ff.; Kruschwitz, Roth /Inventing 1999/ 6.

Mit diesem Hilfsmittel kann es nach Auffassung der Autoren möglich werden, neuartige Organisationskonfigurationen bereits frühzeitig zu entwickeln, um so Organisationsformen zu finden, die sich schneller und effektiver an Marktentwicklungen anpassen und damit auch selbständiger weiterentwickeln.[492] Zusätzlichen Wert erfährt diese Methodik durch die Berücksichtigung zahlreicher Prozeßmodelle im Sinne einer Referenz, worin sich der *Handbuchcharakter* des Projektes widerspiegelt.

Idealerweise kann eine Prozeßrepräsentation, die neu zu konzipieren oder zu verändern ist, nun in verschiedenen Detaillierungsebenen dargestellt und bewertet werden. Dazu verwendet das *Process Handbook* ein weiteres Werkzeug, den sogenannten *Process Compass*. Dies ist ein graphisches Hilfsmittel zur Visualisierung der Prozeßrepräsentation in bezug auf Typen und Komponenten von Aktivitäten sowie der funktionalen Dekomposition des Prozesses.[493] Der *Process Compass* wirkt bei der (Um-) Gestaltung von Prozessen als effektives Werkzeug, um dem Anwender auf einfache Weise Prozeßalternativen aufzuzeigen und in variablen Integrations- und Detaillierungsstufen Orientierung zu bieten. Insbesondere die Rekonfiguration von Prozessen wird damit unterstützt, da mit Hilfe des Kompasses neben Ideen zur Prozeßinnovation auch Veränderungen bestehender Prozeßmodelle generiert werden können. So wird das Hilfsmittel zur Repräsentation der im *Process Handbook* abgelegten Prozeßkomponenten verwendet, wobei eine Bewegung in die entsprechenden Richtungen zu einer oberflächlicheren oder tieferen Strukturierung geeigneter Prozesse führt.

Malone und Crowston sehen ihren Ansatz bewußt als Generalisierung und als Weiterentwicklung kybernetischer und systemtheoretischer Arbeiten.[494] Der Wert ihrer Überlegungen ist im generischen Charakter des Ansatzes zu sehen, der sowohl abstrakt Koordinationszusammenhänge zu erklären vermag, als auch beispielsweise zur domänenspezifischen Gestaltung von Koordinationsmechanismen verwendet werden kann. Des weiteren wird mit der starken Betonung der Abhängigkeiten zwischen Akteuren, Handlungen und Ressourcen als maßgeblicher Variable für den Koordinationsprozeß ein hohes Flexibilitätsmaß zur Gestaltung arbeitsteiliger Vorgänge erzielt.[495]

---

[492] Crowston zitiert in diesem Zusammenhang Romanelli, der die Frage nach der Herkunft neuartiger Organisationsformen als „...one of the critical unadressed issues in organizational sociology" sieht (Romanelli /Evolution 1991/ o.S.). Vgl. Crowston /Evolving 1996/ 1.
[493] Vgl. Kruschwitz, Roth /Inventing 1999/ 59.
[494] Vgl. Malone, Crowston /Coordination 1993/ 376.
[495] Vgl. Klein /Coordination 1998/ 172f.

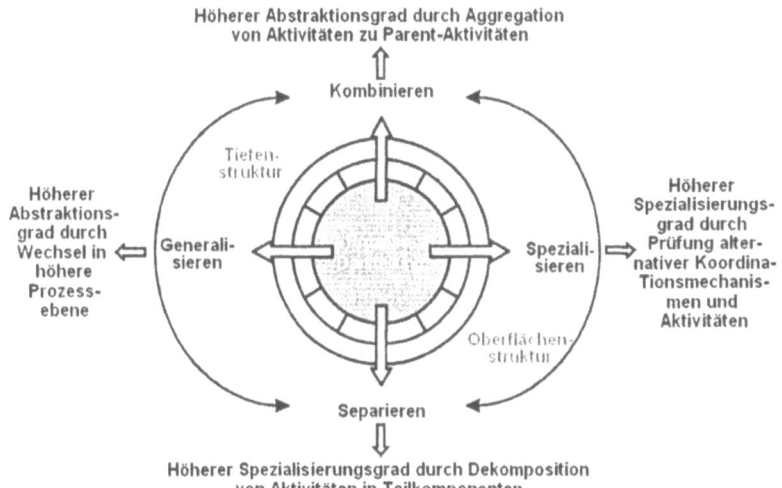

Abb. 6 : Prozeßkompaß zum Process Handbook
(in Anlehnung an Kruschwitz, Roth /Inventing 1999/ 59)

Da im Fall des *Malone/Crowston*-Ansatzes Abhängigkeiten Koordinationsmechanismen bedingen, ist von einer potentiell höheren Koordinationseffizienz auszugehen, als sie beispielsweise bei Formen der traditionellen Prozeßrepräsentation zu finden ist.[496] Koordination wird konsequent als Management der Abhängigkeiten zwischen Aktivitäten definiert, womit die Beziehungen der einzelnen Prozeßkomponenten, und nicht diese selbst in den Mittelpunkt der Betrachtung rücken. Die Kausalität zwischen Systemdynamik auf der einen Seite und Abhängigkeiten zwischen den Komponenten auf der anderen Seite zeichnet die Koordinationstheorie aus und differenziert sie von eher traditionellen Betrachtungsweisen organisatorischer Koordination.[497]
In diesem Punkt dürfte auch die Popularität des Ansatzes von *Malone* und *Crowston* innerhalb der CSCW-Forschung begründet liegen. Die einfache, aber effektive Weise der Modellierung von Koordinationsmechanismen auf der Basis der Variablen Aktivitäten, Abhängigkeiten, Akteure und Ziele kann ebenso beliebig weiter detailliert werden oder, wie im Falle des *Process Handbook*, erweitert und instrumentalisiert werden.
Die *Koordinationstheorie* war eines der ersten umfassenden und geschlossenen Rahmenkonzepte, das auch für die Modellierung dynamischer Aspekte von ver-

---

[496] Vgl. Klein /Coordination 1998/ 173.
[497] Vgl. Schiefloe, Syvertsen /Coordination 1998/ 12.

teilten Systemen und deren Ressourcen-Koordination Verwendung fand.[498] Abhängigkeiten zwischen Verarbeitungseinheiten eines verteilten Systems treten zum Beispiel in folgenden Formen auf:[499]
- Simultane Abhängigkeiten zwischen Aktivitäten, die gegenseitig voneinander abhängig sind, z.b. weil diese eine gemeinsame Ressource wie den Schreibzugriff auf eine Datenbank benötigen,
- Ablaufsteuerung von Aktivitäten zur Einhaltung erforderlicher Sequenzen, wie beispielsweise des physischen Zugriffs auf Massenspeichermedien,
- Kommunikationssteuerung zwischen Aktivitäten, die sich gegenseitig über Ergebnisse ihrer Verarbeitung informieren
- Zerlegung von Problemen zu Teilproblemen, die z.b. einen erhöhten Abstimmungsbedarf zwischen denjenigen Agenten auslösen, die die Unterprobleme zu lösen haben,
- Abhängigkeiten zur Gewährleistung einer hohen Fehlertoleranz, die entstehen, wenn Komponenten des Systems bei dessen Störungen eine Entscheidung zur Gewährleistung der Systemintegrität treffen müssen bzw. ausgefallene Komponenten ersetzt werden müssen.

Diese abstrakten Probleme in verteilten Systemen verschärfen sich noch in kooperativen Softwaresystemen, in denen eine hohe Beteiligung menschlicher Akteure unvorhersehbare Ereignisse hervorbringt. Greenbeerg und Marwood beschreiben diese Problematik anhand der Gestaltung von Nebenläufigkeitskontrollen in Groupwaresystemen:

„Groupware is a fundamentally different application domain from traditional distributed systems, because the transaction process includes people as well as computers. Different concurrency control methods, such as locking, serialization, and the degree of optimism, have quite different impacts on the interface and how transactions are shown to and perceived by group members."[500]

Am folgenden Beispiel des konzeptionellen Groupware-Modells von *Ellis* und *Wainer* wird deutlich, welche Bereiche eines kooperativen Softwaresystems durch die Koordinationstheorie unterstützt werden können. *Ellis* und *Wainer* beschreiben ein konzeptionelles Modell, das weder funktionell noch domänen-

---

[498] Vgl. Tichelaar /Coordination 1997/ 8.
[499] Vgl. für die folgenden Beispiele Tichelaar /Coordination 1997/ 8f. In Cruz, Tichelaar, Nierstrasz /Coordination 1997/ entwickeln die Autoren aus der Analyse dieser Probleme Koordinationsabstraktionen, die als Grundlage Java-basierter Koordinationskomponenten dienen.
[500] Greenberg, Marwood /Distributed 1994/ 215.

spezifisch eindeutig festgelegt ist.[501] Damit eignet es sich zur Beschreibung, zum Vergleich und zur Modellierung aller möglichen Groupwaresysteme, unabhängig von Synchronität, Mediennutzung oder Zielsetzung der jeweiligen Systeme. Sie unterscheiden die folgenden drei Ebenen eines konzeptionellen Groupware-Systems:

- *Ontologisches Modell:* Bei diesem Modell handelt es sich um die Beschreibung der Objekte und der zugehörigen Operationen, die vom System zur Verfügung gestellt werden. Objekte bezeichnen in diesem Zusammenhang Datenstrukturen, die durch Operationen wie *View, Modify, Create* oder *Destroy* manipuliert werden.[502] Auch die Vergabe von Zugriffsrechten und Ablaufkontrollen wird in diesem Teilmodell geregelt.
- *Koordinationsmodell:* Dieses Modell beschreibt die Aktivitäten, die die Beteiligten ausführen dürfen und auf welche Weise diese miteinander auf eine Zielerreichung abgestimmt werden können.[503] Aktivitäten sind hier Sets von Operationen und zugehörigen Objekten, die ein Akteur, der eine bestimmte Rolle übernommen hat, ausführen kann, um ein definiertes Ziel zu erreichen.[504] Die eigentliche Ereignissteuerung im Koordinationsmodell erfolgt dabei entweder auf der Aktivitätenebene oder auf der Objektebene. Ein wichtiger Aspekt ist die Durchführung einer Nebenläufigkeitskontrolle, die Modi der Simultanität von Aktivitäten überwacht.[505]
- *Benutzerschnittstellenmodell:* Da Groupwaresysteme zumeist als Kommunikationsmedium für Mensch-Mensch-Beziehungen verwendet werden, sind auch die Anforderungen an die Benutzerschnittstellen andere als bei Einzelplatzsystemen. In diesem Untermodell werden Sichten auf Informationsobjekte, beteiligte Akteure und den organisatorischen Kontext spezifiziert, die dem Benutzer die Wahrnehmung relevanter Informationen ermöglichen.

In dem Modell von Ellis und Wainer wird deutlich, welche Bedeutung einem Ansatz wie der Koordinationstheorie von *Malone* und *Crowston* zukommen kann. Zum einen wird damit der Bereich des Koordinationsmodells vollständig

---

[501] Vgl. Ellis, Wainer /Groupware 1994/ 79ff. Spezifischere funktionelle Aspekte vertieft Ellis in der Entwicklung eines Rahmenkonzeptes und mathematischen Models für Kooperationstechnologien in Ellis /Framework 1998/ 121ff. Für ein ähnliches Konzept, das stärker auf Echtzeitaspekte der Zusammenarbeit ausgerichtet ist vgl. Jones /Framework 1997/ 81f.
[502] Vgl. Ellis, Wainer /Groupware 1994/ 80f.
[503] Vgl. Ellis, Wainer /Groupware 1994/ 82ff. Damit sind zwar zunächst Aktivitäten des spezifischen Kooperationskontextes gemeint. Diese können aber auch allgemein organisatorischer Natur sein, so daß das Koordinationsmodell auch eine wichtige Rolle bei der Herstellung des organisatorischen Kontextes einnimmt. Vgl. beispielsweise Fuchs, Prinz /Aspects 1993/ 13.
[504] Vgl. Ellis, Wainer /Groupware 1994/ 82ff. Fuchs, Prinz /Aspects 1993/
[505] Diese können beispielsweise sequentielle, parallele oder additive (nicht das Originalobjekt manipulierende) Simultanitätsmodi sein. Vgl. Ellis, Wainer /Groupware 1994/ 84.

abgedeckt und durch Spezialisierung aus dem generischen Koordinationsmodell an individuelle Erfordernisse angepaßt. Zum anderen kann der Ansatz von *Malone* und *Crowston* mit geringem Aufwand in Richtung des ontologischen Modells im oben genannten Sinne erweitert werden. Die Verwendung von Methoden der Objektorientierung für die Prozeßrepräsentation, wie sie im *Process Handbook* vollzogen wurde, vereinfacht damit auch die Umsetzung des Konzeptes in ein Softwaremodell. So können Aktivitäten, die im Koordinationsmodell einer Groupware zur Erfüllung einer Aufgabe erforderlich werden, gleich mit Referenz auf Objekte und Operationen des ontologischen Modells geplant werden.[506] Da in Groupwaresystemen die Gestaltung des Daten- und Steuerflusses durch Mehrbenutzeraktivitäten äußerst komplex werden kann, ist eine derartige enge Verzahnung zwischen Arbeitsaktivitäten und Datenstruktur sinnvoll.

4.2.2 Weiterführende Formalisierung mit Hilfe von Koordinationsmodellen und -sprachen

Neben den stärker organisationsbezogenen Ansätzen der Modellierung von Koordinationszusammenhängen hat sich in den letzten Jahren verstärkt eine stärker formal ausgerichtete Koordinationsforschung etablieren können.[507] Diese Ansätze entstammen häufig dem Umfeld der Softwaretechnologieforschung, insbesondere der Gestaltung massiv paralleler Systeme. Auch gegenwärtig finden wissenschaftliche Tagungen zu Koordinationsmodellen, -sprachen und -anwendungen hauptsächlich immer noch am Rande von Informatik-Veranstaltungen statt.[508] Jedoch sind insbesondere mit der seit 1996 abgehaltenen Konferenzreihe einer *International Conference on Coordination Models and Languages*[509] sowie der Förderung der formalen Koordinationsforschung im Rahmen des ESPRIT-Projektes *Coordina,*[510] deutliche Zeichen für eine stärkere Eigenständigkeit und Praxisorientierung der Forschungen in diesem Gebiet erkennbar. Zentrales Forum der praktischen Verwendbarkeit von Koordinationsmodellen für Unternehmungen ist seit einigen Jahren die Veranstaltung *International Workshops on Enabling Technologies: Infrastructure for Collaborative Enterprises (WETICE).* So wird insbesondere im Rahmen des dortigen

---

[506] Müller zeigt am Beispiel der kooperativen Strategieentwicklung in Unternehmen, wie Koordinationsabstraktionen nach *Malone/Crowston* in ein Objektmodell überführt werden können. Vgl. Müller /Coordination 1997/ 40.

[507] Vgl. Papadopolous, Arbab /Coordination 1998/ 1.

[508] So wurde der *1998 International Workshop on Coordination Technologies for Information System* (CTIS '98) am Rande der 9th *International Conference on Database and Expert Systems Applications* (DEXA '98) abgehalten. 1999 und 2000 findet ein *Special Tracks on Coordination Models, Languages and Applications* auf dem ACM Symposium on Applied Computing (SAC '99/SAC 2000) statt.

[509] Vgl. Ciancarini /Call 1999/.

[510] Vgl. o.V. /Coordina 1999/.

Workshops *Web-based Infrastructures and Coordination Architectures for Collaborative Enterprises* (zuletzt Bestandteil von WETICE '99[511]) die Verbindung von Internet-Technologien und Koordinationsmodellen thematisiert. In der ursprünglichen Problemdomäne, der Gestaltung massiv-paralleler Systeme, wurde das Koordinationsproblem zunächst als Abstimmungsaufgabe der Rechenleistung einer größeren Zahl von Prozessoren eines verteilten Systems beschrieben. So ist die Leistungsfähigkeit eines verteilten Rechnersystems unmittelbar an die Effizienz der Koordination der beteiligten Prozessoren geknüpft, deren Kommunikation mit Betriebssystemkern, Ressourcen der verteilten Programmierung und anderen Prozessoren aufwendig abgestimmt werden muß.[512] Sicherheitsaspekte, veränderliche Nachrichtenlaufzeiten oder Fehlertoleranz stellen zusätzliche Herausforderungen an Abstimmungsprozesse in verteilten Systemen dar.[513]

Die Bewältigung dieser Problemstellung und damit auch die Ausnutzung des Potentials verteilter Systeme hat dabei verschiedene Koordinationsmodelle und -sprachen hervorgebracht. Deren Ziel ist es, einen formalen Rahmen bereitzustellen, in dem Modularität, Wiederverwendbarkeit sequentieller oder parallel ablaufender Komponenten, Portabilität und Sprachinteroperabilität unterstützt werden.[514]

Die zentralen Konzepte dieser Forschungen sind Koordinationsmodelle, und -sprachen, zu denen auch Konfigurations- und Architekturbeschreibungen zählen.[515] *Koordinationsmodelle* können als Tripel der Teile (E, L, M) ausgedrückt werden, wobei E die zu koordinierenden Entitäten repräsentiert, L die Medien, die diese Entitäten verwenden, bezeichnet und M den semantischen Beschreibungsrahmen ausdrückt.[516] *Koordinationssprachen* spiegeln als „linguistische Verkörperung"[517] das jeweilige Koordinationsmodell wider und kodieren damit Synchronisationskontrollen sowie Kommunikationssteuerungen von Informationsverarbeitungsaktivitäten.

---

[511] Vgl. Kotsis, Neumann /Infrastructure 1999/.
[512] Vgl. Weber /Systeme 1998/ 18.
[513] Vgl. Weber /Systeme 1998/ 18.
[514] Vgl. Papadopolous, Arbab /Coordination 1998/ 2.
[515] Vgl. Papadopolous, Arbab /Coordination 1998/ 4. Architekturbeschreibungen in Form von Sprachen unterscheiden sich von Koordinationssprachen i.d.R. dadurch, daß erstere nicht ausführbar sind, also Interaktionen nicht mit dem Zwecke der Automatisierung modellieren. Des Weiteren verzichten sie häufig auf die Berücksichtigung von Datentypen. Vgl. Berry, Kaplan /Language 1997/ 62.
[516] Vgl. Papadopolous, Arbab /Coordination 1998/ 4.
[517] Papadopolous, Arbab /Coordination 1998/ 4.

Formale Koordinationsmodelle, die in aufgaben- und prozeßorientierte Klassen unterschieden werden können,[518] weisen selten einen eindeutigen Organisationsbezug auf. Sie modellieren gut strukturierte Koordinationszusammenhänge, die sich mit Hilfe deterministischen Systemverhaltens und eindeutigen, expliziten Schnittstellen gut steuern lassen. Insofern lösen diese Ansätze Koordinationsprobleme überwiegend durch Gestaltung der zugrundeliegenden Informations- und Kommunikationssysteme. Damit wird jedoch häufig eine statische Verkapselung der Kontrollflüsse herbeigeführt, die eine Veränderung der Ablauflogik im laufenden Betrieb erschwert bzw. unmöglich macht. Daher sind diese Ansätze für die Modellierung komplexer organisatorischer Zusammenhänge, in denen variable Ziele und schwer vorhersehbare, informelle Verhaltensmuster von Akteuren bestimmend sind, nur eingeschränkt verwendbar.[519] Jedoch liefern sie wertvolle Ansatzpunkte zur Verbindung eines abstrakten Koordinationsmodells mit einem ontologischen Modell im obigen Sinne, so daß durch eine gemeinsame Semantik und formale Spezifikation auch ein Zugewinn an Flexibilität auf der Systemebene erreichbar sein kann.
Ansätze in dieser Richtung sind deshalb häufig im Umfeld der Entwicklung von Workflow-Management-Systemen zu finden, bei denen ein gut strukturiertes Problem zu modellieren ist. Dafür werden nicht selten Methodiken wie Petri-Netz-basierte Verfahren, Tupelräume oder Verfahren der mathematischen Automatentheorie verwendet.[520]
Koordinationssprachen für CSCW-Systeme werden jedoch auch mit dem Ziel entwickelt, Flexibilität und Komplexität eines Systems zu erhöhen. *Berry* und *Kaplan* kritisieren vorhandene Interaktionsmechanismen in CSCW-Systemen als zu wenig wirkungsvoll und zu sehr auf die Weiterleitung von Nachrichten oder Auslösung von Remote-Procedure-Calls fixiert.[521] Sie legen mit *Finesse* ein ausführbares Sprachkonzept vor, das die Beschreibung von Interaktionsmodellen und Verteilungsmechanismen mit Hilfe definierter Bindungen zwischen Objekten realisiert. Bindungen werden durch Merkmale wie Rollen, Schnittstellen, Ereignisse und Ereignisbeziehungen konkretisiert. Bindungsin-

---

[518] In aufgabenorientierten Koordinationsmodellen wird eine datenbezogene Verbindung von Verarbeitungs- und Koordinationskomponenten angestrebt, während prozeßorientierte Modelle eine strikte Separation der beiden Teile beabsichtigen und ein übergeordnetes Steuerkonzept verwirklichen. Vgl. Papadopolous, Arbab /Coordination 1998/ 5. Für einen tabellarischen Überblick über Koordinationsmodelle und -sprachen siehe auch Papadopolous, Arbab /Coordination 1998/ 44ff.
[519] Demgegenüber betont Edwards den Wert der Entwicklung von Kooperationssystemen „from the ground up" für die Bewertung spezifischer Systemeigenschaften, die so isoliert werden können und nicht in einer bereits bestehenden Infrastruktur für die Verteilung und gemeinsame Nutzung von Informationen verdeckt bzw. verzerrt werden. Vgl. Edwards /Coordination 1995/ 26.
[520] Vgl. Ellis /Framework 1998/ 135; Edwards /Coordination 1995/ 49.
[521] Vgl. Berry, Kaplan /Language 1997/ 61.

stanzen werden dann zur Laufzeit durch die Auswahl von *Finesse*-Programmen und geeigneter Rollenobjekte erzeugt.[522] *Berry/Kaplan* sehen den Vorteil ihres *Finesse*-Konzeptes in dessen Offenheit und der Unterstützung nonprozeduraler Interaktionen (als Mediensignalströme).[523]
Formale Koordinationsmodelle und -sprachen kodifizieren Abhängigkeiten in kooperativen Prozessen. Sie liefern einen syntaktisch geschlossenen Konstruktionsrahmen für die Lösung von Koordinationsproblemen, geraten aber bei der Formalisierung sozio-technischer Aspekte von Kooperationssystemen schnell an ihre Grenzen.
Semantisch können Einflußfaktoren wie das dynamische, zuweilen irrationale Handeln menschlicher Akteure und die damit zusammenhängenden, kaum zu antizipierenden Kooperationssituationen nur schwach mit diesen Ansätzen modelliert werden.

4.2.3 Aktions- und Aktivitätenmodelle

Gegenüber Ansätzen, die Koordinationsprozesse im allgemeinen zu verstehen suchen, werden in der CSCW-Forschung eine Reihe von Aktivitäten-Theorien verwendet, deren Ziel die Erklärung und Gestaltung von Aktionen der Gruppenarbeit und Interaktionen zwischen Gruppenmitgliedern ist.[524] Dieses sind zumeist sozialwissenschaftlich orientierte Modelle, die die Erfüllung von kooperativen Aufgaben und die Abbildung des Arbeitskontextes erklären wollen. Ansatzpunkt ist dabei zumeist die Aufgabenerfüllung des Individuums, das mit anderen Mitarbeitern in definierbaren Arbeitsbeziehungen steht. Solche Beziehungen zu systematisieren und zu beschreiben ist Bestreben des in der CSCW-Forschung verbreiteten Ansatzes von *Strauss'* Theory of Action.[525] Diese aus der Soziologie entstammende Theorie betont strukturelle Aspekte der Gruppenarbeit, indem Tätigkeiten in Aktionen und Interaktionen vor dem Hintergrund eines gemeinsamen Kontextes (eines gemeinsamen *Lokales*) ablaufen.[526] *Strauss'* Denkmodell ist von verschiedenen CSCW-Forschungsgruppen zur grundsätzlichen Reflexion und der Entwicklung von Software-Prototypen eingesetzt worden.[527]

---

[522] Vgl. Berry, Kaplan /Language 1997/ 61. Zur Kommunikation mit der untergeordneten Netzwerkschicht können Stubs, ähnlich wie in CORBA, erzeugt werden.
[523] Vgl. Berry, Kaplan /Language 1997/ 63. Die Validierung ihres Konzeptes beinhaltet die Anwendung der Sprache auf die Modellierung von Objektreplikationen, gemeinsam genutzter Informationsräume (*Lokale*) und Konferenzsysteme mit Audio- und Video-Medien.
[524] Vgl. Hinssen /Difference 1998/15f.
[525] Vgl. beispielsweise Strauss /Labor 1985/ 1ff.
[526] Vgl. Fitzpatrick, Tolone, Kaplan /Work 1995/ 3ff.
[527] Vgl. Schmidt, Bannon /CSCW 1992/ 7ff.; Fitzpatrick, Tolone, Kaplan /Work 1995/ 1ff.

Der Wert derartiger grundlegender, soziologisch motivierter Modelle zur Gestaltung kooperativer Softwaresysteme liegt in der Brückenfunktion zwischen sozialer und technischer Domäne. So argumentieren *Fitzpatrick u.a.*, daß sich mit der Verwendung derartiger Ansätze ein gutes Verständnis der Kontextfaktoren kooperativer Arbeit entwickeln läßt, das dem Einsatz von kooperativen Informations- und Kommunikationssystemen eine gänzlich andere Bedeutung gibt. So wird erkennbar, daß das komplexe Zusammenspiel von Aktionen, Interaktionen, Prozessen, Kommunikationskanälen, Konditionen und Lokalen häufig kaum durch *a priori* programmierte Kooperationssysteme unterstützt werden kann. Insofern sei es wirkungsvoller, keine eindeutige Kooperationsstruktur in der Computerunterstützung vorzugeben, sondern ein gemeinsames Kontextmuster als Umgebung (*Setting*) zu entwickeln:

> *„Structural context for actions embodies far more than can be meaningfully or usefully captured in a computer, e.g., power relationships, moral codes, social norms, personal biography and so on. Hence, the computer system, as setting for interaction, is a configurable subset of conditions for action, e.g., roles, resources, tools, artifacts, action possibilities, etc."* [528]

Weiterführende Ansätze konzentrieren sich häufig auf die Detaillierung der im Kooperationsprozeß dynamischen Aktivitäten in Gruppen. So beschreiben verschiedene Ansätze einer Aktivitätentheorie den Kooperationsprozeß mit Hilfe der Analyse einzelner Aktivitäten, die beispielsweise in verschiedenen Ausprägungen wie Subjekt, Objekt, Aktionen, Operationen und verwendete Artefakte untersucht werden.[529] So entstehen Gruppenprozeßmodelle, die als Grundlage der sozialen Funktionsweise einer solchen Arbeitseinheit und damit auch der Unterstützung durch Informations- und Kommunikationssysteme dienen können.[530]

4.3 Erklärung von Gruppenfunktionen in Organisationen mit Hilfe funktioneller Ansätze

Neben den im vorigen Abschnitt ausschnitthaft dargestellten Theorien und Erklärungsmodellen zur Begründung der Gruppenarbeit in Organisationen können eine große Zahl von funktionalen Ansätzen in der CSCW-Forschung nachgewiesen werden.[531] Sie zielen dabei nicht nur auf die Funktionsweise einer Gruppe zur Zielerreichung ab, sondern versuchen häufig einen Zusammenhang

---

[528] Fitzpatrick, Tolone, Kaplan /Work 1995/ 8. Rüdebusch unterscheidet zwischen präskriptiven und deskriptiven Beschreibungsmethoden, vgl. Rüdebusch /CSCW 1993/ 59.
[529] Vgl. Hinssen /Difference 1998/ 16.
[530] Da die Erörterung von Gruppenprozeßmodellen im Zusammenhang mit der Sichtweise von virtuellen Organisationen als Kooperationssystem erst im folgenden Abschnitt vorgenommen wird, soll an dieser Stelle auf eine weiterführende Beschreibung verzichtet werden.
[531] Vgl. Hinssen /Difference 1998/ 16ff.

zwischen den Leistungen einer Gruppe und der zum Einsatz gelangenden Kooperationssysteme herzustellen. Effektivitäts- und seltener auch Effizienzgesichtspunkte einzelner Funktionen von CSCW-Systemen stehen dabei im Mittelpunkt. Dies sind zunächst Ansätze, die computerunterstützte Kooperationszusammenhänge mit Hilfe der Untersuchung menschlicher Konversationsmuster modellieren.[532]
Zu diesen gehören beispielsweise Theorien wie die in der CSCW-Forschung verbreitete Sprechakt-Theorie.[533] In diesem Theorieansatz werden sprachliche Ausdrucksformen als Grundlage menschlichen kooperativen Verhaltens verwendet. Durch die Strukturierung von Konversationsvorgängen in Typen von sogenannten Sprechakten können nun Koordinationszusammenhänge modelliert werden.[534] So können zur Abstimmung von Personen Kooperationssequenzen durch eine rigide linguistische Formalisierung strukturiert werden.[535] Problemlösungsprozesse werden auf diese Weise allen Teilnehmern explizit zugänglich gemacht und dokumentiert. Durch die Organisation der Sprechakte in Klassenhierarchien können Konversationsstrukturen für unterschiedliche Problemstellungen erzeugt, vereinheitlicht und wiederverwendet werden.[536] Weiterentwicklungen, welche die Zusammenhänge von Sprache und Handlungen stärker in Richtung automatisierbarer Muster vorantreiben, werden häufig zur Gestaltung von Vorgangssteuerungssystemen verwendet.[537] Für die Konstitution virtueller Organisationsstrukturen ist es denkbar, Sprechakte als Grundlage der Organisationsgestaltung zu verwenden, um eine Organisation als Netzwerk von Konversationsmustern interpretieren zu können.[538]
Des weiteren wird versucht, Kooperationssysteme durch eine Strukturierung der gemeinsamen Informationswirkung zu entwickeln. Dabei wird das Ziel verfolgt, die Wirkung verschiedener Medien, die im Laufe des Kooperationsprozesses zum Einsatz kommen, zu verstehen und im Sinne einer effektiven Zusammenarbeit optimal einzusetzen. Die *Information Richness Theory* von *Daft* und *Lengel* unterscheidet vier verschiedene Formen der Aussagefähigkeit von

---

[532] Vgl. Procter u.a. / Coordination 1994/ 122ff.; D'Hauwers u.a. /Cooperative 1994/ 4f. Vgl. zur Bedeutung von Sprache, deren Verwendung und Nutzung bei kooperativer, computerunterstützter Arbeit Hutchison /Patterns 1994/ 89ff. Eine Taxonomie von Konversationsmechanismen und deren Kommunikationsfunktionen findet sich in Witthaker, O'Conaill /Role 1997/ 26.
[533] Vgl. Hinssen /Difference 1998/ 17; Ludwig, Krcmar /Problemlösen 1994/ 170ff.; D'Hauwers u.a. /Cooperative 1994/ 2ff.
[534] Vgl. Ludwig, Krcmar /Problemlösen 1994/ 170ff.
[535] Vgl. Winograd /Perspective 1987/ 3ff.
[536] Vgl. Ludwig, Krcmar /Problemlösen 1994/ 181.
[537] *Medina-Mora* u.a. beschreiben eine Methodologie namens *Action Workflow*, die aus sprachlich-fundierten Handlungen Workflow-Typen ableitet und zu einem Workflow-System zusammensetzt. Vgl. Medina-Mora u.a. /Action 1992/ 281ff.
[538] Vgl. Picot, Reichwald, Wigand /Unternehmung 1996/ 78.

Informationsmedien, die zur Grundlage einer Modellierung von Groupwaresystemen verwendet werden können.[539] In den Mittelpunkt dieser Ansätze rückt somit ebenfalls eine Form der Analyse von Interaktionsprozessen innerhalb von Gruppen, jedoch wie in diesem Fall mit der Fokussierung auf Informationen, die als Repräsentation der Präsenz anderer Beteiligter verwendet werden. Die Autoren entwickeln später diesen Ansatz in ihrem *Symbolic Interaction Model* weiter und erweitern das Konzept um Kontextvariablen und der symbolischen Bedeutung der Medien.[540] Eine stärkere Betonung sozialer Umfeldfaktoren für die Auswahl von Medien bei der Bewältigung von Arbeitsaufgaben vollziehen *Fulk, Schmitz* und *Steinfield*.[541] Ihr *Social Influence Model* berücksichtigt gruppendynamische und informelle Faktoren, die bei der Medienwahl in Groupwaresystemen eine wichtige Rolle spielen.

Als Parallel- und Weiterentwicklung dieser Richtungen gelten Ansätze, die nicht nur die Verwendung von Medien im Kooperationsprozeß einer Gruppe untersuchen, sondern die Auswirkungen von Funktionen der computergestützten Kommunikation auf eine Organisation als Ganzes analysieren. Sie stehen somit im Zusammenhang mit den vorstehenden Theorien des Medieneinsatzes, wenden deren Prinzipien aber auf einer anderen Abstraktionsebene an. So entwickeln *Sproull* und *Kiesler* ein Zwei-Ebenen-Modell, das Effekte von Kommunikationstechnologien auf Organisation sowohl auf technischer wie auch auf sozialer Ebene untersucht.[542] Aus technischer Sicht ergeben sich aus dem Einsatz von Kommunikationssystemen Produktivitätsfortschritte bei der Aufgabenbewältigung, die sich auch in Kosten messen lassen. Aus sozialer und organisatorischer Sicht hingegen entstehen Vernetzungseffekte, die mit Hilfe neuer Kommunikationswege die Partizipation aller Beteiligten an der Wertschöpfung fördern sowie die Diffusion von Problemlösungswegen und Informationen über Leistungsbeiträge in einer Organisation begünstigen.[543]

Ähnliche Ansätze werden in der CSCW-Forschung im Gebiet der *Computer-Mediated Communication* (CMC) zusammengefaßt.[544] Diese will ein Verständnis für die organisatorische Wirkung computerunterstützter Kommunikation entwickeln. Dabei wird des weiteren der Frage nachgegangen, wie diese Systeme auf die Veränderung von Organisation wirken und welche Effekte in bezug auf die Vernetzung der Organisationsmitglieder zu beobachten sind. Auch in diesem Arbeitsgebiet wird zumeist die Analyse kooperativer Interaktions-

---

[539] Vgl. Daft, Lengel / Requirements 1986/ 554; Hinssen /Difference 1998/ 17.
[540] Vgl. Trevino, Daft, Lengel /Choices 1990/ 71ff.; Hinssen /Difference 1998/ 18.
[541] Vgl. Fulk, Schmitz, Steinfield /Model 1990/ 117; Hinssen /Difference 1998/ 18.
[542] Vgl. Sproull, Kiesler /Connections 1991/; Hinssen /Difference 1998/ 19.
[543] Vgl. zu einer empirischen Anwendung des Ansatzes in bezug auf Gruppenbildung in Organisation Finholt, Sproull, Kiesler /Communication 1991/ 291ff.
[544] Vgl. Hinssen /Difference 1998/ 19; Bannon /Perspectives 1992/ 151; Dix /Design 1994/ 16.

muster in den Mittelpunkt der Beobachtung gerückt. Die passende Methodologie zur Untersuchung derartiger Effekte ist eines der Hauptprobleme bei der Untersuchung dieser schwer zu vereinfachenden Zusammenhänge. Ein zweites Problem ist die Entwicklung geeigneter Meßkriterien, die häufig nur einen ausschnitthaften Teil der Wirkungen erfassen. *Hinssen* weist auf diese Problematik folgendermaßen hin:

> „*As an example, the potential of CMC to enrich social and emotional communication activities will not be recognized when only technical and economical criteria are used.*" [545]

Damit ist die Analyse dieser Zusammenhänge ebenfalls stark an die Entwicklung eines formalen Musters zur Herstellung von Ursache-Wirkungs-Beziehungen gebunden.
Im Hinblick auf die konkrete Gestaltung von virtuellen Organisationen sehen *DeSanctis* und *Monge* den Wert dieser Ansätze darin, daß sie die folgenden Problemfelder des Organisationsdesigns ansprechen:[546]
- Kommunikationseffizienz und -volumen,
- Verständnis und Wahrnehmung von Nachrichten zwischen Personen,
- Bestimmung und Verwendung angemessener und effektiver Medien zur Erfüllung von Aufgaben,
- Gestaltung lateraler Kooperation,
- Normen, Praktiken und soziale Bedingungen der Kommunikation,
- Entwicklung von persönlichen Beziehungen mit Hilfe computergestützter Kommunikationswerkzeuge.

Jedoch soll in diesem Kontext auch auf Grenzen der Anwendung von Computer-Mediated-Communication-Ansätzen auf virtuelle Organisationen hingewiesen werden, wenn diese als alleinige Grundlage der Organisationsgestaltung verwendet werden:

> „*Electronic media can do much to enable highly dynamic processes, contractual relationships, permeable boundaries, and reconfigurable structures. But the challenges are many due to the complexities of achieving communication efficiency and message understanding in electronic mode; the uncertainty surrounding design of tasks in virtual mode; and the powerful role of norms, hierarchical relationships, and evolutionary effects.*" [547]

---

[545] Hinssen /Difference 1998/ 19.
[546] Vgl. DeSanctis, Monge /Communication 1998/.
[547] DeSanctis, Monge /Communication 1998/ 9.

4.4 Synthese: Anwendbarkeit von CSCW-Ansätzen zur Gestaltung virtueller Organisationsstrukturen

CSCW-Ansätze, die im vorigen Abschnitt in ihren Grundzügen dargestellt wurden, erfüllen für die Erklärung und Gestaltung virtueller Organisationsstrukturen eine wichtige Rolle. Sie stellen einen Gestaltungsrahmen der Aufgabenerfüllung zur Verfügung, mit dessen Hilfe kooperative Aspekte der Funktionsweise virtueller Organisationen modelliert werden können. Aufgrund ihres zumeist interdisziplinären Ansatzes decken diese Theorien und Modelle ein Spektrum ab, das sich nicht nur auf Organisations- oder Technikfragen beschränkt. CSCW-Ansätze verbinden häufig technische und soziologische Aspekte der Unterstützung einer verteilten Organisation, welches damit im Kern Fragen sind, die die virtuelle Organisationen mit ihrer Betonung der Gruppenarbeit und der Nutzung leistungsfähiger Koordinationstechnologien besonders betreffen.

Bei der Anwendung der CSCW-Ansätze auf virtuelle Organisationsstrukturen liegt deren Nutzen in den folgenden Punkte begründet.

4.4.1 Modellierung kooperativer Wirkungszusammenhänge in virtuellen Organisationsstrukturen

Wie am vorstehenden Beispiel der Koordinationsrepräsentationsformen dargelegt wurde, sind in der CSCW-Forschung verschiedene Ansätze verfügbar, welche die Zusammenarbeit und Abstimmung von Personen abstrakt modellieren. Die Verwendung einer geeigneten gemeinsamen Strukurierungslogik wie der *Koordinationstheorie* läßt erkennen, an welchen Ansatzpunkten und mit welcher Zielsetzung das Zusammenwirken von heterogenen Arbeitsgruppen gestaltet werden kann. Die hohe Formalität eignet sich dabei insbesondere für virtuelle Organisationen, die in der Initialphase der Konstitution des Verbundes darauf angewiesen sind, eine präzise Vorstellung der geplanten Wertschöpfung zu entwickeln. Formale Koordinationsmodelle arbeitsteiliger Prozesse erlauben so die Visualisierung und Planung der nächsten Projektschritte auf Basis der Entwicklung eines gemeinsamen Verständnis der Zusammenarbeit auf der Ebene der Leistungserstellung. Somit wirken CSCW-Ansätze vereinheitlichend, da sie es allen Teilnehmern ermöglichen, eine präzise Vorstellung der beabsichtigten Arbeitskonfiguration zu entwickeln.

4.4.2 Entstehung aussagekräftiger Modelle zur Gestaltung rekonfigurierbarer Prozesse

Im Unterschied zu konventionelleren Formen der Prozeßmodellierung berücksichtigen CSCW-Ansätze ein breiteres Spektrum kooperativer Wertschöpfung. Sie betonen häufig nicht nur Randaspekte der Kooperation, sondern auch informale Einflußfaktoren auf Gruppen. Damit werden Prozeßmodelle erforder-

lich, die eine größere Zahl von Parametern und damit auch eine größere Zahl von Wirkungszusammenhängen der Zusammenarbeit berücksichtigen. Umfangreichere und ausdrucksstärkere Repräsentation organisatorischer Zusammenarbeit werden in diesen Modellen erkennbar. Virtuelle Organisationsstrukturen sind komplexe, sozio-technische Systeme, deren Arbeitsweise nicht immer im Vorhinein exakt vorstellbar ist. Damit wird es umso wichtiger, Repräsentationsformen der Zusammenarbeit zu finden, die nicht allein konventionelle Parameter der betrieblichen Aufbau- und Ablauforganisationen modellieren. Die Berücksichtigung des Koordinationsablaufes sowie der geplanten Interaktionslogik zwischen Kooperationsteilnehmern einer virtuellen Organisation ist eine wesentliche Voraussetzung zur Gestaltung flexibler und rekonfigurierbarer Prozeßmodelle in virtuellen Organisationsstrukturen. Mit Hilfe einer geradezu mechanistischen Modellierung von Koordinationszusammenhängen in virtuellen Organisationsstrukturen können verschiedene Alternativen der Arbeitsteilung getestet werden, unter denen dann die beste ausgewählt werden kann.[548] Bedarfsweise können auch ganze Prozeßmodule miteinander verbunden werden, die den einzelnen Beiträgen der Kooperationspartner entsprechen. CSCW-Ansätze unterstützen eine variable Strukturbeschreibung der Zusammenarbeit, auf die sich die beteiligten Partner des Verbundes beziehen können, in die sie sich einordnen können und die Zusammenarbeit auf Gruppenebene planen können.
Dabei können insbesondere die für virtuelle Organisationen besonders bedeutsamen Fragen der Prozeßgestaltung angemessen berücksichtigt werden: [549]
- *Positionierung und Nutzung entscheidender Kompetenzen:* Es ist festzulegen, welche Kompetenzen und Kapazitäten zur Erfüllung des Projektauftrags zu nutzen sind und wie zentralisiert oder peripher deren Positionierung relativ zur Wertschöpfung des Verbundes erfolgen kann.
- *Wertigkeit der Aktivitäten:* Die jeweiligen Aktivitäten können in ihrer Bedeutung für das Gesamtprojekt sowie ihrer Komplexität und Interaktionsintensität beurteilt werden, so daß eine effizientere Planung der Mittelvergabe des Verbundes erfolgen kann.
- *Stabilität der Aktivitäten:* Durch eine umfassende Modellierung wird erkennbar, wie dynamisch der Verlauf der Kooperation sein wird. Durch Berücksichtigung verschiedener Interdependenzzustände und Aktivitätenalternativen kann der Verlauf des Abstimmungsprozesses abgeschätzt und die Beanspruchung des Netzwerkes geplant werden.

In bezug auf die Entwicklung von Kooperationssystemen für virtuelle Organisationsstrukturen können derartige Aktivitätenmodelle für die Gestaltung von

---

[548] Vgl. zur CSCW-Sicht der Gestaltung von Koordinationsmechanismen Schmidt, Simone /Coordination 1996/ 163ff.
[549] Vgl. Dorf /Designing 1996/ 140.

„Mechanismen der Interaktion" verwendet werden.[550] So geben derartige Modelle im Rahmen der Systementwicklung unter anderem wertvolle Hinweise zu den folgenden Aspekten von Kooperationssystemen:
- Unterstützungspotential kooperativer Arbeit durch Informations- und Kommunikationssysteme,
- Effizienzgewinne durch alternative Kooperationskonfigurationen,
- Allokation der erforderlichen Systemfunktionalitäten zwischen Personen und Hilfsmitteln der Kooperation,
- Problemfelder der Kooperation, in denen Kooperationssysteme mehr Probleme schaffen als gelöst werden.[551]

4.4.3 Berücksichtigung sozialer und gruppenpsychologischer Aspekte des Zusammenwirkens von Personen

Virtuelle Organisationen sind durch die umfangreiche Verwendung von Koordinationstechnologien Systeme, in denen soziale menschliche Verhaltensmuster durch Informations- und Kommunikationssysteme ausgedrückt werden müssen. Die Kommunikation zwischen Personen erfolgt in virtuellen Organisationsstrukturen verstärkt mit Hilfe computerunterstützter Werkzeuge, was dazu führt, daß konventionelle menschliche Interaktionsformen ihre Bedeutung verlieren. Computerunterstützte Kommunikation zwischen Personen einer virtuellen Organisation zu verstehen und zu gestalten bedarf dabei einer Methodik, die sich gezielt mit sozialen und gruppenpsychologischen Einflußfaktoren der Zusammenarbeit befaßt. Dabei werden gruppendynamische Effekte modelliert, die für das effektive Funktionieren von Gruppen entscheidend sind.
CSCW-Ansätze bieten in diesem Kontext nicht nur ein geeignetes interdisziplinäres theoretisches Fundament, sondern auch Methodiken, wie soziologische oder psychologische Erkenntnisse in die computerunterstützte Organisationsgestaltung einfließen können.[552] Methoden der sozialwissenschaftlichen Kleingruppenforschung geben in der Anwendung auf virtuelle Organisationsstrukturen Auskunft über Struktur- und Prozeßaspekte des Gruppengeschehens, die mit konventionellen betriebswirtschaftlichen, meist quantitativen Instrumenten nicht erzielbar wären.[553] So können Gruppenphänomene wie Gruppenproduktivität, -kohäsion, -entscheidungsfindung, Vertrauen, Konfliktlösungen oder

---

[550] Vgl. Schmidt u.a. /Mechanisms 1993/ 155.
[551] Vgl. Schmidt u.a. /Mechanisms 1993/ 155.
[552] Vgl. Randall, Rouncefield /Chalk 1995/ 325ff.
[553] Diese Aussage kann mit der Strukturiertheit der Methodik begründet werden. Aufgrund der Kontextbezogenheit und der a priori nicht exakt bekannten Form einer virtuellen Organisation eignen sich qualitative Analysen besonders, um zunächst eine genauere Vorstellung des Untersuchungsgegenstand entwickeln zu können, die dann ggf. durch Hypothesenbildung und Variablenfestlegung quantitativ fortgesetzt werden kann. Vgl. Lehner u.a. /Organisationslehre 1991/ 249f.

Technologieakzeptanz in virtuellen Organisationsstrukturen erklärt und gestaltet werden.[554] Diese Phänomene sind insbesondere in virtuellen Organisationsstrukturen von hoher Bedeutung, da die zeitliche Befristung der Zusammenarbeit für sie entweder beschleunigend oder unterbindend wirkt.

4.4.4 CSCW-Ansätze als Grundlage der Systemplanung

Die Computerunterstützung der Gruppenarbeit in virtuellen Organisationsstrukturen unterscheidet sich grundlegend von der in weniger dynamischen Organisationsformen. Sie ist schwer antizipierbar, zumeist unspezifisch und aufgrund der Vielzahl beteiligter Partner sehr uneinheitlich. Um dennoch eine Systemplanung dieser Anwendungen zu ermöglichen, müssen möglichst viele dieser Charakteristika und Restriktionen berücksichtigt werden. Daher ist die Berücksichtigung von CSCW-Ansätzen unabdingbar, da nur durch diese die erforderlichen kooperativen Funktionen entwickelt werden können.

So unterscheiden sich kooperative Anwendungen beispielsweise in der Frage der Koordination der beteiligten Personen. Diese kann entweder auf Aktivitäts- oder auf Objektebene ablaufen. Während bei der Koordination auf Aktivitätsebene Tätigkeiten kooperativen Handelns in eine vorhersehbare Ordnung gebracht werden, wird bei der Koordination auf Objektebene das bearbeitete Objekt (*Artefakt*) als Koordinationsgegenstand verwendet.[555]

Ein weiterer Unterschied ist in der Spezifität der kooperativen Anwendung zu sehen. In der Regel liegt CSCW-Systemen ein Schemakonzept zugrunde, welches den Kooperationsprozeß zumindest grundlegend vorstrukturiert. Dieses Schemakonzept ist bei gut strukturierten Problemen wie der Vorgangssteuerung detailliert und zur Laufzeit nur teilweise abänderbar. Bei weniger gut strukturierten, kommunikationsorientierten Anwendungen wird dieses Schemakonzept nur schwach ausgeprägt sein, dafür aber wesentlich mehr Freiheitsgrade für dessen Änderung bzw. Erweiterung einräumen.[556]

Sollen nun Anwendungssysteme zur Unterstützung der Kooperation in virtuellen Organisationsstrukturen entworfen werden, so ist es erforderlich, eine Entwurfsmethodik zu verwenden, die auch Spezifika und Leistungsmerkmale geeigneter Werkzeuge berücksichtigt. CSCW-Ansätze stellen dafür nicht nur eine hinreichende Beschreibungssyntax, sondern auch geeignete Referenzen auf kooperative Anwendungswerkzeuge zur Verfügung.

---

[554] Vgl. Ackerman, Starr /Indicators 1996/37ff.; Klein /Computer 1994/ 209ff.; Lou, Scamell /Acceptance 1996/ 173ff.; Reiter /Trust 1996/ 71f.
[555] Vgl. Jablonski , Böhm, Schulze /Workflow 1997/ 378.
[556] Vgl. Jablonski , Böhm, Schulze /Workflow 1997/ 381.

4.4.5 CSCW-Ansätze als Grundlage der Systementwicklung kooperativer Anwendungswerkzeuge

Zur Umsetzung des Entwurfes kooperativer Anwendungswerkzeuge für virtuelle Organisationsstrukturen in eine konkrete Implementierung ist es erforderlich, eine geeignete Methodik zur Anwendung zu bringen. CSCW-Ansätze, die formale Repräsentationen von Koordinationsmustern beinhalten, weisen dabei häufig eine enge Bindung zwischen dem logischen Koordinationsmodell und dem ontologischen Objektmodell auf, wie am Beispiel des Groupware-Systemkonzepts von *Ellis* und *Wainer* oben erläutert wurde. So kann die Planung der Koordination von Akteuren, Aktivitäten, Ressourcen und Abhängigkeiten in virtuellen Organisationsstrukturen in enger Abstimmung mit einem für den Systembetrieb zugrundezulegenden Objektmodell erfolgen. Formen der Interaktion zwischen den Beteiligten einer virtuellen Organisation können so beispielsweise auch gleich über die Verwendung geeigneter Artefakte modelliert werden. So können die einzusetzenden Artefakte (persönliche Nachrichten, allgemeine Mitteilungen, anwendungsspezifische Formulare etc.) in Kooperationsprozessen einer virtuellen Organisation als Koordinationsinstanzen zwischen Beteiligten verwendet werden. Diese Artefakte können damit nicht nur Gegenstand, sondern auch Medium der Zusammenarbeit werden, wenn sie auch Ausdrucksformen persönlicher Kommunikation aufzunehmen vermögen.[557] Die in virtuellen Organisationsstrukturen möglichen Interdependenzen können klassifiziert und als Koordinationsproblem objektzentrierter Kooperation beschrieben werden.[558] Diese Implementierungsform kann Bestandteil eines Objektmodells einer virtuellen Organisation sein, das mit Hilfe eines objekttechnologiebasierten Frameworks Ziele, Rollen, Rechte und Vertrauensbeziehungen modelliert. *Wood* und *Milosevic* beschreiben eine solche Anpassung konventioneller Objektmodelle, die auf dem Open Distributed Processing-Referenzmodell (RM-ODP) basiert.[559] Vorteile dieses Vorgehens sind die Wiederverwendbarkeit von Systemkomponenten, die dynamische Objektspezifikation sowie die Möglichkeit, ein virtuelles Unternehmen als Rahmen interagierender Rollen verschiedener Akteure zu beschreiben. Werden diese Rollen in verschiedenen Spezifikationen zu Mustern zusammengefaßt, können auch zusammenhängende Wertschöpfungskomponenten gebildet werden.[560]

---

[557] Vgl. Dix /Design 1994/ 13.
[558] Vgl. Ludwig /Koordination 1997/ 46f.
[559] Vgl. Wood, Milosevic /Virtual 1998/. Vgl. zu ODP-Grundkonzepten Pastor, Jager /Architectural 1993/ 107ff.
[560] Wood und Milosevic legen Wert auf die Erweiterung konventioneller Objektmodelle um Charakteristika, die für virtuelle Organisationen von Bedeutung sind. Aus diesem Grunde führen sie auch keine neue Beschreibungsnotation ein, sondern halten die Verwendung von z.B. der UML-Notation für sinnvoll. Vgl. Wood, Milosevic /Virtual 1998/.

4.4.6 Verbindung von CSCW-Ansätzen zu Integrationsmodellen

Trotz der zuweilen stark interdisziplinär geprägten Ausrichtung der CSCW-Ansätze existieren in dem Forschungsgebiet auch integrierte Zusammenfassungen von Konzepten computerunterstützter Gruppenarbeit, welche die ganzheitliche Modellierung von Kooperationssituationen in virtuellen Organisationsstrukturen ermöglichen können. So werden verschiedene Theorien und/oder Konzepte zu einem integrierten Beziehungssystem verbun-den, das nicht nur isolierte Probleme adressiert, sondern Zusammenhänge des Einsatzes von CSCW-Systemen beschreibt. Diese Rahmenwerke (*Frameworks*) setzen zumeist eine Reihe von aufgabenspezifischen Variablen der Gruppenarbeit miteinander in Beziehung, so daß Wirkungen der verschiedenen Ebenen aufeinander erkennbar werden.[561]

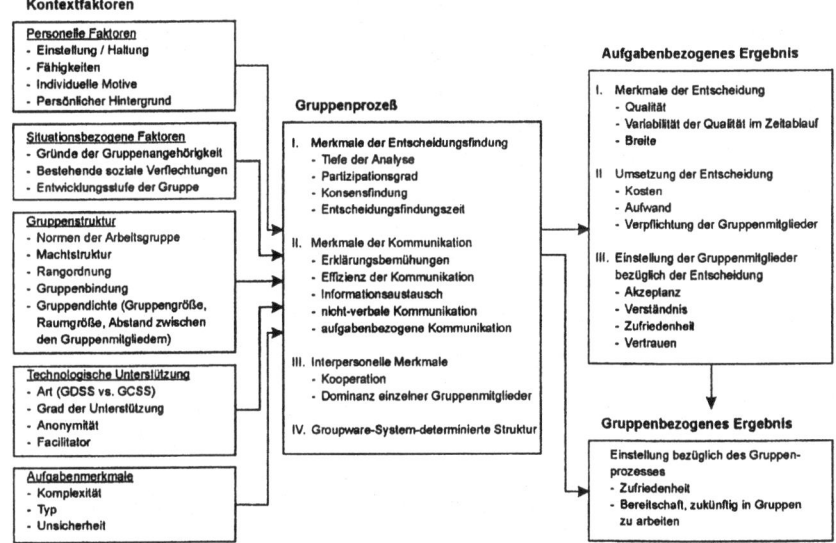

Abb. 7: GDSS/GCSS-Modell nach Pinsonneault/Kraemer
(in Anlehnung an Hinssen /Difference 1998/ 64)

---

[561] Vgl. Hinssen /Difference 1998/ 63.

Das obige Beispiel des Konzeptes von *Pinsonneault* und *Kraemer* zeigt die Breite der einbezogenen Faktoren.[562] Ein solcher Framework ist dabei nicht nur zur Gestaltung des Kontextes und der zentralen Prozeßmuster einer virtuellen Organisation geeignet. Vielmehr reflektieren die integrierten Frameworks der CSCW-Ansätze auch einen hohen methodischen Erfahrungsreichtum. Sie können als Referenz bei der Modellierung virtueller Organisationsstrukturen dienen, indem sie die Vorgehensweise und Grundstruktur vorgeben, nicht jedoch zwingend deren Inhalte. Die daraus resultierenden Gruppenprozeßmodelle für virtuelle Organisationsstrukturen, integrieren damit die verschiedenen technologischen, sozialen und organisatorischen Perspektiven.
Am Beispiel der CSCW-Frameworks zeigt sich der Nutzen dieser Ansätze für die Modellierung von virtuellen Organisationsstrukturen. Sie strukturieren das System *Virtuelle Organisation*, entwickeln Perspektiven auf einzelnen Ebenen der Zusammenarbeit und vermögen diese wieder zusammenzuführen.[563] CSCW-Konzepte geben somit Empfehlungen für die Gestaltung von Arbeitskonfigurationen auf der Gruppenebene einer virtuellen Organisation und stellen Methoden und Repräsentationsformen für die computerunterstützte Gruppenarbeit zur Verfügung, die in ihrer Aussagefähigkeit, Weiterverwendbarkeit und Eignung als Grundlage für den Entwurf kooperativer Informations- und Kommunikationssysteme nicht von Ansätzen anderer Fachgebiete allein erfüllt werden können.[564]

4.5 Zur Bedeutung empirischer Untersuchungen der Gestaltung der Kooperation in virtuellen Organisationsstrukturen

Die Berücksichtigung der noch zumeist jungen und schwach integrierten Theorieansätze zeichnet zwar ein deutliches und aussagekräftiges Bild, vermag aber den phänomenologischen Charakter dieser Organisationsform nicht hinrei-

---

[562] Hinssen stellt im Zusammenhang mit seiner qualitativen Bewertung empirischer Ansätze in der CSCW-Forschung die Konzepte des EMS Modell der University of Arizona, das GDSS/GCSS-Modell von Pinsonneault und Kraemer sowie das Faktoren-Modell von Hiltz und Turoff gegenüber, die u.a. als Grundlage der Entwicklung eines eigenen Ansatzes verwendet werden. Sowohl auf Hinssens Ausführungen als auch auf die dargestellten Konzepte einzugehen, würden den Rahmen dieser Arbeit erheblich überschreiten. Vgl. Hinssen /Difference 1998/61ff. In der CSCW-Literatur sind vielfältige derartige Konzepte nachzuweisen, die häufig zu Beginn interdisziplinärer Forschungsprojekte entwickelt werden oder als nachträglicher Integrationsrahmen einzelne CSCW-Projekte nachträglich zusammenfassen. Vgl. Olson, Olson /Common 1997/ 77ff.; Rana, Turoff, Hiltz /Interaction 1997/ 66ff.

[563] Vgl. Schmidt /Organization 1994/ 106.

[564] CSCW-Ansätzen kommt damit eine noch bedeutsamere Rolle zu, wenn die Ansprüche an Formen der virtuellen Organisation so hoch sind wie bei Faucheux: „Moving in the virtual organizing direction, we transform our social reality in several ways. ... We achieve a better appreciation of the broader contexts - social, cultural, biological, cosmic - in which our lives are embedded." (Faucheux /Organizing 1997/ 55).

chend zu berücksichtigen. Somit kommen zur Erklärung virtueller Organisationsstrukturen neben einer umfassenden theoretischen Fundierung auch empirische Untersuchungen in Betracht. So sind im relevanten Schriftum der letzten Jahre zahlreiche Beschreibungen von praktischen Beispielen virtueller Organisationen erschienen, die Ansatzpunkte für eine empirische Untersuchung dieser Organisationsform sind oder sein könnten. Die Schwerpunkte dieser Darstellungen liegen in den folgenden Branchen:

- *Informationstechnologie, Softwareentwicklung und Systemintegration* (Entwicklung und Vertrieb von betrieblichen Informations- und Kommunikationssystemen sowie multimedialer Anwendungen),[565]
- *Unternehmens- und Steuerberatung sowie Wirtschaftsprüfung* (betriebswirtschaftliche Managementberatung und Informationstechnologieberatung),[566]
- *Handel und Dienstleistungen* (Vertrieb von Versandgütern sowie Werbung, Marketing, Übersetzungen/Lokalisierungen),[567]
- *Netzwerke industrieller Logistik* (Beschaffungsmanagement und Zuliefernetzwerke)[568] und *Fertigung* (Produktionsverbünde, Spezialfertigungen, regionale Kooperationsnetzwerke).[569]

Die große Mehrheit der Darstellung praktischer Fallbeispiele in der Literatur ist zumeist auf die qualitative Beschreibung einzelner Fälle und der in diesem Zusammenhang relevanten Merkmale beschränkt.[570]

---

[565] Vgl. Sieber /IT-Branche 1998/ 265ff.; Faisst /Unterstützung 1998/ 19ff.; Sieber, Griese /DV-Branche 1997/ 17ff.; Goldman u.a. /Agil 1996/ 179ff.; Sieber /Kommunikationslösungen 1997/; Sieber /Softwareentwicklung 1997/; Sieber /Virtualisierungstendenz 1997/; Hofmann, Kläger, Michelsen /Unternehmensstrukturen 1995/ 24ff.; Lipnack, Stamps /Teams 1997/ 160ff.; Heartsch, Stanoevska-Slabeva /Electronic 1998/ 189ff.; Simon /Chancen 1998/ 137ff.; Dubinskas /Virtual 1993/ 408f.

[566] Vgl. Reichwald u.a. /Telekooperation 1998/ 233ff.; Braun /Strukturen 1997/ 238ff.; Sieber, Suter /Strukturen 1996/; Sieber, Suter /Typen 1997/; Franke /Evolution 1998/ 59; Sieber, Griese /Strategy 1997/ 381ff.; Dubinskas /Virtual 1993/ 406ff.

[567] Vgl. Gebauer, Hartmann /Going 1997/ 30ff.; Wüthrich, Philipp, Frentz /Virtualisierung 1997/ 191ff.; Sieber /OBS 1997/ 34ff.; Reichwald u.a. /Telekooperation 1998/ 258ff.; Brütsch, Frigo-Mosca /Organisation 1996/ 35.

[568] Vgl. Wüthrich, Philipp, Frentz /Virtualisierung 1997/ 134ff.; Kemmner, Mayer / Unternehmen 1998/ 3ff.; Bakos, Brynjolfsson /Partnerships 1997/ 5; Skyrme /Realities 1998/ 27.

[569] Vgl. Bultje, Wijk /Taxonomy 1998/ 13ff.; Müller-Wallenborn, Zwicker /Unternehmensverbünde 1999/ 340ff.; Wüthrich, Philipp, Frentz /Virtualisierung 1997/ 148ff.; Numata, Lei, Iwashita /Knowledge Amplification 1996/ 281ff.; O'Leary, Kuokka, Plant /Intelligence 1997/ 53ff.; Ott /Ansatz 1996/ 14ff.; Bremer u.a. /Case 1999/ 35ff.; Appel, Behr /Theory 1996/ 13; Upton, McAfee /Virtual Factory 1996/ 124f.; Yanagishita /Virtual Enterprises 1996/ 766ff.; Eren, Schmidt /Netze 1998/ 24ff. Die angrenzende Organisationsform regionaler Kooperationen wird mit Beispielen in Jarke, Kethers /Kooperationskompetenz 1999/ 317ff. beschrieben.

[570] Vgl. Ahuja, Carley /Network 1998/ 3.

Diese Problematik liegt zum einen in der unscharfen Definition der virtuellen Organisation und der damit problematischen Abgrenzung zu anderen Organisationsformen begründet. Untersuchungen, die ein profundes Verständnis des Untersuchungsobjekts sowie eine klare Definition ausschlaggebender Strukturmerkmale zugrunde legen, sind in der Literatur damit zwangsläufig selten aufzufinden.[571] Die Abstinenz dieser Grundlegung nährt bei vielen Beschreibungen vermeintlich virtueller Organisationen den Schlagwortverdacht: „Immer mehr Firmen wenden die Kennzeichnung virtuell auf sich an, um als Mitglied im innovativen Club der Virtualisierungspioniere gelten zu können."[572] Zum anderen wird nur in den wenigsten Fällen eine Methodik angewandt, die geeignet wäre, die gewünschten Erklärungsansätze zu stützen und referentielle Aussagensysteme hervorzubringen. In diesem Zusammenhang ist durchaus die Frage zu stellen, ob überhaupt eine Methode der empirischen Untersuchung existiert, die über die Betrachtung einzelner, isolierter Facetten hinaus das Gesamtkonstrukt erfassen kann. Diese Problematik gilt insbesondere für die Beziehung zwischen Struktur und Leistungsfähigkeit der virtuellen Organisation. So existieren zwar Methoden, die den Grad der *Virtualisierung* zu messen versuchen.[573] Jedoch ist deren Aussagefähigkeit begrenzt, da sie kaum objektivierbar sind, zumeist nur vergleichenden Wert haben und häufig zu dem Ergebnis kommen, daß nicht eine einheitliche Organisationsform, sondern nur unterschiedlich starke Ausprägungsgrade virtueller Organisationen festzustellen sind.[574]

In bezug auf die Untersuchung von Kooperationsphänomenen in virtuellen Organisationsstrukturen weisen die vorliegenden empirischen Untersuchungen ein ähnliches Bild auf und bleiben in ihren Aussagen auf einfache Wirkungszusammenhänge beschränkt. Diese orientieren sich methodisch zumeist an einer Untersuchung der Kommunikationsintensität oder -kanäle, die in einer virtuellen Organisation vorzufinden sind und versuchen, einen Zusammenhang zwischen Kommunikation und Struktur der Organisationsform zu finden.[575]
So soll beispielsweise in der von *Ahuja* und *Carley* durchgeführten empirischen Untersuchung, die sich stark an die aus der Organisationslehre bekannten Formen der Untersuchung von Netzwerken orientiert, ein Zusammenhang zwischen Netzwerkstruktur und elektronischer asynchroner Nachrichtenkommuni-

---

[571] Vgl. Ahuja, Carley /Network 1998/3. Ahuja, Carley bemängeln das Fehlen einer terminologischen Grundlage zur Beschreibung der Strukturmerkmale *Zentralisation, Hierarchiegrad* und *-ebenen*.
[572] Vgl. Reiß /Unternehmung 1996/ 10.
[573] Vgl. beispielhaft Klüber /Framework 1998/ 93f.
[574] Vgl. Kraut u.a./Coordination 1998/ 19.
[575] Vgl. beispielhaft Wiesenfeld, Raghuram, Garud /Communication 1998/.

kation hergestellt werden.[576] Auf diese Weise sollen Beziehungen zwischen der Struktur einer Organisation und der Effizienz der Aufgabenerfüllung deutlich werden. Neben einer Vielzahl methodischer Kritikpunkte (mangelnde Repräsentativität der Gruppe, Störfaktoren bei der Feldstudie oder Reduktion der Kommunikationskanäle auf eine 1:1-Beziehung begrenzter Ausdrucksfähigkeit[577]) sind es besonders die zwangsläufig stark verallgemeinerten Rückschlüsse auf die organisatorische Effektivität, die problematisch wirken und eher mehr Fragen aufwerfen, als sie beantworten. *Ahuja* und *Carley* kommen im Ergebnis zu folgendem Schluß:

„*We also found evidence that in this virtual organization, as in traditional organizations, the structure was matched to the task characteristics. However, unlike traditional organizations, this fit between communication structure and task improved the perception of performance but did not appear to improve objective performance. This suggests that the decoupling of the authority structure and the communication structures in the virtual organization may also result in decoupling subjective and objective performance. Whether such decoupling is beneficial to the organization remains an empirical question.*"

Empirische Studien zur Funktionsweise virtueller Organisationen resultieren häufig in sehr begrenzt gültigen Aussagen, die nur schwer miteinander in Beziehung gesetzt werden können. Für die beobachteten Resultate können nur selten eindeutige Ursache-Wirkung-Zusammenhänge konstruiert werden, die jedoch zur Ableitung von Gesetzmäßigkeiten erforderlich sind.[578] So erscheint in diesem Kontext die These, Zusammenhänge zwischen Organisationsstrukturen und Unternehmenserfolg könnten wegen der uneindeutigen Interdependenzen zwischen beiden Ebenen höchstens spekulativer Natur sein, durchaus nachvollziehbar.[579] Als Ergebnis der seit über fünfundzwanzig Jahren in der Organisationstheorie geführten Diskussion zu Effektivität und Effizienz

---

[576] Vgl. Ahuja, Carley /Network 1998/ 8ff. Dabei wurden 928 E-Mail-Nachrichten kategorisiert und daraufhin untersucht, welchen hierarchischen und zentralisierten Bezug sie zur Gesamtorganisation aufweisen. So wurde beispielsweise die Reziprozität von Nachrichten als Maßstab für eine hohe Kommunikationsintensität und damit der Überbrückung von Hierarchien verwendet.

[577] Vgl. Ahuja, Carley /Network 1998/ 17.

[578] Kraut u.a. kommen im Fazit ihrer Untersuchung von Virtualisierungsphänomenen zum Schluß, daß sich anschließende Forschungen stärker auf koordinationsmechanische Fragestellungen beziehen sollten: „Follow-up research would also benefit form a more detailed examination of the mechanisms by which use of electronic networks and personal relationships influence virtualization and coordination success. In particular, it would be useful to understand better the way that effects of these coordination mechanisms are mediated by flexibility and trust." Kraut u.a./Coordination 1998/ 19. Damit wird indirekt eingeräumt, daß der Fokus der Analyse sich zur Entwicklung von Erklärungszusammenhängen noch wesentlich stärker auf zugrunde liegende Wirkungszusammenhänge konzentrieren müßte und einen wirklichen Erkenntnisbeitrag zu leisten.

[579] Vgl. Drumm /Dezentralisation 1995/ 4.

von Organisationsstrukturen zieht *Drumm* die Schlußfolgerung, daß lediglich „Plausibilitätsüberlegungen zur Erfolgswirkung von Organisationsstrukturen"[580] möglich sind.
Im Fazit der Beurteilung empirischer Analysen virtueller Organisationen und deren Strukturen verursacht das Fehlen eines integrierten theoretischen Bezugsrahmens sowie eine uneinheitliche terminologische Basis deren eingeschränkte Aussagefähigkeit. Insbesondere die häufig in den amerikanischen *Information Systems Research*-Forschungen verwendeten behavioristischen Ansätze sind in ihrer Ausschnitthaftigkeit zu kritisieren:

> „So lautet eine häufig geäußerte Kritik an behavioristischen Untersuchungen in der Betriebswirtschaftslehre, daß bei der zum Teil aufwendigen Erhebung und Auswertung zur Überprüfung einzelner, relativ bescheidener Hypothesen die Einordnung der Ergebnisse in einen übergeordneten theoretischen Bezugsrahmen zu wenig Beachtung erfährt." [581]

Am Beispiel der Anwendung kontingenztheoretischer Ansätze zur Erklärung der Technologie-Organisation-Beziehung verdeutlicht sich diese Problematik:[582] Zur Untersuchung des Einflusses der Technologie auf die Organisationsgestaltung kann zwangsläufig nur ein statisches Bild der Situation zugrunde gelegt werden, das nur für einen bestimmten Zeitpunkt Korrelationen zwischen Organisationsstruktur- und Technologieebenen aufzeigen kann. Mit dieser willkürlichen, vermeintlich repräsentativen Zeitpunktwahl wird der dynamische Wandel der Anpassung beider Ebenen fast vollständig ignoriert, womit eine generelle Erklärung über spezifische Korrelationen hinaus unmöglich wird. Des weiteren reduzieren Kontingenzmodelle technologische und soziale Systeme auf fixe Objekte, die menschlichen Handlungen, Intentionen und Interpretationen unzugänglich sind.[583]
So können aus diesem eher kritisch einzuschätzenden Bild des Erkenntnisbeitrags empirischer Forschungen ähnliche Forderungen abgeleitet werden, wie sie auch für die Wirtschaftsinformatik häufiger formuliert werden: Zum einen ist dies die Forderung nach einem stärkeren Methodenpluralismus, der behavioristische, formal-wissenschaftliche und deutlich sozialwissenschaftlich-orientierte Methoden vereint.[584] Erst die Verbindung dieser verschiedenen Perspektiven läßt gehaltvolle, theoretisch-referentielle Aussagen erwarten.[585] Im Zusammen-

---

[580] Drumm /Dezentralisation 1995/ 4.
[581] Frank /Herausforderungen 1998/ 100.
[582] Vgl. für die folgenden Argumente Dubinskas /Virtual 1993/ 391.
[583] Vgl. Dubinskas /Virtual 1993/ 391.
[584] Vgl. Frank /Herausforderungen 1998/ 111. Für eine stärkere Berücksichtigung organisationstheoretischer Erkenntnisse und Modelle in der Wirtschaftsinformatik vgl. Rolf /Grundlagen 1998/ 7.
[585] Vgl. als Beispiel der Verbindungen qualitativer und quantitativer Methoden zur Untersuchung virtueller Organisationen Sieber /IT-Branche 1998/ 63ff.

hang mit dieser Forderung ist auch das Erfordernis einer stärker interdisziplinär ausgerichteten Forschung zu sehen. Dies liegt zum einen daran, daß die Verwendung unterschiedlicher Forschungsmethoden außerhalb ihres Fachkontextes schnell problematisch werden kann. Zum anderen verspricht der Dialog mit anderen Forschungsfeldern eine Profilierung des Forschungsgebietes der virtuellen Organisationen. So ist vorstellbar, daß sich eine internationale Forschungsszene in diesem Themengebiet entwickelt, die ähnlich wie die CSCW-Forschung reifen kann.

Das CSCW-Gebiet dürfte bis zum heutigen Tage eher noch von seiner Unschärfe profitieren. Dies liegt darin begründet, daß sich um den Untersuchungsgegenstand computerunterstützter Gruppenarbeit eine offene, interdisziplinäre Szene gebildet hat, die akzeptiert, daß es sich bei CSCW um einen *Umbrella Term*, um eine *Arena* oder um eine *alternative Denkweise des Computerdesigns* handelt.[586]

Diese bewußte und wesensbegründende Toleranz im Dialog mit angrenzenden Forschungsgebieten dürfte zur weiteren Entwicklung des Forschungsgebietes und der Entstehung gehaltvoller Aussagensysteme von entscheidender Bedeutung sein.[587]

---

[586] Vgl. Bannon /Perspectives 1992/ 149; Grudin /Work 1994/ 21.
[587] Positiv zu vermerken sind die jüngsten Entwicklungen am Institut für Wirtschaftsinformatik der Universität Bern, die das Entstehen einer offenen, wissenschaftlichen Gemeinschaft in diesem Themenkreis versprechen. Die Herausgabe einer elektronischen Zeitschrift (*Electronic Journal of Organizational Virtualness*, ISSN 1422-9331) und die Entwicklung einer akademischen Veranstaltungsreihe (*VoNet Workshops on Organizational Virtualness and Electronic Commerce*) reflektieren in Grundzügen diejenige Interdisziplinarität und Internationalität, die zur Reife einer solchen akademischen Szene erforderlich ist.

5 Kooperative Prozesse in virtuellen Organisationsstrukturen

Um Kooperation in virtuellen Organisationsstrukturen mit Hilfe von Informations- und Kommunikationssystemen gestalten zu können, müssen zunächst Charakteristika der Kooperation untersucht werden. Daraufhin kann ein Rahmen der zu unterstützenden Aktivitäten entwickelt werden, der als Ausgangspunkt für die Spezifikation geeigneter Informations- und Kommunikationssysteme dient.

In diesem Abschnitt werden Einflußfaktoren und Variablen kooperativer Prozesse beschrieben, die für die Entwicklung von computergestützten Kooperationssystemen für virtuelle Organisationsstrukturen bedeutsam sind.

Die Koordination der arbeitsteiligen Beiträge von Partnern in virtuellen Organisationen muß der dezentralen, offenen Struktur der Gesamtorganisation entsprechen. Um die erforderliche Koordinationsleistung erbringen zu können, sind Abstimmungsprozesse notwendig, die aufgrund ihres unvorhersehbaren und unstrukturierten Charakters in enger Zusammenarbeit zwischen den Partnern durchgeführt werden müssen.[588] Sie müssen damit dem Erfordernis der Selbstorganisation der Subsysteme einer virtuellen Organisation gerecht werden. Diese enge, zielgerichtete Interaktion der Aufgabenträger wird in diesem Zusammenhang als Kooperation bezeichnet.[589]

Damit grenzt sich diese begriffliche Interpretation gegenüber dem traditionellen Verständnis von Kooperation in Ansätzen der betriebswirtschaftlichen Organisationslehre ab. Diese beschrieb Kooperation lange Zeit zumeist als die Zusammenarbeit verschiedener Unternehmen.[590] Diese inter-organisatorische Auffassung, die anfänglich die Idee virtueller Organisation bestimmte,[591] ist auch in der gegenwärtigen Forschung noch ein zentrales Leitmotiv.[592] Dennoch vermag diese Interpretation noch nicht ausreichend zu erklären, wie die interne Aufgabenerfüllung in virtuellen Organisationen funktionieren kann.

Dazu bedarf es einer Sichtweise der Kooperation, die auf eine differenzierte Betrachtung der Interaktionssituationen zwischen den Partnern gerichtet ist.

---

[588] Vgl. zum Zusammenhang zwischen operativer Abstimmung und organisatorischer Koordinationsleistung Müller /Coordination 1997/ 27ff.
[589] Vgl. Hummel /Chancen 1996/ 10.
[590] Vgl. beispielsweise Rasche /Kooperation 1970/ 33ff., Blohm /Kooperation 1990/ 1112; Büchs /Kooperationen 1991/; Haury /Kooperation 1989/; Picot, Reichwald, Wigand /Unternehmung 1996/ 279ff.; Thelen /Kooperation 1993/ 46ff. und grundlegend Balling /Kooperation 1998/. Die Perspektive der Wirtschaftsinformatik in diesem Zusammenhang beschreibt grundlegend Kronen /Unternehmungskooperationen 1994/.
[591] Vgl. grundlegend Davidow, Malone /Corporation 1992/.
[592] Die Konzeption und Umsetzung von *Kooperationsbörsen* für virtuelle Organisationen ist ein solches in der Literatur vielfach vorfindbares Motiv. Vgl. beispielhaft Odendahl, Hirschmann, Scheer /Cooperation 1997/ 13ff. und ausführlich Faisst /Unterstützung 1998/ 65ff.

Somit wird im folgenden der Begriff der Kooperation auf *intra-organisatorische* Vorgänge angewendet und das System der virtuellen Organisation als Rahmen für die Organisation arbeitsteiliger Prozesse gesehen.

5.1 Virtuelle Organisation als Kooperationssystem

Die Betrachtung der Zusammenarbeit begründete auch die Interpretation virtueller Organisationen ersten und zweiten Grades.[593] Virtuelle Organisationen ersten Grades sind gekennzeichnet durch die Anwendung der eingangs beschriebenen Funktionsprinzipien auf *eine einzelne* Organisation. Diese Perspektive betrachtet die Frage, wie die Arbeitsbeiträge der einzelnen Partner koordiniert werden können und welche konkreten Organisationsformen sich zur Erfüllung dieser Ziele anbieten bzw. ergeben.[594] Demgegenüber sind virtuelle Organisationen zweiten Grades Interorganisationssysteme, die aus selbständigen Subsystemen, also beispielsweise rechtlich eigenständigen Unternehmen bestehen können. Diese Sichtweise betrachtet primär Organisationsvorgänge zur Gestaltung des Netzwerks der selbständigen Partner und erst sekundär die Verrichtung der eigentlichen Zusammenarbeit.[595]

Virtuelle Organisationen ersten Grades werden in der Literatur häufig als Vorläufer, zuweilen auch als Vorbedingung für virtuelle Organisationen zweiten Grades gesehen.[596] Diese Charakterisierung basiert auf der Überlegung, daß eine Organisation zunächst geeignete Strukturen im Inneren schaffen muß, die dann auch nach außen die weiterführende Modularisierung der Leistungserstellung erlauben. Insofern sind intra-organisatorische Strukturen, die die eingangs beschriebenen Funktionsprinzipien virtueller Organisation verwirklichen, konstituierende Elemente für alle weiterführenden Formen virtueller Organisationen, die im folgenden noch detaillierter zu beschreiben sind.

Diese Sichtweise begründet auch die Interpretation virtueller Organisationen als Kooperations*system*. So sind Kooperationsbeziehungen des *Systems* virtueller Organisation sowohl an dessen Peripherie als auch in dessen Binnenstruktur zu unterscheiden.[597] Damit wird nicht nur die Fähigkeit zur Kooperation der Subsysteme miteinander bezeichnet, wie dieses häufig im Zusammenhang mit der Diskussion des Begriffes der Kooperation in virtuellen Organisationen in der Literatur zu finden ist.[598]

---

[593] Vgl. Klein /Organisation 1994/ 34.
[594] Vgl. Schwarzer, Krcmar /Organisationsformen 1994/ 26.
[595] Vgl. Schwarzer, Krcmar /Organisationsformen 1994/ 26.
[596] Vgl. Olbrich /Modell 1994/.
[597] Vgl. beispielsweise Bleicher /Kooperation 1991/ 144ff.
[598] Vgl. beispielhaft Larsen /Organization 1999/ 18f.; Wassenaar /Understanding 1999/ 8f. sowie grundlegend auch Sieber /Organizations 1997/ 5ff; Scholz /Netzwerkkooperation 1998/ 95ff.; Sydow, Winand / Unternehmungsvernetzung 1998/ 11ff.

Viel mehr wird in der folgenden Interpretation von virtuellen Organisation als Kooperationssystem im besonderen die Koordination einzelner Aufgabenträger untereinander betont.

5.1.1 Kooperationsformen zur intra-organisatorischen Koordination der Aufgabenträger

Insbesondere der Bereich der Binnenstruktur des Systems verdeutlicht den Charakter einer virtuellen Organisation als Kooperationssystem. So beschreibt *Bleicher* Kooperation als „Stil der Problemlösung"[599], der zur Harmonisierung der arbeitsteiligen Leistungen durch Integration und Koordination dient.[600] Insofern stellen kooperative Problemlösungen betriebswirtschaftlicher Probleme eine Alternative zu traditionellen Integrations- und Koordinationstechniken dar.
Der Begriff wird in dieser Sichtweise zumeist in vertikale sowie horizontale bzw. laterale Kooperation differenziert.[601] Vertikale Kooperation bezeichnet zumeist eine hierarchische, asymmetrische Form der Zusammenarbeit, die traditionellen Führungs- und Weisungsstrukturen entspricht.[602] Demgegenüber wird laterale Kooperation als Zusammenarbeit „unter fachspezifisch differenzierten aber machtspezifisch undifferenzierten - gleichrangigen - Personen" beschrieben.[603]
Laterale Kooperation stellt somit einen Weg dar, wie die Harmonisierung der Arbeitsteilung über Hierarchiegrenzen hinweg organisiert werden kann. Sie findet ihre Ausprägung in der „zielorientierte(n), arbeitsteilige(n) Erfüllung von stellenübergreifenden Aufgaben in einer strukturierten Arbeitssituation durch hierarchisch formal etwa gleichgestellte Organisationsmitglieder".[604]
Kooperation setzt der expliziten Hierarchie einer Organisation ein implizites Funktionsprinzip entgegen, das Planung und Ausführung der zu erfüllenden Aufgaben umfaßt. So werden formale Zielvereinbarung und Vorgehensweisen konkretisiert und innerhalb des Verbundes kommuniziert, bevor dessen Umsetzung und Anwendung in arbeitsteiliger Vorgehensweise erfüllt wird.[605] Gleichzeitig werden auch informelle Koordinationsprozesse unterstützt, die Vorgänge

---

[599] Bleicher /Kooperation 1991/ 147.
[600] Vgl. Bleicher /Kooperation 1991/ 145f.
[601] Vgl. beispielsweise Hummel /Chancen 1996/ 11. Diese Begriffsunterscheidung ist nicht spezifisch für intra-organisatorische Kooperation. Sie ist ebenfalls in der inter-organisatorischen Betrachtungsweise von Netzwerkbeziehungen zwischen Organisationen zu finden, vgl. beispielsweise Byrne /Horizontal 1993/. Vgl. zu lateralen Ansätze der Netzwerkgestaltung Huang, Sol /Coordination 1997/ 68.
[602] Vgl. Bleicher /Kooperation 1991/ 148.
[603] Bleicher /Kooperation 1991/ 148. Vgl. grundlegend auch Klimecki /Kooperation 1985/ 7ff.
[604] Wunderer /Führungsaufgabe 1991/ 206.
[605] Vgl. Oravec /Virtual 1996/ 127.

bezeichnen, die nicht in einem unmittelbar erkennbaren Zusammenhang mit der eigentlichen Wertschöpfung stehen, aber positive Effekte der Koordination der beteiligten Individuen hervorbringen.
Das Konzept lateraler Kooperation kann in dieser Beschreibung auch als charakteristisch für virtuelle Organisationsstrukturen gelten. Die Zusammenarbeit von gleichrangigen Aufgabenträgern verschiedener fachlicher Differenzierung, die in Selbstabstimmung die erforderliche Koordinationsleistung erbringen, beschreibt treffend die Arbeitsteilung in virtuellen Organisationsstrukturen. Erst diese Form der Zusammenarbeit kann die einzelfallspezifische, situative Abstimmung der Aufgaben hervorbringen,[606] die kennzeichnend ist für virtuelle Organisationen.
Kooperative Arbeitsformen sind jedoch nicht immer zwingend erfolgversprechend. Selbstabstimmungsprozesse zwischen Gruppen und Individuen sind zumeist komplexe zwischenmenschliche Handlungen, deren Ergebnis nicht immer eindeutig einzuschätzen ist. So können Kräfte wie „Konkurrenz, Konflikt, Gruppen- und individualistische Tendenzen, Kommunikation und Vertrauen"[607] auch negative Effekte bewirken. *Kumbruck* spricht sich gegen eine überpositive Sichtweise von Kooperationskonzepten aus, da insbesondere aus psychologischer und sozialwissenschaftlicher Sicht Kooperationen problematisch verlaufen können.[608] Diese Eventualitäten sind bei der Konzeption der Kooperation zu berücksichtigen, so daß nicht nur verschiedene Formen der Zusammenarbeit unterstützt werden müssen, sondern auch deren Übergänge sinnvoll zu gestalten sind.[609]
So ist beispielsweise die Konfliktbewältigung ein wichtiger Bestandteil von Selbstabstimmungsprozessen, da sie Ausprägung der Gruppendynamik ist. Durch erfolgreiche Konfliktbewältigung können Entscheidungsfindung und Alternativenauswahl einer Gruppe unterstützt werden. Damit Kooperation ein geeignetes Koordinationsmuster arbeitsteiliger Leistungsbeiträge sein kann, müssen Kooperationspartner über Handlungsspielräume verfügen, die es ihnen erlauben, Konflikte selbständig zu lösen. Entscheidend ist es somit, nicht einseitig nur schematische Formen der intra-organisatorischen Kooperation zu nutzen und zu unterstützen, sondern einen flexiblen Rahmen zu schaffen, in dem sich die beteiligten Aufgabenträger selbständig miteinander abstimmen können.[610]
Zentrales Element der Kooperation ist die Aufgabenverrichtung in Gruppenarbeit. In virtuellen Organisationsstrukturen findet sie ihre Entsprechung in dem

---

[606] Vgl. Bleicher /Kooperation 1991/ 146.
[607] Kumbruck /Kooperationskonzept 1998/ 95.
[608] Vgl. Kumbruck /Kooperationskonzept 1998/.
[609] Vgl. Kumbruck /Kooperationskonzept 1998/ 101.
[610] Vgl. Procter u.a. /Coordination 1994/ 119, die grundlegend von einem *Common Ground* sprechen.

Zusammenwirken verschiedener Gruppen von Kooperationspartnern, deren Ressourcen und Fähigkeiten sich gegenseitig ergänzen und auf ein gemeinsames Ziel ausgerichtet sind.[611] Gruppenarbeit wirkt dabei als Mechanismus der Selbstabstimmung, der das autonome Handeln der Partner begründet.[612] In der Konsequenz entsteht somit ein geringerer Koordinationsbedarf zwischen den Partnern des Verbundes, da eine Vielzahl der anfallenden Probleme bereits dezentral von der jeweiligen Organisationseinheit gelöst werden kann. Der Prozeßorientierung der Gruppen kommt dabei besondere Bedeutung zu, da eine Organisationseinheit selbständig eine geschlossene Leistung im Sinne einer Objektspezialisierung erbringen kann.

5.1.2 Kooperationsfähigkeit der Aufgabenträger als Integrationskonzept intra- und interorganisatorischer Ebenen virtueller Organisationen

Die intra-organisatorische Kooperationsfähigkeit der Aufgabenträger schafft die Voraussetzungen zur Funktionsfähigkeit inter-organisatorischer Beziehungen. Kooperationsfähigkeit ist damit nicht nur ein Funktionsprinzip, sondern auch ein systemkonstituierendes Merkmal, daß die intra- und interorganisatorische Ebene zu verbinden vermag. *Corsten/Will* kennzeichnen diesen Zusammenhang als „enge konzeptionelle Komplementarität zwischen unternehmungsinternen und -übergreifenden Kooperationsformen".[613] Sie sehen in der Verbindung dieser beiden Wirkungsebenen von Kooperation zudem einen Erfolgsfaktor virtueller Organisationen: „Virtuelle Unternehmen eröffnen dabei die Chance, hinsichtlich der zu erfüllenden Kooperationsaufgabe aufgrund einer geringeren Anzahl erforderlicher Kooperationsbeziehungen effizienter arbeiten zu können als herkömmliche unternehmungsinterne- oder übergreifende Kooperationsformen."[614]

Virtuelle Organisationen als Kooperationssystem sind somit direkt von den ihnen zugrundeliegenden Kooperationsprozessen abhängig. Eine hohe Kooperationsfähigkeit sowie die effektive Durchführung dieser Zusammenarbeit auf Gruppenebene sind damit unabdingbare Voraussetzungen für die Funktionsfähigkeit virtueller Organisationen als Verbundunternehmung. Diese Zusammenhänge erfordern eine detailliertere Untersuchung von Kooperationsprozessen in virtuellen Organisationen. Eine solche wird im folgenden anhand der Darstellung der Einflußfaktoren und Charakteristika von Kooperationsprozessen in virtuellen Organisationsstrukturen vorgenommen. Dazu werden zunächst Einflußfaktoren auf intra-organisatorische Kooperationsprozesse

---

[611] Vgl. Corsten, Will /Unternehmensführung 1996/ 23.
[612] Vgl. Remer /Organisationslehre 1989/ 160, der feststellt, daß in der Literatur der Organisationslehre „Gruppen- oder Teamarbeit ... mit 'Koordination durch Selbstabstimmung' geradezu identifiziert" wird (Remer /Organisationslehre 1989/ 160).
[613] Corsten, Will /Unternehmensführung 1996/ 23.
[614] Corsten, Will /Unternehmensführung 1996/ 23.

beschrieben, die sich aus der Spezifik der Zielsetzung und der Situation des inter-organisatorischen Verbundes ergeben.

5.2 Einflußfaktoren der intra-organisatorischen Kooperation in virtuellen Organisationsstrukturen

Intra-organisatorische Kooperation in virtuellen Organisationsstrukturen vollzieht sich vor dem Hintergrund der übergeordneten Zielsetzung, die der Verbindung der Partner und ihrer Ressourcen zugrunde liegt. Eine konkrete Verbindung zwischen dem Auftrag einer virtuellen Organisation und der Arbeitsorganisation der Aufgabenträger herstellen zu wollen, ist aufgrund der vielfältigen Motive und Ausprägungsformen virtueller Organisationen nicht sinnvoll. Vielmehr ist es erforderlich aufzuzeigen, wie ausgewählte Einflußfaktoren der inter-organisatorischen Zusammenarbeit die Kooperation der Gruppen und Individuen im Innenverhältnis beeinflußt.[615] Dazu wird im folgenden die Typologie, die Formalität des Verbundes sowie der Charakter der Kooperationsobjekte genauer untersucht, bevor darauf folgend intra-organisatorische Kooperationsprozesse in ihren Ausprägungen und Zielen beschrieben werden können.

5.2.1 Einfluß der Typologie virtueller Organisation auf Kooperationsprozesse

Die interne Kooperation der Aufgabenträger ist stark vom Zweck und der genauen Form der virtuellen Organisation abhängig. Je nach Intensität der Kopplung, Dauerhaftigkeit der Zusammenarbeit und Zielsetzung des Verbundes werden unterschiedliche Formen der Kooperation in und zwischen den beteiligten Gruppen benötigt.

Virtuelle Organisationen sind spezielle Formen von Netzwerkorganisationen, deren Gestalt und Funktionsweise sie von anderen Typen dieser Art unterscheidet. Aufgrund der Nähe zu verwandten Formen von Netzwerkorganisationen sind Versuche, das Konzept der virtuellen Organisation zu typologisieren, nicht unproblematisch.[616] So sind die in der Literatur entwickelten Typologien virtueller Organisationen häufig nur phänomenologisch begründbar und in ihren Abgrenzungen nicht immer eindeutig. Dennoch ist ein vager Konsens der in der Literatur vorgeschlagenen Typologien festzustellen, der in Grundzügen der bereits vorgestellten Unterscheidung in virtuelle Organisationen ersten und

---

[615] Einzelne Autoren unterscheiden eine strategische und operative Ebene einer virtuellen Organisation.
[616] Vgl. für eine Gegenüberstellung der virtuellen Organisation und neuen Organisationsformen in intra- und inter-organisatorischer Perspektive Schwarzer, Krcmar /Organisationsformen 1994/ 26f.

zweiten Grades folgt.[617] Aufgrund des Charakters der virtuellen Organisation als Spezialfall von Netzwerkorganisationen kann auch auf die in diesem Gebiet vorzufindenden Systematiken zurückgegriffen werden. So geht die folgende Darstellung in ihrem Kern auf die von *Miles* und *Snow* entwickelte Systematik zur Unterscheidung von Netzwerkorganisationen zurück, die sich aber zur Typisierung virtueller Organisationen als ebenso nützlich erweist.[618] Mit Blick auf einzelne Aspekte der Art, Standardisierung, Flexibilität und Vorhersehbarkeit der Zusammenarbeit soll im folgenden kurz dargestellt werden, welchen Einfluß der Typus der virtuellen Organisation auf die operative Kooperation haben kann.

5.2.1.1 Virtuelle Organisationen ersten Grades

Die bereits beschriebene Verwendung der Funktionsprinzipien einer virtuellen Organisation auf eine einzelne Unternehmung kennzeichnet diesen Typus. Dieser Typus besteht aus verteilten Organisationseinheiten, die sich wiederum aus flexiblen, aufgabenorientierten (teil-) autonomen Arbeitsgruppen zusammensetzen. Obwohl die Leistungskoordination und Führung weitgehend dezentral vollzogen werden, existiert eine übergeordnete kontrollierende und steuernde Leitungsinstanz, die durch Vorgabe von Zielen und Rahmenstandards die Arbeitsweise der beteiligten Aufgabenträger bestimmt.

Die Kooperation in diesen virtuellen Organisationsstrukturen erfolgt auf der Basis zentral vorgegebener Verfahrensweisen und mit Hilfe standardisierter Methoden und Werkzeuge. Die zugrunde liegende Kommunikation erfolgt dabei in der Regel über definierte Kanäle.

Diese Organisationen existieren zumeist, weil sie gegenüber dem Markt Produkte oder Leistungen einer hohen Spezifität zu günstigeren Preisen anbieten können. Zur Realisierung dieses Spezifitätsmaßes muß eine organisationsinterne Vorgehensweise existieren, die den Aufgabenträgern als Anleitung zur Erbringung der erforderlichen Leistungen dient.

---

[617] Vgl. zu der folgenden Typologie insbesondere Bultje, Wijkt /Taxonomy 1998/ 17f. und Wijk, Geurts, Bultje /Virtuality 1998/, die sich auf Campbell /Organisation 1997/ und Have, Lierop, Kuhne /Virtueel 1997/ beziehen. Auf eine andere Typologie virtueller Organisation weisen Faisst, Birg /Rolle 1997/ 7 hin. Demnach kann auch die Betrachtung der Entwicklungshistorie der virtuellen Organisation sinnvoll sein, um so zu beurteilen, ob eine Quasi-Externalisierung von Ressourcen ehemals größerer Organisationen oder die Quasi-Internalisierung durch kleine, selbständige Unternehmen erfolgt ist.

[618] Vgl. beispielsweise Snow, Miles, Coleman /Organisation 1992/ 12; Franke /Evolution 1998/ 60; Huang, Sol /Coordination 1997/ 68. Siehe zur Abgrenzung gegenüber anderen Organisationsformen und der Differenzierung in virtuelle Organisation ersten und zweiten Grades Appel, Behr /Theory 1997/ 22.

So existieren in Form von Spezifikationen, Verfahrensanweisungen oder Handlungsempfehlungen bereits umfassende Vorgaben zur Kooperation der beteiligten Organisationseinheiten. Insofern ist von gut strukturierten und vorhersehbaren Kooperationssituationen auszugehen.
Vereinzelt werden in der Literatur auch *Virtuelle Teams* als Ausprägung dieses Typus genannt.[619] Dieses Konzept beschreibt eine aus verschiedenen Bereichen einer Organisation zusammengesetzte Sonderform einer Arbeitsgruppe, die sich zur Verrichtung ihrer Aufgaben konstituiert und danach wieder auflöst. Aufgrund des fehlenden Bezugsrahmens, der dem Wirken virtueller Teams Sinn und Inhalt geben könnte, erscheint dieser Begriff jedoch problematisch.[620] Des weiteren ist die Abgrenzung dieses Terminus gegenüber Organisationsformen wie der Matrixorganisation oder der Projektorganisation strittig.[621] Dieser Typus wird häufiger mit der aufgabenorientierten Arbeitsweise von Beratungsunternehmen in Verbindung gebracht, die sich innerhalb eines Firmenverbundes geeignete Strukturen schaffen, die zur Lösung eines bestimmten Klientenproblems geeignet sind.[622]

5.2.1.2 Virtuelle Organisationen zweiten Grades

Die Kategorie virtueller Organisationen zweiten Grades läßt sich in weitere Typen aufteilen:
- *Stabile virtuelle Organisation:*[623] Dieser Typus bezeichnet eine zumeist auf längere Sicht ausgelegte Netzwerkunternehmung. Ihre Leistungen werden häufig von einer zentralen Koordinationsinstanz geplant und gesteuert und sind zumeist vertraglich weitgehend detailliert.[624] Die Gruppe der kooperierenden Partner besteht oftmals nur aus wenigen Mitgliedern, deren Leistungsbeiträge für Wertschöpfungen in Frage kommen.

---

[619] Vgl. Palmer, Speier /Typology 1997/. Die Typologie von *Palmer* und *Speier* basiert auf einer empirischen Untersuchung von 55 Unternehmen, die aufgrund einer Nennung in Goldman u.a. /Agil 1996/ sowie der Aufführung in „Internet Listings" zufällig ausgewählt wurden.

[620] Diese Problematik wird noch verstärkt, wenn im Zusammenhang mit virtuellen Teams auch von virtuellen Aufgaben (*virtual tasks*) die Rede ist, vgl. Palmer, Speier /Typology 1997/.

[621] So scheint es, als handele es sich bei dem Konzept *Virtueller Teams* um jegliches Zusammenwirken von Personenmehrheiten in einer verteilten Organisation, die aufgrund des umfassenden Einsatzes leistungsfähiger Informations- und Kommunikationssysteme eine vermeintlich völlig neuartige, weil andersartige Arbeitsform finden und somit das Prädikat *virtuell* verdienen. Vgl. dazu Hartmann /Teams 1996/; Henderson, Storck /Knowledge 1998/; Lipnack, Stamps /Teams 1997/.

[622] Vgl. Sieber, Suter /Typen 1997/; Sieber /IT-Branche 1998/ 240; Weber /Organisation 1996/ 178ff.; Maister /Professional 1993/.

[623] Vgl. Bultje, Wijkt /Taxonomy 1998/; Wijk, Geurts, Bultje /Virtuality 1998/.

[624] Vgl. zu zentralen Koordinationsinstanzen insbesondere Faisst, Birg /Rolle 1997/ 2ff.

Faisst und *Birg* unterscheiden diesen Typus in zwei weitere Formen virtueller Organisationen, indem sie die Zusammensetzung der Partner betrachten.[625] So definieren sie einen Typ A, der durch das Zusammenwirken eines geschlossenen Kreises ein festes Netzwerk bildet. Werden kurzfristig nur einzelne Kompetenzen außenstehender Organisationen in diesen Verbund integriert, wird damit eine virtuelle Organisation des Typs B realisiert. Dieser Typus besteht damit aus einer „Mischung 'gepoolter' und aus dem Markt hinzugezogener Unternehmen".[626]
Die Kooperation innerhalb dieses Typus ist ebenfalls geprägt vom längerfristig stabilen Charakter der virtuellen Organisation, die gemeinsame Vorgehensweisen und Kooperationsmuster hervorbringt, die für den Verbund zweckmäßig ist. Um diesen Aspekt zu betonen, wird in der Literatur auch der Begriff der *permanenten* virtuellen Organisation verwendet,[627] der aber inhaltlich der *stabilen* virtuellen Organisation entspricht.[628]
Insofern kann die Zusammenarbeit zwischen den verschiedenen Gruppen der einzelnen Organisationseinheiten, die Kompetenzen und Ressourcen zur Verfügung stellen, auch eine ähnliche Intensität und Effektivität erreichen, wie die innerhalb virtueller Organisationen ersten Grades. Das Vorhandensein eines zentralen Brokers ist bei der Festlegung der erforderlichen Kooperationsziele, -methoden und -werkzeuge hilfreich.[629]

- *Dynamische virtuelle Organisation*:[630] Dieser Organisationstyp entspricht weitestgehend der grundlegenden Idee einer virtuellen Organisation, so wie sie im Rahmen dieser Arbeit bereits definiert wurde. Diese Form virtueller Organisationen ist stets temporär und zur Zusammenarbeit häufig durch Marktanreize motiviert.[631] Kennzeichnend ist dabei die Offenheit der Struktur sowie die weitgehende Abwesenheit zentraler Leitungsinstanzen.

---

[625] Vgl. Faisst, Birg /Rolle 1997/ 7.
[626] Faisst, Birg /Rolle 1997/ 7.
[627] Vgl. Palmer, Speier /Typology 1997/.
[628] Vgl. Grenier, Metes /Going 1995/; Palmer, Speier /Typology 1997/.
[629] *Bultje/van Wijkt* sehen in dem Typus „Web Company" eine weitere Klasse virtueller Organisationen zweiten Grades. Sie bezeichnen damit eine Netzwerkorganisation, die ihre Koordinationsleistung mit Hilfe des Internets vollzieht und die erbrachten Leistungen wiederum im Internet anbietet. Die von den Autoren gewählten Abgrenzungen gegenüber der stabilen und dynamischen virtuellen Organisation sowie das von ihnen gewählte Beispiel *amazon.com* erscheinen aus Sicht des Verfassers für eine Berücksichtigung im Rahmen dieser Arbeit zu vage. Vgl. Bultje, Wijkt /Taxonomy 1998/ 17f.
[630] Vgl. Bultje, Wijk /Taxonomy 1998/ 17f.; Wijk, Geurts, Bultje /Virtuality 1998/; Palmer, Speier /Typology 1997/.
[631] Vgl. für eine vergleichende Betrachtung des temporären Bestehens verschiedener Netzwerkorganisationen Larsen /Organization 1999/.

Da sie sich ausschließlich spontan aus Marktpartnern zusammensetzt, die ihre Zusammenarbeit nach Beendigung der Aufgabe nicht zwingend fortsetzen, stellt diese Form einer virtuellen Organisation nach Faisst/Birg den Typ C dar.[632]
Diese Organisationsform wird vereinzelt auch als Weiterentwicklung der im Vergleich statischeren und dauerhafteren *Virtuellen Projektorganisation* gesehen.[633]
Zur Zusammenarbeit auf operativer Ebene bedarf es zunächst einer aufwendigen Initialisierung, die über standardisierte Kommunikationswege koordiniert werden muß, bevor eine Arbeitskonfiguration gefunden werden kann, welche die Leistungserstellung zwischen den beteiligten Aufgabenträgern möglich macht. Hierarchien stehen als Hilfsmittel zur Einrichtung der Kooperation selten zur Verfügung, da dieser Organisationstyp häufig für kleinere Firmen in Betracht kommt. Daher kommt eine Abstimmung der Beteiligten zumeist auf der Basis von Marktnormen oder vor dem Hintergrund gemeinsamer rechtlicher Rahmenbedingungen zustande,[634] die als Koordinationsmechanismus die Zusammenarbeit begründen, bevor diese im operativen Sinne detailliert werden kann. Erst dann können gemeinsame Arbeitsmittel und -handlungen explizit offengelegt und die Zusammenarbeit zielbezogen geplant werden. Dieser Koordinationsaufwand steht im Widerspruch zu der befristeten Lebensdauer dieser virtuellen Organisation, da der zeitliche Spielraum zur Bewältigung des Gesamtauftrages in der Regel sehr eng ist und die Leistungserstellung schnell begonnen werden muß. Daher kommen überwiegend nur einfache Kooperationsmuster in Frage, die schnell Ergebnisse versprechen, aber in ihrer Effektivität aufgrund der unvollständigen Konfiguration eingeschränkt sind.

Es zeigt sich, daß der Typus der jeweiligen virtuellen Organisation einen starken Einfluß auf die Art, Intensität und Gestaltungsmöglichkeiten der Kooperation zur operativen Aufgabenerfüllung hat. Aufgrund der vielfältigen Ausprägungen und Erscheinungsformen virtueller Organisationen, die in der obigen Typologie nur grob wiedergegeben werden können, reicht die Betrachtung aus diesem Blickwinkel zur Darstellung externer Einflußfaktoren nicht aus. Vielmehr ist es erforderlich, auch die verschiedenen Entwicklungsstufen einer virtuellen Organisation im Hinblick auf deren Einfluß auf Kooperationsprozesse zu betrachten.
Dazu ist es sinnvoll, die Aufgabenerfüllung in Form von Phasenmodellen der Existenz virtueller Organisationen zu beschreiben, auf die im folgenden eingegangen wird.

---
[632] Vgl. Faisst, Birg /Rolle 1997/ 7.
[633] Vgl. Faisst, Birg /Rolle 1997/ 7.
[634] Vgl. Alstyne /Network 1997/ 89.

5.2.2 Variabilität von Kooperationsprozessen in den Lebensphasen virtueller Organisationen

Virtuelle Organisationen durchlaufen in ihrem Bestehen verschiedene Phasen, bevor sie ihre Aufgabe abschließen, oder zumindest die Eignung ihrer Konfiguration in Frage stellen können. Um diese Entwicklungsschritte einer virtuellen Organisation abstrakt darzustellen, bieten sich Phasen- oder Lebenszyklusmodelle an. Sie beschreiben das Bestehen virtueller Organisation als dynamischen Ablauf abgrenzbarer Phasen, dem zwar eine sequentielle Erfüllung der einzelnen Schritte, aber keine zwingende Ausprägungs- und Zeitvorgabe zugrundeliegt.

Der Lebenszyklus einer virtuellen Organisation ist eines der zentralen Themen der Untersuchung dieser Organisationsform, da gerade die befristete Lebensdauer und der hohe Koordinationsaufwand innerhalb des Verbundes Unterschiede zur traditionellen Unternehmensorganisation begründen. So befassen sich eine Reihe von Veröffentlichungen direkt oder indirekt mit dieser Thematik.[635] Die dabei entwickelten unterschiedlichen Lebenszyklusmodelle variieren im wesentlichen in der Terminologie der einzelnen Phasen, während inhaltlich eine weitgehende Übereinstimmung der Charakteristika der jeweiligen Ebenen zu bemerken ist. Lediglich die Frage der Strategiefindung aus Sicht einzelner Module scheint strittig.[636] So setzen einige Autoren der eigentlichen Konstitution des Verbundes eine Phase voraus, in der die einzelnen Partner eine Strategie zur Marktpositionierung und zur Festlegung ihrer Schnittstellen finden.

Die einzelnen Lebenszyklusmodelle vergleichend zu diskutieren, erscheint aufgrund der hohen Übereinstimmungen nicht erforderlich zu sein, so daß im folgenden ein einfaches generelles Modell der Lebensphasen zugrunde gelegt werden kann, das zur Darstellung der Variabilität von Kooperationsprozessen in unterschiedlichen Lebensphasen sinnvoll ist.[637] Es basiert auf den Systematiken von *Faisst, Mertens, Griese* und *Ehrenberg* sowie von *Wijk, Geurts* und

---

[635] Vgl. Faisst /Unterstützung 1998/ 64ff; Mertens, Griese, Ehrenberg /Unternehmen 1998/ 94; Faisst, Spiegel /Unterstützung 1996/ 3ff.; Faisst /Wissensmanagement 1996/ 9; Arnold /Spezifikation 1996/ 18ff.; Wijk, Geurts, Bultje /Virtuality 1998/; Odendahl, Hirschmann, Scheer /Cooperation 1997/; Dembski /Future 1998/; Klueber /Promoter 1997/ 5ff.; Kocian /Virtual 1997/ 10ff.

[636] So sehen *Wijk, Geurts* und *Bultje* einen wesentlichen Vorteil ihrer Systematik gegenüber anderen darin, daß sie die Entscheidung einer Unternehmung berücksichtigt, fortan als potentieller Partner von Verbundorganisationen am Markt zur Verfügung zu stehen. Sie grenzen sich damit gegen Forschungsvorhaben wie VEGA und PRODNET ab, die erst mit der Auswahl geeigneter Marktpartner die Existenz einer virtuellen Organisation begründen. Vgl. Wijk, Geurts, Bultje /Virtuality 1998/.

[637] Eine tiefergehende, vergleichende Beurteilung müßte in jedem Fall auch die Phasenmodelle der in der Literatur zu Netzwerkorganisationen vorzufindenden Ansätze berücksichtigen, von denen manche ausschnitthaft in Klueber /Promoter 1997/ 5ff. erwähnt werden.

Bultje.[638] Das folgende Modell wird hier jedoch durch eine Trennung in Makro- und Mikro-Prozeßebene weiter strukturiert, wie sie für Systematiken von Netzwerkunternehmen bekannt ist.[639] Zur Vereinfachung der Zusammenhänge wird auf eine zyklische Darstellung verzichtet, da diese zur Betrachtung der Kooperationsvorgänge keinen gravierenden Vorteil bietet. Im übrigen erscheint die Betrachtung eines vollständigen Zyklus eher aus Sicht eines einzelnen, an einem Verbund beteiligten Unternehmens sinnvoll, was die Beschreibung von Kooperationsmerkmalen eines Netzwerkes eher problematisch macht.

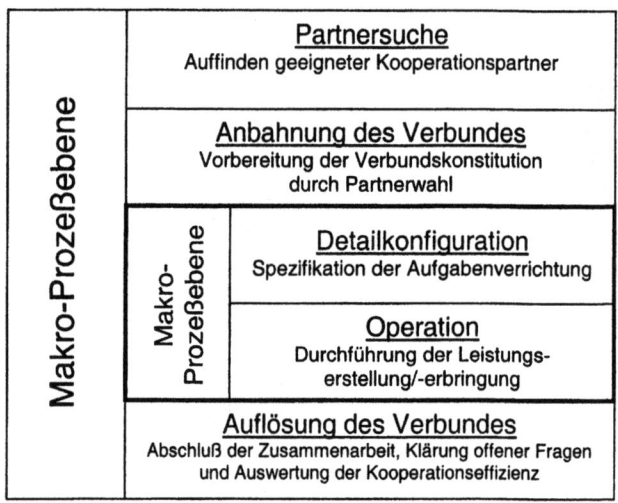

Abb. 8: Makro- und Mikro-Prozeßebene virtueller Organisationen

Somit kann auf eine allgemeine Darstellung des Lebenszyklus virtueller Organisationen verzichtet werden und die obige Darstellung direkt im Hinblick auf die in den jeweiligen Phasen ablaufenden Kooperationsvorgänge beschrieben werden.

Die Unterscheidung aufeinanderfolgender Phasen des Wirkens virtueller Organisationen dient in diesem Zusammenhang als Hilfsmittel zur Betrachtung von Merkmalen der Kooperation. Diese Merkmale lassen sich in ihren Ausprägungen zwischen zwei Extrema darstellen, wie die folgende Grafik verdeutlicht.

---

[638] Vgl. Faisst /Unterstützung 1998/ 64ff; Mertens, Griese, Ehrenberg /Unternehmen 1998/ 94; Arnold /Spezifikation 1996/ 18ff.; Maurer, Schramke /Workflow 1997/ 10; Wijk, Geurts, Bultje /Virtuality 1998/.

[639] Vgl. Die Unterscheidung zwischen Makro- und Mikroebenen beschreibt *Pampel* (zitiert in Klueber /Promoter 1997/ 5).

Eine genauere Zuordnung zu den einzelnen Phasen der Makro- und Mikro-Prozeßebene ist aufgrund der Überschneidungen und schwachen Abgrenzbarkeit nicht sinnvoll. Die bei der Betrachtung der Merkmale verwendeten Ausprägungen sind als Näherung einer Spezifikation zu verstehen. Sie qualifizieren das Merkmal und verdeutlichen dessen Veränderung im Verlauf der Entwicklung des Verbundes. So sind beispielsweise Kooperationsziele zu Beginn der Zusammenarbeit von eindimensionaler Ausprägung und mit fortlaufender Annäherung an die operative Phase der Zusammenarbeit in virtuellen Organisationsstrukturen zunehmend mehrdimensionaler (siehe unten).

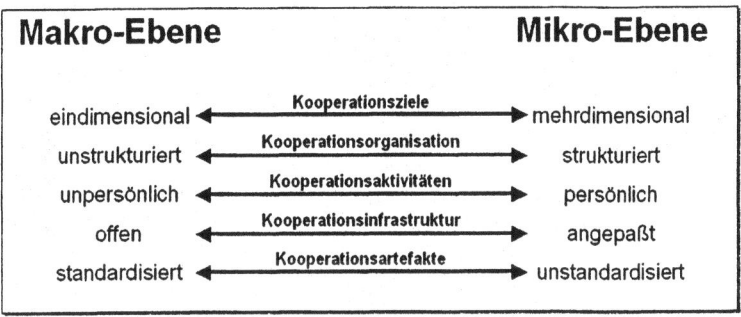

Abb. 9: Kooperationsmerkmale in virtuellen Organisationsstrukturen

5.2.2.1 Kooperationsziele in den Lebensphasen einer virtuellen Organisation

Kooperationsziele der virtuellen Organisation sind die globalen Ziele des Verbundes, die sich aus der Bestimmung der Gründung und Operation des Netzwerkes ergeben. Die Ziele der individuellen Partner sind zwingend nur auf einer übergeordneten Ebene gemeinsam, auf der operativen Ebene ist jedoch auch von einer Komplementarität von Zielbeziehungen auszugehen.

Die jeweiligen Lebensphasen in der Entwicklung virtueller Organisationen entsprechen weitgehend den Zielen der Kooperation der beteiligten Verbundpartner.

Die Suche nach geeigneten Partnern zur Durchführung einer Mission oder eines Projektes bestimmt die erste, konstitutive Phase des Netzwerkes. Dieser Abschnitt weist die schwächsten Merkmale von Kooperationsbeziehungen auf, da in dieser Phase die Identifikation und formale Prüfung geeigneter, komplementärer Ressourcen im Vordergrund steht, die sich weniger als Zusammenarbeit denn mehr als Suche in geeigneten Märkten darstellt.

In der folgenden Anbahnungsphase wird die Gemeinsamkeit des Handelns expliziter und anhand der bewußten Entscheidung für oder gegen die Verwendung von möglichen Ressourcen und Kompetenzen vollzogen. Der Verbund kooperiert mit dem Ziel, sich zu formieren und eine erste Vorgehensweise der Problemlösung zu formulieren.

Im Mittelpunkt der anschließenden Integrationsphase wird diese Vorgehensweise weiter differenziert und zu konkreten Zielsetzungen und Arbeitsschritten detailliert. In diesem Abschnitt erfolgt die Zusammenarbeit des Verbundes bereits sehr intensiv und ist in ihren Konsequenzen nicht mehr nur auf Aspekte der Vereinbarung des Zusammenwirkens, sondern bereits auf die operative Durchführung ausgerichtet.

In der Mikroebene der Kooperation erfolgt ausschließlich die eigentliche Leistungserstellung, die durch die vorgelagerten Planungs- und Vereinbarungsaktivitäten konzipiert wurde. Dabei lassen sich auf dieser Ebene Kooperationsvorgänge der weiteren Detailkonfiguration der Zusammenarbeit sowie die Kooperation auf der Ebene der Aufgabenbewältigung finden, wobei beide Phasen ausführenden Charakter aufweisen. Daher ist die Detailkonfiguration als ein unmittelbar für den Arbeitsablauf erforderlicher Vereinbarungsprozeß zu sehen.

In der abschließenden Auflösungsphase kooperiert der Verbund bei der planvollen Beendigung der Kooperation. So werden gemeinsam genutzte oder erworbene Ressourcen und Kapazitäten zurückgeführt oder veräußert und die im Zusammenhang mit der Leistungserstellung gewonnenen Informationen und Erkenntnisse zur weiteren Verwendung gemeinsam gesichert. Die Zusammenarbeit zum Abschluß der gemeinsamen Mission erfolgt dabei auf der Basis einer strukturierten, im Vorhinein festgelegten Routine, die sowohl auf inter- als auch auf intra-organisatorischer Ebene abläuft.

Zur Beschreibung der Entwicklung dieses Merkmals in den verschiedenen Phasen einer virtuellen Organisation ist es sinnvoll, die Ausprägung von Zielen und Zielbeziehungen zu betrachten. In der Initialphase der Existenz einer virtuellen Organisation existiert lediglich ein einzelnes Ziel, welches sich aus der Erfüllung der gesamten Projektaufgabe unmittelbar ableitet. Im Fortgang der Weiterentwicklung der Arbeitsbeziehungen sowie der anschließenden Aufgabenerfüllung wird dieses Ziel um weitere Teilzeile und -dimensionen erweitert, die sich auf die Erfüllung von Teilaufgaben beziehen. Im Sinne einer hierarchisch-rekursiven Organisationsstruktur werden auf den verschiedenen Ebenen und innerhalb der Unterzyklen Teilziele identifiziert, die für die Erfüllung der Teilaufgaben grundlegend sind. Aufgrund der dynamischen Entwicklung der Kooperation des Verbundes treten somit mit zunehmender Lebensdauer des Netzwerkes weitere Ziele hinzu, deren Beziehungen in verschiedenen Dimensionen unterteilt werden können.

5.2.2.2 Kooperationsorganisation

Die Organisation der Kooperation in virtuellen Organisationsstrukturen bezeichnet die Zusammensetzung und Verantwortlichkeiten der Teilnehmer sowie deren Aufgaben.[640] Innerhalb dieser Kooperationsorganisation vollziehen sich Kooperationsaktivitäten, welche die Steuerungs- und Leistungsprozesse der Aufgabenerfüllung begründen. Diese Aktivitäten sind nicht eindeutig deterministisch und vorhersehbar, sondern nur in ihren Grundzügen festlegbar. Sie sind häufig voneinander abhängig und verändern sich dynamisch je nach individueller Kooperationssituation.

In der Entwicklung der verschiedenen Phasen virtueller Organisationsstrukturen ist zunächst von einer weitgehend unstrukturierten Kooperationsorganisation auszugehen. Das Merkmal „*Strukturierungsgrad*" kennzeichnet dabei insbesondere den Fortschritt der Zusammenarbeit in virtuellen Organisationsstrukturen, da mit zunehmender Reife die gefundene Arbeitskonfiguration spezifischer hervortritt. So ist zu Beginn der Zusammenarbeit zunächst das Bestreben erkennbar, einen Ordnungrahmen zu finden, der sich beispielsweise aus der vertraglichen Kodifizierung der Zusammenarbeit oder der Akzeptanz einer Koordinationsinstanz wie einem *Broker* ergibt.

Ist eine Arbeitskonfiguration gefunden, die auch die Detaillierung der Zusammenarbeit ermöglicht, verlaufen Kooperationsprozesse im Verbund zunehmend strukturiert. Insbesondere auf der Mikro-Prozeßebene ist bei der Aufgabenverrichtung ein zunehmend hoher Organisationsgrad der einzelnen Einheiten zu beobachten, der sich in Strukturbeziehungen sowohl zwischen als auch innerhalb dieser Elemente zeigt.

Eine zunehmende Strukturierung der Kooperation bedeutet dabei nicht zwingend auch einen gesteigerten Formalisierungsgrad. Vielmehr bezeichnet dieses Merkmal die Ausprägung der Arbeitskonfiguration, die zu Beginn der Zusammenarbeit nicht exakt feststeht, mit zunehmendem Verlauf der Aufgabenverrichtung jedoch abgrenzbarer hervortritt. So ist in der eigentlichen Aufgabenerfüllung, der Mikro-Prozeßebene, klar erkennbar, welche Aufgabenträger an welchen Aufgaben arbeiten, wie deren Schnittstellen zueinander aussehen und wie Koordinations- und Steuerflüsse die Zusammenarbeit lenken. Insbesondere ist hier die zunehmende Verwendung von Informations- und Kommunikationssystemen kennzeichnend für die zunehmende Strukturierung der Kooperationsorganisation. So werden auf der Makro-Ebene überwiegend Informations- und Kommunikationssysteme eingesetzt, die den Austausch unstrukturierter Informationen erlauben. Mit zunehmendem Ablauf der Kooperation bis zur Mikro-Prozeßebene werden diese verstärkt durch Informations- und Kommunikationssysteme ergänzt, die die Arbeitsbeziehungen zwischen den Verbundpartnern effizienter unterstützen und so den Ablauf von Vorgängen der Arbeitsverrich-

---

[640] Vgl. Weber /Systeme 1998/ 344.

tung optimieren. Solche Informations- und Kommunikationssysteme sind beispielsweise Vorgangssteuerungssysteme, die auf der Basis von gut strukturierten, häufig wiederkehrenden Vorgängen Beziehungen zwischen Organisationselementen abbilden.

Der Strukturierungsgrad der Zusammenarbeit läßt sich grundsätzlich anhand der Analyse der Ausprägung und Effizienz von Koordinationsmechanismen messen. Dabei bieten sich zwei mögliche Ansatzpunkte an.

Zum einen kann abstrakt die Gesamtzahl und die Aktivität der Koordinationsmechanismen verwendet werden: Zu Beginn der Zusammenarbeit existiert lediglich ein Gremium, welches den Verbund initialisiert und das weitere Vorgehen plant. Auf den folgenden Stufen treten nun weitere, formal-hierarchisch untergeordnete Planungs- und Steuerungsinstanzen hinzu, welche die in der letzten Phase erfolgende Aufgabenverrichtung ermöglichen. Somit ist denkbar, die Gesamtzahl der Koordinationsmechanismen sowie die Gesamtzahl der in diesen Stellen verrichteten Koordinationshandlungen als Grundlage einer Messung des Strukturierungsgrades heranzuziehen.

Zum anderen kann der Strukturierungsgrad mit Hilfe der Analyse der Koordinationsmechanismen anhand der sich zunehmend ausprägenden Verwendung von Informations- und Kommunikationssystemen gemessen werden. Dabei können insbesondere zwei Wirkungsebenen unterschieden werden.[641]

Erstens wird mit zunehmender Reife der Zusammenarbeit innerhalb der virtuellen Organisation auch der Ersatz der menschlichen durch informationstechnologische Koordinationsleistung zu beobachten sein.[642] Diese Entwicklung ist zwingend erforderlich zur Bewältigung des hohen Koordinationsaufwandes innerhalb des Verbundes, da auf diesem Wege menschliche Koordinationsleistung als Ressource eingespart wird. So werden mit zunehmendem Reifegrad der Zusammenarbeit des Verbundes immer mehr personelle durch technokratische Koordinationsmechanismen ersetzt, die auf der Basis formaler Planungen und Regeln eine Automatisierung der Koordinationsleistung ermöglichen.[643]

Zweitens kann das insgesamt gestiegene Koordinationsvolumen als weiterer Ansatzpunkt herangezogen werden.[644] Mit zunehmender Zusammenarbeit innerhalb des Verbundes steigt auch die Gesamtzahl der Interdependenzen zwischen den beteiligten Aufgabenträgern. Um eine effiziente dezentrale Abstimmung zwischen den einzelnen Organisationseinheiten vornehmen zu können, muß mit wachsendem Reifegrad der virtuellen Organisation auch eine Steigerung der Möglichkeiten zur Herstellung der erforderlichen Interdependenzen ermöglicht werden. Dieses läßt sich beispielsweise durch die Erweiterung der

---

[641] Vgl. Malone, Rockart /Information 1993/ 40f.; Malone, Rockart /Computers 1991/ 129ff. und Rohde /Komponentensysteme 1999/ 73.
[642] Vgl. Malone, Rockart /Information 1993/ 40.
[643] Vgl. Rohde /Komponentensysteme 1999/ 73.
[644] Vgl. Malone, Rockart /Information 1993/ 41.

Kommunikationswege um zusätzliche Kanäle zwischen den Aufgabenträgern erreichen, so daß Abhängigkeiten zwischen einzelnen Elementen nicht umgangen, sondern auf verschiedenen Wegen hergestellt werden können.[645] Die beiden vorstehenden Ansatzpunkte zur Analyse und gegebenenfalls auch Messung des Strukturierungsgrades der Kooperation zeigen, daß die Zusammenarbeit auch eine deutliche Veränderung der personellen Aspekte der Aufgabenverrichtung durchläuft. Diese Entwicklung läßt sich anhand der festzustellenden Kooperationsaktivitäten darstellen, welche im folgenden genauer beschrieben werden.

5.2.3 Kooperationsaktivitäten

Kooperationsprozesse in virtuellen Organisationsstrukturen entsprechen dem ad-hoc-Charakter der zu erfüllenden Mission. Da der gesamte Verbund aufgrund der befristeten Organisationsform in der Regel nur wenige institutionalisierte Strukturen ausbildet, ist eine geringe Anzahl von Kooperationsprozessen explizit festgelegt und in ihren Teilaufgaben, Methoden und Prozeduren erkennbar. Der hohen Aufgabenorientierung entsprechend wird zumeist lediglich das Ziel der Kooperation vorgegeben, welches beispielsweise die Entwicklung einer spezifischen Problemlösung oder die Konzipierung einer zu erbringenden Leistung sein kann. Formal festgelegte Teilaufgaben entstehen in der Selbstabstimmung der Teilnehmer der Kooperation und werden nicht durch eine hierarchisch übergeordnete Instanz vorgeschrieben. Die Abstinenz von vorab fix vorgegebenen Aufgabenschritten führt dazu, daß ein profundes Verständnis der *Aktivitäten* der Aufgabenerfüllung erforderlich ist, um Kooperationsprozesse in virtuellen Organisationsstrukturen gestalten zu können. Als Aktivitäten werden in diesem Zusammenhang Prozeßschritte bezeichnet, die Abstimmungsvorgänge zwischen Personen umfassen.

Aktivitäten konstituieren Prozesse, sie sind aber nicht zwingend auch einzelne Teilaufgaben. In der CSCW ist diese Unterscheidung eine gängige Vorgehensweise zur Analyse kooperativer Aufgabenerfüllung:

> *„Taking a look at whole activities as distinct from only particular tasks means taking a look at how working people communicate, think through problems, forge alliances, and learn as a way of getting work done."* [646]

Diese Sichtweise eignet sich damit besonders für die Betrachtung virtueller Organisationsstrukturen. Diese Interpretation von Aktivitäten als konstitutive Elemente von Kooperationsprozessen wird im folgenden zugrunde gelegt. Der Methodik der Lebensphasenorientierung dieses Kapitels folgend, werden zunächst

---

[645] Vgl. Rohde /Komponentensysteme 1999/ 73.
[646] Sachs /Transforming 1995/ 36ff. In der eher sozialwissenschaftlich geprägten CSCW-Literatur existiert auch die Sichtweise von Gruppenarbeit als Beziehungssystem koordinierter sozialer Handlungen, vgl. Ngwenyama, Lyytinen /Analyzing 1997/ 74.

Kooperationsaktivitäten in einzelnen Phasen beschrieben, bevor auf Gestaltungsansätze von Kooperationsaktivitäten eingegangen wird.

5.2.3.1 Aktivitäten im Kooperationsverlauf

Zu Beginn der Initialisierung des Verbundes erfolgt eine Kooperation der beteiligten Partner zunächst hauptsächlich über unpersönliche, standardisierte Wege der Kontaktaufnahme und Kommunikation. So erfolgen während der Identifikationsphase, in der geeignete Partner für den zu begründenden Verbund gefunden werden, Kooperationsaktivitäten auf der Basis strukturierter, eigener Informationen, die beispielsweise durch die Verwendung von Registern, Branchenbüchern oder Mitgliederverzeichnissen zu einer ersten, nicht zwingend personell zielgerichteten Kontaktaufnahme führen.

Im Verlauf der Konfiguration und Detaillierung des Arbeitsablaufes treten jedoch an die Stelle dieser unpersönlichen Aktivitäten zunehmend Handlungen, die auf der intensiven Zusammenarbeit von Personen basieren. Insbesondere in der Operationsphase entspricht das persönliche Verhältnis der Aufgabenträger am ehesten denjenigen Beziehungen, die auch typisch für die Zusammenarbeit in konventionellen Unternehmen ist. Da gerade in der Mikro-Prozeßebene der Wertschöpfung in virtuellen Organisationen strukturierte, regelmäßige Formen der Zusammenarbeit erforderlich sind, entstehen zwangsläufig tiefere persönliche Beziehungen der beteiligten Mitarbeiter und Projektgruppen zueinander.

Dieser Sachverhalt gilt insbesondere für die informations- und kommunikationstechnische Unterstützung der Kooperationsvorgänge. So stehen zu Beginn der Einrichtung des Verbundes Kommunikationswege und -systeme im Vordergrund, die auf den Austausch von sachlich-formalen Informationen ausgerichtet sind. Für diese klassischen Wege der Kontaktaufnahme und des Informationsaustausches sind asynchrone Übermittlungsverfahren und formal restriktive Formate, wie z.B. einfache Nachrichtensysteme, ausreichend. Erst im Zeitablauf und der damit intensiveren Zusammenarbeit der Beteiligten werden zunehmend diejenigen Informations- und Kommunikationssysteme erforderlich, die die Aufgabenträger in ihren Aktivitäten der Leistungserstellung auch reichhaltiger und vielfältiger unterstützen. So sind in dieser Phase Kommunikationssysteme erforderlich, die den Beteiligten höhere Freiheitsgrade der Gestaltung ihrer Beziehungen zu räumlich und/oder zeitlich Entfernten einräumen. Da die Aufgabenträger in dieser Phase zumeist eine intensivere und schwer vorhersehbare Zusammenarbeit pflegen, kommen an dieser Stelle solche Kommunikationssysteme zum Einsatz, die synchrone, explizite Kommunikationsformen möglich machen. Leistungsfähige Konferenzsysteme, die verschiedene Kommunikationsmedien mit Kooperationswerkzeugen zu integrieren vermögen, treten in den Mittelpunkt. Auch gewinnt der Wert informeller Kommunikationssysteme erheblich an Bedeutung, da zur Überwindung von Kooperationshindernissen häufig Faktoren berücksichtigt werden müssen, die zur Entwurfszeit des Kooperationssystems nicht als bedeutsam eingestuft wurden und den Kontext des Zielbezugs des Werkzeugs überschreiten.

5.2.3.2 Persönliche Beziehungen und Vertrauen in Kooperationsaktivitäten

Im Kooperationsverlauf gewinnen persönliche Beziehungen zur Durchführung von Aktivitäten immer mehr an Bedeutung. Daraus ist unmittelbar eine Anforderung an die Kooperationsunterstützung abzuleiten: Informations- und Kommunikationssysteme, die das Zusammenwirken von Personen in virtuellen Organisationsstrukturen ermöglichen sollen, müssen die dafür erforderliche Flexibilität unterstützen. Am Beispiel des Merkmals *Vertrauen* wird im folgenden dargelegt, welche Probleme und Anforderungen sich für eine umfassende Unterstützung von Kooperationsaktivitäten ergeben.

Vertrauen wird häufig als elementare Grundlage des Funktionierens virtueller Organisationen gesehen.[647] In diesem Zusammenhang wird zwischen *dispositivem* und *subjektivem* Vertrauen unterschieden.[648] Während *dispositives Vertrauen* die natürliche Grundveranlagung einer Person zur Entwicklung einer solchen Beziehung zu anderen Menschen bezeichnet, ist mit subjektivem Vertrauen die Fähigkeit gemeint, in einer bestimmten individuellen Situation derartiges Verhalten auszuprägen.[649] Somit sind auch Kommunikationssysteme erforderlich, die beide Formen menschlichen Vertrauens entstehen lassen und im Zeitablauf auch unterstützen können.

Die Aufwertung kooperativen Handelns zu vertrauensvollem Handeln erfüllt eine Reihe von Funktionen in virtuellen Organisationen. Zunächst ist von einer komplexitätsreduzierenden Wirkung im Sinne der systemtheoretischen Grundlagen im ersten Teil dieser Arbeit auszugehen.[650] Vertrauensbeziehungen reduzieren die Handlungsalternativen der beteiligten Akteure, da diese durch schädigende Handlungen keinen Wohlfahrtszuwachs erwarten können. Diese stabilisierende Wirkung wird häufig als Möglichkeit gesehen, auf die aufwendige Einrichtung von Vertragsbeziehungen zwischen Verbundpartnern verzichten zu können.[651] Neben der Stabilisierung des Verbundes ist damit auch eine transaktionskostenmindernde und potentiell effizienzsteigernde Wirkung verbunden.[652] Idealerweise gelingt es den Verbundpartnern, persönliche Vertrauensbeziehun-

---

[647] Vgl. Handy /Trust 1995/ 40ff.; Krystek, Redel, Reppegarther /Grundzüge 1997/ 366 ff. Vgl. auch Picot, Reichwald, Wigand /Unternehmung 1996/ 404ff.; Sydow /Vertrauensorganisation 1996/; Stahl /Vertrauensorganisation 1996/.
[648] Vgl. Holland /Trust 1998/ 54.
[649] Für weitere Unterscheidungen und Klassifikationen vgl. Jarvenpaa, Shaw /Teams 1998/ 36ff.
[650] Vgl. Schräder /Management 1996/ 66.
[651] Vgl. beispielsweise Reichwald u.a. /Telekooperation 1998/ 54 u. 268; Holland /Trust 1998/ 58.
[652] Vgl. Picot, Reichwald, Wigand /Unternehmung 1996/ 309.

gen zwischen einzelnen Mitgliedern zu einem „institutionellen Vertrauen (Systemvertrauen)"[653] zu erweitern. Dieses Ergebnis fördert die Reputation der Verbundpartner innerhalb ihrer Branche, ihrer Region oder ihrem Marktsegment und empfiehlt es als geeigneten Partner für zukünftige Vorhaben im Verbund mit anderen Unternehmen oder Organisationseinheiten.[654] Nicht selten begründen Beziehungen institutionellen Vertrauens eine dauerhafte Zusammenarbeit, wie sie in zahlreichen Praxisbeispielen der regionalen Kooperation gleichberechtigter Partner zu beobachten ist.[655] Häufig gründet sich ein derartiges Vertrauen nicht nur auf in der Vergangenheit erfolgreich durchgeführte Kooperationsprojekte, sondern auch auf ein gemeinsames Wertesystem sowie ein regionales Gemeinschaftsgefühl.[656] Dabei dienen Motivationsfaktoren, wie die Sicherung der Wettbewerbsfähigkeit, die Erschließung neuer Märkte, die Nutzung von Investitionssynergien oder die Sicherung von Arbeitsplätzen als Fundament,[657] auf dem die Entwicklung von individuellen Vertrauensbeziehungen zwischen den Teilnehmern möglich wird.

Die Fähigkeit, persönliche Kooperationsbeziehungen herzustellen und aufrecht zu erhalten, ist eine der zentralen Herausforderungen des Modells virtueller Organisationen. Forschungsbefunde zeigen jedoch, wie problematisch der Aufbau eines sozialen Netzwerkes vertrauensvoller Beziehungen in virtuellen Organisationen sein kann.[658] Informationen, die zum Aufbau eines solchen Netzwerkes erforderlich sind, können noch immer nicht auf einfache und günstige Weise durch technische Kommunikationsmedien allein übermittelt werden.[659] In traditionellen Arbeitsformen, also von Angesicht zu Angesicht, entstehen solche Informationen als Nebenprodukt einfacher Problemlösungs- und Leistungsprozesse in Gruppen.[660]

Somit müssen Kooperationssysteme, die Aktivitäten der Zusammenarbeit in virtuellen Organisationsstrukturen unterstützen wollen, diesen Problembereich adressieren und Lösungen anbieten, wie ein solches Netzwerk auch über einen längeren Zeitraum unterstützt werden kann. Dieses ist insbesondere für intraorganisatorische Strukturen einer virtuellen Organisation relevant, da sich in

---

[653] Schräder /Management 1996/ 64.
[654] Vgl. dazu auch die Analogie zu einer Principal-Agent-Problematik dieses Sachverhaltes, beispielhaft: Reichwald u.a. /Telekooperation 1998/ 258.
[655] Vgl. beispielhaft Gerhäuser /Dienstleistungen 1995/ 39ff.
[656] Vgl. beispielhaft Wüthrich, Philipp, Frentz /Virtualisierung 1997/ 148ff.; Schuh, Eisen, Friedli /Business 1998/ 25ff.
[657] Vgl. Wüthrich, Philipp, Frentz /Virtualisierung 1997/ 149; Krystek, Redel, Reppegarther /Grundzüge 1997/ 216.
[658] Vgl. Jarvenpaa, Shaw /Teams 1998/ 47.
[659] An dieser Stelle soll bewußt keine tiefergehende Auseinandersetzung mit Grundlagen der Medienwahl und -wirkung vorgenommen werden. Für eine kurze Einführung vgl. Reichwald u.a. /Telekooperation 1998/ 55f.
[660] Vgl. Jarvenpaa, Shaw /Teams 1998/ 47.

vielen Fällen erst aus einen größerem inter-organisatorischen Netzwerk eine Plattform der gemeinsamen, vertrauensvollen Zusammenarbeit herausbilden muß, bevor eine stabile Kooperation möglich wird. Die Herausbildung einer gegenseitigen Vertrauenssituation muß somit grundsätzlich aus inter-organisatorischer Sicht durch gegenseitige Offenheit, die Herausstellung gemeinsamer Merkmale und maximale Transparenz der eingebrachten Leistungsbestandteile im Kooperationsverbund unterstützt werden. Im intraorganisatorischen Arbeitsmodus muß diese Vertrauensbasis dann zwischen den einzelnen Mitgliedern schnellstmöglich und kostengünstig operationalisiert werden, um das *subjektive* Vertrauen zwischen den Organisationsmitgliedern zu stärken und das Kooperationsfundament zu festigen. Dazu können beispielsweise „Anlässe und Arenen für persönliche Begegnungen zur Bestätigung und Erneuerung von personalen Vertrauensimpulsen" [661] verfügbar gemacht werden, die als Werkzeuge in Kernprozesse der Zusammenarbeit integriert werden.

5.2.3.3 Aktivitäten als Ansatzpunkt der aktiven Gestaltung von Kooperationsprozessen

Kooperationsaktivitäten sind nicht nur Bestandteile von Kooperationsprozessen, sondern können auch aktiv als Instrumente zur Prozeßgestaltung verwendet werden. Durch eine Modellierung von Aktivitäten der Zusammenarbeit lassen sich zusammenhängende Prozesse und damit betriebswirtschaftliche Funktionen einer virtuellen Organisation erzeugen, welche die Koordinationsleistung der beteiligten Verbundpartner möglich macht.
Die Modellierung von Aktivitäten der Gruppenarbeit berücksichtigt den kooperativen Charakter der Aufgabenerfüllung in virtuellen Organisationen, indem auf Gruppenebene Arbeitsbeiträge zur gesamten Wertschöpfung implementiert werden können. Aktivitäten sind damit Modellierungsobjekte feiner Granularität innerhalb der Gestaltung von Wertschöpfungsketten virtueller Organisationen. Sie verfügen zumeist über eine transparente Input-/Output-Logik, womit sie sich auch zu einer Zusammenfassung in Klassenhierarchien eignen. Die im vierten Kapitel dargestellten Weiterentwicklungen der Koordinationstheorie von *Malone/Crowston* in Richtung des *Process Handbook* lassen sich analog auch auf die Verwendung von Aktivitäten zur Modellierung virtueller Organisationsstrukturen übertragen. So ist es denkbar, die Gesamtheit aller kooperativen Aktivitäten eines Verbundes zu einem Methodenkatalog zusammenzufassen, um aus diesem die bestmögliche Kombination zur Lösung eines Wertschöpfungsproblems zu generieren.

---

[661] Krystek, Redel, Reppegarther /Grundzüge 1997/ 413.

Eine derartige Lösung setzt jedoch voraus, daß ein Modellierungsansatz gefunden wird, der Aktivitäten hinreichend beschreiben und klassifizieren kann.[662] Unabhängig von Problemen der Rekombination von Aktivitäten ist zunächst die Frage zu klären, wie Aktivitäten strukturiert werden können, damit eine derartige Verwendung zur Gestaltung von Kooperationsprozessen und zur Entwicklung von computerunterstützten Kooperationssystemen möglich wird. Dazu werden im folgenden zwei Ansätze dargestellt, die zum einen der CSCW entstammen und zum anderen der Managementlehre zugeordnet werden können. Der erste Ansatz erhebt Prinzipien und empirisch belegbare Zusammenhänge der computerunterstützten Gruppenarbeit zu einer Theorie der Aufgaben- und Technologie-Interaktion (*Task and Technology Interaction*) und weist dementsprechend abstrakte Züge auf. Im Mittelpunkt des zweiten Ansatzes, einem konzeptionellen Rahmen des Managements der Aufgabenerfüllung in virtuellen Organisationsstrukturen, stehen konkrete Ausprägungen von Aktivitäten der Aufgabenerfüllung.

5.2.3.3.1 Anwendbarkeit von CSCW-Gruppenprozeßmodellen am Beispiel der Task and Technology Interaction Theory

Die Task and Technology Interaction Theory von *Rana*, *Turoff* und *Hiltz* ist ein Konzept zur Repräsentation von Gruppenarbeit, mit dessen Hilfe Gruppenunterstützungssysteme entwickelt werden können.[663] Zentraler Ausgangspunkt ist die funktionelle Spezifikation der Gruppenaufgabe, die in drei Dimensionen dargestellt wird, bevor diese mit Merkmalen von Kooperationssystemen in Verbindung gebracht werden.

Das Konzept baut auf Vorarbeiten von *DeSanctis/Gallupe* sowie *McGrath/Hollingshead* auf und betrachtet zunächst drei Ebenen, auf denen eine Unterstützung eines Kooperationssystems sinnvollerweise erfolgen sollte: Individualebene, Gruppenprozeßebene und Meta-Prozeßebene. Die Anforderungsspezifikation der Aufgabe wird dann auf eine der drei Aufgabendimensionen Komplexität, Validierung oder Koordination abgebildet.

- *Aufgabenkomplexität:* Diese Dimension betrachtet die Aufgabenstruktur und die erforderlichen Hilfsmittel zur Unterstützung individueller Arbeit. Dies wird mit der These begründet, je höher die Komplexität einer Aufgabe sei, desto umfangreicher und mächtiger müsse auch die Unterstützung des Individuums zur Lösung eines solchen Problems sein. Die Aufgabenkom-

---

[662] Dieses setzt zunächst die Dekomposition einzelner Aktivitäten in Einzelbestandteile wie Objekte (Artefakte), Subjekte, Aktionen, Umgebungsvariablen etc. voraus. Vgl. dazu grundlegend die Nutzungsmöglichkeiten einer Aktivitätentheorie in Kuutti /Activity 1993/ 101ff.

[663] Vgl. für die folgenden Ausführungen Rana, Turoff, Hiltz /Interaction 1997/ 66ff.; Rana, Aljallad /Frameworks 1997/, denen die Grundstruktur der Theorie referiert wird sowie in Grundzügen die Beispiele der Kontingenzen entnommen wurden.

plexität wird in den folgenden vier sogenannten Kontingenzen beschrieben, die als Merkmal für *Struktur* das Vorhandensein eines allgemein anerkannten Rahmens von Regeln der Problemlösung annehmen:
- *Strukturierte Aufgaben (Beispiel: Gehaltsfestlegung für einen neuen Mitarbeiter),*
- *Semi-strukturierte Aufgaben (Beispiel: Revision eines laufenden Projektes),*
- *Unstrukturierte Aufgaben (Beispiel: Entscheidung, welche Alternativen einer Marktchance ein Unternehmen ausnutzen sollte),*
- *Heillos (wicked) unstrukturierte Aufgaben (Beispiel: Entscheidung, ob ein defizitäres Projekt weitergeführt wird oder nicht).*

- *Validierung des Problemlösungsansatzes:* In dieser Dimension wird festgelegt, wie sich eine Gruppe auf einen gemeinsamen Problemlösungsansatz einigen kann. Je problematischer dieser Einigungsprozeß verläuft, umso höher muß auch die Gruppenprozeßunterstützung ausfallen. Die zugehörigen Kontingenzen zur Bewertung der Validierung eines gemeinsamen Wahrheitsbegriffes sind wie folgt definiert:
  - *Deduktive Ableitung aus realen Fakten (Beispiel: Bestimmung der Kosten einer Maschineninvestition),*
  - *Induktive Ableitung aus der subjektiven Wahrnehmung der Gruppenmitglieder (Beispiel: Revision eines laufenden Projektes),*
  - *Relative Validierung durch eine vergleichende Interpretation der Wirklichkeit (Beispiel: Investitionsentscheidung zwischen gleichwertigen Alternativen),*
  - *Ausgehandelte Validierung (Beispiel: Strategiefindung für ein Unternehmen),*
  - *Konfliktionäre Validierung, in denen Werte und eigene Interessen in Widerspruch geraten (Beispiel: Lösung eines internationalen oder religiösen Konfliktes).*

- *Koordinationsmethode:* Diese Dimension gibt Auskunft über die Methode, mit welcher der Arbeitsfluß gestaltet wird. Dabei wird diese als ein Meta-Prozeß beschrieben, der die Abstimmung der einzelnen Aktivitäten einer Gruppe steuert. Der Koordinationsaufwand einer Aufgabe steigt mit zunehmenden Interdependenzen zwischen den einzelnen Aktivitäten und fällt mit der Aufgabenflexibilität und -modularität. Das Ausmaß der Koordinationsaufgabe richtet sich nach dem Ablauf der Aktivitäten und führt zu den folgenden Kontingenzen:
  - *Paralleler Ablauf von Aktivitäten ohne ausgeprägte Synchronisationsnotwendigkeit (Beispiel: Begutachtungsverfahren wissenschaftlicher Manuskripte),*

- *Kombinierter Ablauf von Aktivitäten („pooled regulatory process") mit geringen Interdependenzen (Beispiel: Verfassen eines technischen Handbuches durch verschiedene Autoren),*
- *Zusammenwirkender Ablauf von Aktivitäten mit dem Erfordernis der engen Synchronisation von Arbeitsergebnissen (Beispiel: gemeinsame Entwicklung eines technischen Produktes),*
- *Sequentieller Ablauf von Aktivitäten mit Rückbezügen auf alle Arten der obigen Kontingenzen (Beispiel: Koordination einer Software-Einführung in einem internationalen Konzern),*
- *Reaktiver/reziproker Ablauf, der stark abhängig von Entwicklungen vorgelagerter Abläufe ist (Beispiel: Beilegung eines politischen Konfliktes).*

In der Anwendung des Ansatzes werden die oben beschriebenen Kontingenzen auf die Ebene der Technologie-Unterstützung abgebildet. Für jede Aktivität und die damit verbundenen Eigenschaften und Variablen werden nun auf den jeweiligen Ebenen der Individual-, Gruppenprozeß- und Metaprozeßsichtweise geeignete technologische Hilfsmittel identifiziert, die einen möglicherweise positiven Effekt auf die Aktivität haben können. Durch eine Operationalisierung dieser Hilfsmittelunterstützung tritt eine genauere Spezifikation eines Kooperationssystems hervor, die zur Grundlage einer Systementwicklung verwendet werden kann.

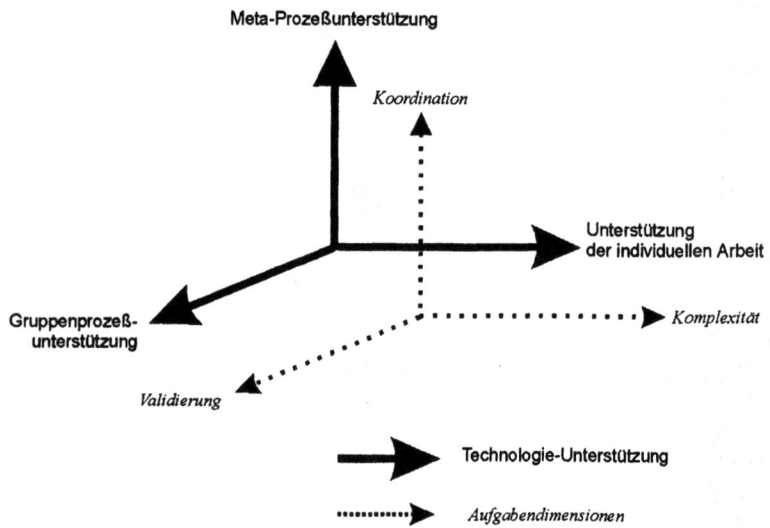

Abb. 10: Beziehungen zwischen Technologieunterstützung und Aufgabendimension im Task and Technology Interaction-Ansatz (Rana, Turoff, Hiltz /Interaction 1997/ 73)

Der Task and Technology Interaction-Ansatz gibt einen Rahmen vor, in dem Gruppenaktivitäten analysiert werden, die wiederum als Maßgabe einer Technologieunterstützung dienen, und nicht umgekehrt. So determinieren nicht präskriptive technische Eigenschaften eines Kooperationssystems den Funktionsumfang, sondern die Charakteristika des Kooperationsprozesses. Diese Vorgehensweise ist damit insbesondere für die Gestaltung von Kooperationsprozessen und -systemen für virtuelle Organisationsstrukturen besonders relevant, da sie funktionelle Muster der Zusammenarbeit hervorbringt und die technische Unterstützung stärker zu einer Variablen des Gesamtsystems macht.[664] Aus Sicht der Autoren ist insbesondere die Eignung des Ansatzes, komplizierte Zusammenhänge organisatorischer Koordination zu erfassen, hervorzuheben. Diese Einschätzung erscheint im Hinblick auf Umfang und Dynamik des Konzeptes plausibel.

Das Konzept von *Rana, Turoff* und *Hiltz* dürfte sich für eine praktische Anwendung auch als generisch genug erweisen, um für konkrete Ausprägungen virtueller Organisationen domänenspezifisch angepaßt zu werden.

Dieser erste Ansatz einer Aktivitätengestaltung ist aus praktischer Sicht sehr abstrakt, so daß es sinnvoll ist, zur Darstellung weiterer Gestaltungsmöglichkeiten auf anschaulichere Formen zurückzugreifen. Im folgenden wird daher auf ein Rahmenkonzept zur Gestaltung von Aktivitäten in virtuellen Organisationen eingegangen, dessen Motivation der Managementlehre entstammt.

5.2.3.3.2 Anwendung von Management-Ansätzen am Beispiel des Virtual Work-Framework

Fritz und *Manheim* betrachten die Organisation der Aufgabenverrichtung in virtuellen Organisationsstrukturen. Sie formulieren eine „Theory of Virtual Work Effectiveness",[665] die auf die Planung und Führung von Aktivitäten in virtuellen Organisationsstrukturen ausgerichtet ist. Aus diesen Grundüberlegungen leiten die Autoren ein Rahmenkonzept ab, das Faktoren der organisatorischen Effizienz in virtuellen Organisation identifiziert.

---

[664] Vgl. Rana, Turoff, Hiltz /Interaction 1997/ 73.
[665] Fritz, Manheim /Work 1998/ 123. Der Theoriebegriff erscheint in diesem Zusammenhang interpretationsbedürftig. Zum einen erheben die Autoren nicht den Anspruch, ein wissenschaftlich begründetes Aussagensystem vorzulegen, sondern versuchen eher, Begriffe, Prinzipien und Beziehungen zu ordnen. Zum anderen handelt es sich um eine noch andauernde Arbeit, die somit nicht als abschließend zu beurteilen ist und ausdrücklich der Stimulation wissenschaftlicher Diskussion dienen soll (vgl. Fritz, Manheim /Work 1998/ 131.)

Motiviert durch die Organisationsform virtueller Unternehmen und die aus veränderten räumlichen Gegebenheiten entstandenen Anforderungen an die Unternehmensführung beschreiben sie fünf Ebenen des Managements von Aktivitäten in virtuellen Organisationsstrukturen:[666]

- *Personalmanagement* (People Management),
- *Beziehungsmanagement* (Relationship Management),
- *Operatives Arbeitsmanagement* (Work Management),
- *Wissensmanagement* (Knowledge Management),
- *Technologiemanagement* (Technology Management).

Fritz/Manheim leiten aus diesen Kategorien relevante Faktoren ab, welche die effektive Erfüllung von Aufgaben in virtuellen Organisationsstrukturen maßgeblich beeinflussen. Diese integrieren sie zu einem Rahmenkonzept, das die folgende Abbildung wiedergibt.

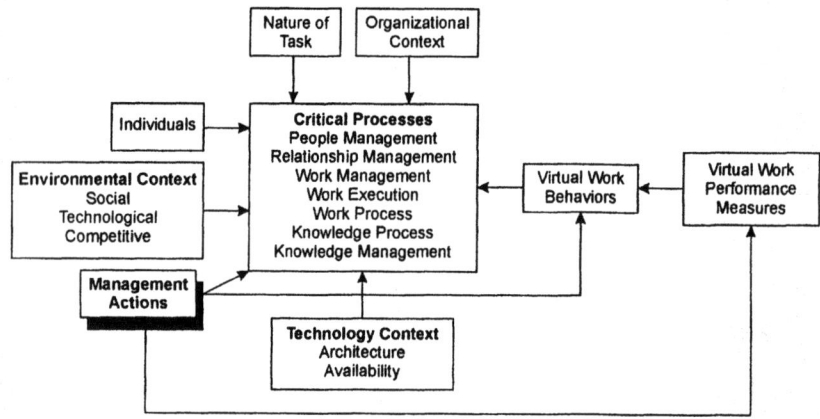

Abb. 11: Rahmenkonzept der Aufgabenerfüllung in virtuellen Organisationen (Fritz, Manheim /Work 1998/ 131)

Der Rahmen soll idealerweise dazu verwendet werden, Aktivitäten in virtuellen Organisationsstrukturen möglichst effektiv gestalten zu können.[667] Damit stellt dieses Konzept ebenfalls einen Ansatz zur Gestaltung von Aktivitäten in virtuellen Organisation dar. Jedoch wird im Gegensatz zu der im vorigen Abschnitt dargestellten *Task and Technology Interaction Theory* nicht die Aktivität selbst

---

[666] Vgl. Fritz, Manheim /Work 1998/ 124ff. Es ist jedoch nicht unmittelbar nachvollziehbar, mit welcher Methodik *Fritz* und *Manheim* aus der von ihnen beschriebenen veränderten räumlichen Arbeitsverrichtung die folgenden Ebenen ableiten.
[667] Vgl. Fritz, Manheim /Work 1998/ 132.

zum Mittelpunkt des Gestaltungsansatzes, sondern das Management dieser Aktivitäten. Indem die wichtigsten Einflußfaktoren auf Aktivitäten in der virtuellen Organisation miteinander in Beziehung gesetzt werden, können in der Planungsphase von Kooperationsprozessen einzelne Aktivitäten ineinander integriert und Synergien genutzt werden. Zwar muß kritisch angemerkt werden, daß Einflußfaktoren an der Peripherie der kritischen Prozesse in einem ungeklärten Zusammenhang zur Arbeitsverrichtung stehen. Jedoch ist dieser Punkt im Hinblick auf die angestrebte Domäneninterdependenz akzeptabel.

Die beiden vorstehend beschriebenen Ansätze zeigen das Potential der Aktivitätenmodellierung zur Gestaltung virtueller Organisationsstrukturen. Beiden Ansätzen ist trotz des unterschiedlichen Blickwinkels auf Aktivitäten gemein, daß sie sich als Ausgangspunkt der Systementwicklung sehen. Beide Systematiken eignen sich damit auch als Grundlage eines Systementwurfes für ein Kooperationssystem in virtuellen Organisationsstrukturen.[668]

Dabei unterscheiden sich die beiden Konzepte in ihrem Abstraktionsniveau sowie der Berücksichtigung sozialer Handlungsmuster. Die *Task and Technology Interaction Theory* zeichnet sich durch einen abstrakten Modellierungsansatz aus, der aufwendig an Domänenerfordernisse anzupassen ist, dafür aber sehr konkret auch soziale Handlungen wie Konflikte zwischen Personen berücksichtigt. Demgegenüber ist der Ansatz der *Theory of Virtual Work Effectiveness* stärker funktionell ausgerichtet, bietet dafür aber weniger Modellierungsmethodik als die *Task and Technology Interaction Theory*.

Wie die vorstehenden Ausführungen gezeigt haben, sind Aktivitäten nicht nur ein geeigneter Ausgangspunkt der Modellierung virtueller Organisationsstrukturen, sondern auch eine gute Grundlage der Systementwicklung eines computerunterstützten Kooperationssystems. Zur Gestaltung von Kooperationszusammenhängen ist jedoch noch erforderlich, die technische Basis im allgemeinen und die Kooperationsobjekte (Artefakte) im besonderen zu beschreiben.

5.2.4 Kooperationsinfrastruktur und -artefakte

Als Kooperationsinfrastruktur einer virtuellen Organisationen kann allgemein diejenige Zusammenfassung der Informations- und Kommunikationssysteme bezeichnet werden, die Systeme zur Unterstützung häufig wiederkehrender, semantisch gehaltvoller Kommunikationsnachrichten beinhaltet. Zwar verfügen virtuelle Organisationen per definitionem bereits über eine hohe Durchdringung leistungsfähiger Informations- und Kommunikationssysteme, jedoch dif-

---

[668] *Rana/Aljallad* verwenden ihre *Task and Technology Interaction Theory* zur Entwicklung einer kooperativen Hypermedia-Umgebung, die synchrone und asynchrone Kommunikationswerkzeuge verbindet (vgl. Rana, Aljallad /Frameworks 1997/). *Manheim/Fritz* entwerfen auf der Basis ihres Ansatzes ein *Virtual Work Support System*, welches als musterbasiertes Workflow-Management-System charakterisiert werden kann (vgl. Manheim, Fritz /Information 1998/ 148.)

ferenzieren sie sich insbesondere in diesem Merkmal von anderen Organisationsformen. So ist in virtuellen Organisationen die Durchführung arbeitsteiliger Vorgänge mit Hilfe kooperativer, computerunterstützter Informations- und Kommunikationssysteme meßbar höher. Die Verfügbarkeit einzelner Systeme zur computerunterstützten Kooperation allein ist dabei jedoch nicht ausreichend. Vielmehr sind Offenheit und Flexibilität dieser Systeme erforderlich, da in den verschiedenen Lebensphasen einer virtuellen Organisation Informationsaustauschvorgänge ablaufen, die in bezug auf Form, Struktur und Standardisierung sehr unterschiedlich ausgeprägt sind. Diese bedingen sehr unterschiedliche Anforderungen an Informations- und Kommunikationssysteme zur Unterstützung von Kooperationsvorgängen.

5.2.4.1 Kooperationsinfrastruktur als Integrationsrahmen

Die Kooperationsinfrastruktur, die in ihrer Grundstruktur aus Kommunikations- und Koordinationssystemen der computerunterstützen Gruppenarbeit besteht, ist in den einzelnen Verbundunternehmen unterschiedlich ausgeprägt. Diese Systeme können in bezug auf konkrete Produktauswahl, Funktionsumfang und Leistungsfähigkeit durchaus unterschiedlich sein, ihnen ist jedoch gemein, daß sie grundsätzlich offene Standards und markt- bzw. branchenübliche Verfahren unterstützen. Insofern sind diese Systeme für ein Mindestmaß kooperativer Arbeit geeignet, das beispielsweise auf der Basis gemeinsamer Nachrichtenstandards und -systeme ermöglicht wird. Die Verwendung offener Systeme als Grundlage der Kooperationsinfrastruktur erlaubt idealerweise ein hohes Interoperabilitätsmaß, so daß beispielsweise einzelne heterogene Nachrichtensysteme zu einem gemeinsamen, funktionell hochwertigen Vorgangssteuerungssystem ausgebaut werden können.[669]

Im Fortgang der Zusammenarbeit wird die grundsätzlich offene Kooperationsinfrastruktur mit zunehmender Vernetzung der Partner an die Aufgaben des Verbundes (bzw. die jeweils aktuellen Kooperationserfordernisse) angepaßt. In Arbeiten, die aus dem DFG-Schwerpunktprojekt „Informations- und Kommunikationssysteme als Gestaltungselement Virtueller Unternehmen" hervorgegangen sind, wird zwischen drei Ebenen der Kopplung von Informationsverarbeitungssystemen, die sich analog auch auf Kooperationssysteme anwenden lassen, differenziert.[670]

---

[669] An dieser Stelle soll auf eine Detaillierung damit verbundener Aspekte aufgrund des Abstraktionsniveaus der obigen Darstellung verzichtet werden. Entwicklungen wie etwa die Standardisierungsbemühungen von Interoperabilitätsfunktionen in Vorgangssteuerungssystemen, beispielsweise im Sinne der Workflow Management Coalition, in diesem Zusammenhang darzulegen, würde an dieser Stelle den Rahmen der Arbeit erheblich überschreiten. Vgl. beispielhaft Maurer, Schramke /Workflow 1997/ 17ff.

[670] Vgl. Arnold u.a. /Virtuelle 1995/ 15; Arnold u.a. /Unternehmen 1995/ 9; Mertens, Griese, Ehrenberg /Unternehmen 1998/ 78ff.

- *Applikations-Kommunikation:* Diese Ebene bezeichnet die Verbindung der einzelnen Kommunikationsanwendungen innerhalb eines Verbundes.
- *Data Sharing:* Auf dieser Ebene werden Datenbestände für die gemeinsame Nutzung integriert und den Mitgliedern des Verbundes je nach Aufgabenstellung, Gruppenzugehörigkeit und Sicherheitsaspekten zur Verfügung gestellt.
- *Application Sharing:* Neben der Kopplung der Kommunikationssysteme und der entsprechenden Datenbestände erfolgt auf dieser Stufe eine Zusammenführung der Anwendungssysteme, so daß idealerweise „Multi-User-Systeme im Sinne von Groupware entstehen".[671]
Dabei werden Anwendungssysteme und Prozeßbausteine von Planungs-, Kontroll-, Administrations- und Distributionssystemen zusammengeführt.[672]

Mit zunehmendem Fortgang der Zusammenarbeit der Verbundpartner der virtuellen Organisation wird die anfänglich lediglich in Grundfunktionen bestehende Kooperationsinfrastruktur an die Erfordernisse der Zusammenarbeit angepaßt. Die Verwendung gemeinsamer Standards und Normen erlaubt dabei die flexible Anpassung des Systems an die sich im Zeitablauf stellenden Anforderungen.[673] Das Kooperationssystem *Virtuelle Organisation* kann in diesem Zusammenhang in verschiedenen Hierarchiestufen betrachtet werden, auf denen jeweils eine Anpassung der Werkzeuge und Verfahren der Zusammenarbeit erfolgt. Ist beispielsweise in der Identifikations- und Anbahnungsphase mit Hilfe von offenen Katalogsystemen und Nachrichtensystemen eine Basis der Kooperation gefunden worden, kann mit der Einrichtung gemeinsamer Datenbestände und Prozeßmodelle die Grundlage zur weiteren Zusammenarbeit in der nächsten Phase geschaffen werden. Zur Erreichung von Zielen innerhalb einzelner Prozeßabschnitte wiederum können dann von den Beteiligten weitere Kooperationssysteme, wie Konferenzsysteme oder gemeinsam genutzte Anwendungen, verwendet werden, so daß eine selbständige Problemlösung möglich wird. Damit wirkt die Kooperationsinfrastruktur als Integrationsrahmen, in dem konkrete Kooperationskonfigurationen flexibel und aufgabenadäquat rekombiniert werden können und aus funktioneller Sicht als Reaktion auf die Anforderungen der Verbundkooperation zu sehen ist.

---

[671] Arnold u.a. /Unternehmen 1995/ 9.
[672] Vgl. Mertens, Griese, Ehrenberg /Unternehmen 1998/ 80ff. Interessanterweise betonen die Autoren an dieser Stelle die Rolle von Groupwaresystemen, die nach gängiger Begriffsauffassung innerhalb der CSCW eher kommunikationsorientierte Systeme sind, beschreiben dann aber Funktionen von Koordinations-, also Vorgangssteuerungssystemen, im Sinne von Workflow Management Systemen. Dieser Vorgehensweise ist zu entgegnen, daß sie den persönlichen Kommunikationsaspekt vernachlässigt, der im allgemeinen mit Groupwaresystemen verbunden wird.
[673] Vgl. zu Standards und Normen in virtuellen Organisationen beispielhaft Faisst, Stürken /Prozeß-Standards 1997/; Winwood /Network 1997/ 13ff.; Arnold u.a. /Unternehmen 1995/ 8.

5.2.4.2 Artefakte als Koordinationsobjekte

Die Struktur und die Anpassung der Kooperationsinfrastruktur einer virtuellen Organisation betreffen den eigentlichen Gegenstand der Kooperation, mit dessen Hilfe Vorgänge der Zusammenarbeit verwirklicht werden. Innerhalb der CSCW-Forschung ist die Verwendung des Begriffes *Artefakt* üblich geworden, wenn innerhalb einer personengebundenen Kooperation ein Objekt zur Kooperation oder Koordination verwendet wird.[674] Artefakte sind Informationsträger, wie alle Arten von Papieren, Formularen, Memos etc., aber auch digitale Objekte, wie Videonachrichten oder Audiobotschaften, solange sie im Kontext der Zusammenarbeit verwendet werden. Dabei ist der Grad der Computerunterstützung zunächst nebensächlich, so daß ein Artefakt in der Zusammenarbeit zweier Personen sowohl eine handgeschriebene Skizze als auch ein von einer Personenmehrheit genutzter Kalender eines gemeinsamen Projektmanagementsystems sein kann.[675] Im folgenden soll der Begriff des Artefaktes bewußt weit gefaßt werden und als intermediäres Element zwischen Personen interpretiert werden.[676]

Im Verlauf der Anpassung der Kooperationsinfrastruktur an die Kooperationserfordernisse verändern sich auch die zum Einsatz kommenden Artefakte der Zusammenarbeit. Grundsätzlich ist zunächst von der Ausprägung gemeinsamer Artefakte auszugehen, auf deren Basis die Koordination des Verbundes bewältigt werden kann. Dieser Aspekt betrifft jedoch überwiegend gemeinsame Standards in Nachrichtensystemen, die somit zur Charakterisierung der Kooperation nur eingeschränkt geeignet sind, da sie in ihrer Verwendung innerhalb einer virtuellen Organisation berechenbar genutzt werden.

Interessanter ist in diesem Zusammenhang die Betrachtung der Kooperationsartefakte bei der persönlichen Kommunikation der beteiligten Personen innerhalb des Verbundes. In dieser Sichtweise können eine syntaktische und eine semantische Ebene unterschieden werden.

Während zu Beginn der Einrichtung des Verbundes verstärkt standardisierte Artefakte eine große Rolle spielen, wird mit zunehmender Spezialisierung der Zusammenarbeit auch die Verwendung unstrukturierter Objekte der Kooperation wichtig.

---

[674] Vgl. beispielsweise Kyng /Making 1995/ 46ff.; Jeffay u.a. / Artifacts 1992/ 195ff.; Suchman, Trigg /Practice 1993/ 205ff.; Dix /Design 1994/ 13.

[675] Dix unterscheidet weiche und harte Artefakte. Während weiche Artefakte das Verständnis der Arbeit abbilden, werden harte Artefakte zur Verrichtung der eigentlichen Arbeit verwendet. Vgl. Dix /Design 1994/ 14f.

[676] Diese Interpretation ist damit differenzierter als der Begriff des *Objektes*, der nicht zwingend Kooperationsbeziehungen zwischen Personen oder Personenmehrheiten beschreibt.

So treten im Zeitablauf der Kooperation neben den allgemeinen, syntaktisch standardisierten Formaten für Artefakte auch weitere, proprietäre Formate hinzu, die als Anpassung an die jeweiligen Kooperationssituationen entstehen. Die Beispiele der Ausprägung von branchenspezifischen Standards wie IGES, VDAIS oder den STEP-basierten Formen zeigen,[677] daß aus syntaktischer Sicht mit zunehmender Intensität der Zusammenarbeit auch eigene Formen für Dokumente und Objekte der Kooperation entstehen können, so daß spezifischen Kooperationssituationen besser entsprochen werden kann.

Während syntaktische Aspekte der Kooperation eher auf die Bewältigung der transaktionsintensiven Koordinationsleistung in virtuellen Organisation abzielen, konzentriert sich die semantische Betrachtungsweise auf die Frage nach der Bewältigung der persönlichen Kommunikation. Bei der Einrichtung des Verbundes bestimmen standardisierte Nachrichten- und Applikationsformate das Wesen der Zusammenarbeit, so daß die Ingangsetzung und Operation des Verbundes überhaupt erst möglich wird. Mit zunehmender Intensität der Kommunikationsbeziehungen werden diese auch persönlicher und in ihrem Informationsgehalt kaum noch strukturierbar, wie das Beispiel von Videonachrichten zeigt. So wird in der Operationsphase der Leistungserstellung aufgrund der zu erwartenden höheren Schwierigkeitsgrade der Problemstellungen auch eine größere Auswahlmöglichkeit für Kooperationswerkzeuge und -artefakte der Zusammenarbeit erforderlich sein. Da nur schwer vorhersehbar ist, mit welchen Artefakten zwei Entwicklungsingenieure beispielsweise ein komplexes Funktionsproblem eines Maschinenbauteils lösen wollen, ist auch der semantische Gehalt des Artefaktes kaum einschätzbar. Daher kann eine komplexe Videonachricht neben einer persönlichen Botschaft auch Simulationen, Prototypvorführungen oder Konstruktionsanimationen beinhalten, deren Bedeutung zu Beginn der Kooperation der virtuellen Organisation nicht konkret einschätzbar gewesen ist.

Damit ergibt sich in bezug auf Kooperationsartefakte der Übergang von der Verwendung standardisierter Artefakte zu Beginn der Kooperation des Gesamtverbundes zu einer tendenziell unstrukturierten Situation in der Mikro-Ebene der Aufgabenerfüllung.

Artefakte wirken als Koordinationsobjekte, mit deren Hilfe Akteure in einer Kooperationssituation Interdependenzen formalisieren und Probleme lösen können. Diese Artefakte lassen sich drei Ebenen zuordnen, ohne daß diese Ebenenunterscheidung eine zwingende Abgrenzung bedingen muß.

---

[677] Vgl. beispielhaft Mertens, Griese, Ehrenberg /Unternehmen 1998/ 73.

5.2.4.2.1 Artefakte der globalen Organisationsinformation

Die am schwächsten kooperativ wirkenden Artefakte der Zusammenarbeit sind diejenigen, die Informationen auf der Ebene der gesamten Organisation zur Verfügung stellen. Dieses sind üblicherweise klassische Nachrichtenverteilungssysteme, die in 1:n- oder n:m-Beziehungen wirken. Sie erfüllen in der Regel formale Informationsbedürfnisse und fördern die Kohärenz der zu einer Organisation gehörenden Gruppen und Personen. Da sie häufig eine standardisierte Form aufweisen, sind die Kooperations- und Interaktionsmöglichkeiten mit diesen Objekten stark eingeschränkt.

5.2.4.2.2 Artefakte des Kooperationsprozesses

Diese Ebene entspricht der spezifischen Aufgabenverrichtung durch die Gruppen. Hier werden die zur Bewältigung der jeweiligen Sachaufgabe erforderlichen Kooperationswerkzeuge eingesetzt, welche die Erzeugung, Manipulation und Speicherung von Artefakten der Zusammenarbeit erlauben. Dieses können beispielsweise Objekte sein, die in der synchronen Zusammenarbeit als gemeinsames Koordinationsobjekt verwendet werden, wie beispielsweise eine gemeinsame Arbeitsfläche eines Videokonferenzsystems, die für einen schematisierten Produktentwurf verwendet wird. Auch die im Rahmen von Sitzungsunterstützungssystemen ausgetauschten Kooperationsobjekte sind repräsentativ für die auf dieser Ebene zu gestaltenden Artefakte.

Typischer für Kooperationssituationen in virtuellen Organisationsstrukturen ist jedoch die Nutzung von Artefakten der asynchronen Kooperation, die zumeist auf Nachrichtensystemen aufbauen und deren Transportmechanismen mit weitergehenden Filter- und Automatisierungsfunktionen aufgewertet werden. Anwendungsspezifische Vorgangssteuerungssysteme oder schemabasierte Kommunikationssysteme, die durch medienintensive Annotationshilfsmittel zusätzliche Freiheitsgrade der Abstimmung erlauben, sind abstrakte Beispiele für Kooperationssysteme und deren Artefakte dieser Ebene.

5.2.4.2.3 Artefakte der informellen Umgebungswahrnehmung

Das Prinzip der Selbstorganisation eigenständiger Module erfordert nicht nur die Nutzung direkter, vorab definierter Kommunikationswege, sondern auch die Ausprägung informeller Kommunikationsmöglichkeiten.[678] Anpassungsfähigkeit und Rekonfigurierbarkeit einer Organisation setzt die Abwägung von Alternativen der Leistungserstellung auch außerhalb formal vorgegebener Strukturen voraus. Informelle Kommunikationsmöglichkeiten fördern diese Entwicklung und erweitern Beziehungsnetzwerke der Teilnehmer untereinander. Da virtuelle Organisationsstrukturen auf eine zeitliche Befristung ausge-

---

[678] Vgl. dazu grundlegend Chisholm /Coordination 1989/.

legt sind, kommt einer informellen Organisationsstruktur, die stabilitätsfördernd sein kann, eine große Bedeutung innerhalb der einzelnen Teilorganisationen zu.[679]
Auch in der informellen Organisationsstruktur finden sich Koordinationsmechanismen, die jedoch im Hinblick auf Prä-Spezifikation, Konventionalität und Regelbindung schwächer ausgeprägt sind als formelle Koordinationsmechanismen.[680]
Die Ausnutzung der Vorteile der informellen Organisation stellt erhebliche Herausforderungen an die Gestaltung kooperativer Informations- und Kommunikationssysteme. Die Problematik dabei ist, daß Funktionen und Objekte definiert werden müssen, die bewußt nicht in einem direkten Zusammenhang mit einer spezifischen Aufgabenverrichtung stehen.
Zumeist wird versucht, die Wahrnehmung (engl. *Awareness*) für informelle Vorgänge in einer Organisation mit computergestützten Hilfsmitteln zu vereinfachen, so daß die Handlungen anderer Personen wahrgenommen werden und möglicherweise mit dem Kontext der eigenen Tätigkeit in Verbindung gebracht werden können.[681] Solche Funktionen, die in den letzten Jahren vermehrt im Mittelpunkt der Gestaltung von CSCW-Systemen standen,[682] sollen die Transparenz der Gruppenaktivitäten erhören, indem die Benutzer eines solchen Systems mit Informationen „über die Anwesenheit, Aktivitäten und Verfügbarkeit von anderen Benutzern"[683] versorgt werden. Dazu müssen nicht nur Ereignisse im Kooperationsprozeß explizit gemacht werden (Wahrnehmbarkeit dieser Ereignisse), sondern auch die Gruppenmitglieder in die Lage versetzt werden, Ereignisse ihrer Umgebung wahrzunehmen (Sensorik).[684]

---

[679] Vgl. Kraut u.a. /Informal 1990/ 287ff.
[680] Vgl. Kraut u.a. /Informal 1990/ 289, die noch weitere Kriterien beschreiben: „These formal coordination mechanisms have in common communication that is specified in advance, unidirectional, and relatively impoverished."
[681] Vgl. Borghoff, Schlichter /Gruppenarbeit 1998/ 183. Der Begriff der *Awareness* wird des weiteren häufig im Zusammenhang mit Netzwerkunternehmen verwendet, wenn die Wahrnehmung einzelner Verbundpartner von geeigneten komplementären Wertschöpfungsbeiträgen gemeint ist. Diesbezügliche Methoden und Techniken wurden in dem ESPRIT-Projekt *Competence Building and Higher Awareness About Networking and Collaboration for Europe (CHANCE)* der damaligen Europäischen Gemeinschaft von 1.12.95 - 30.11.97 entwickelt und erprobt.
[682] So finden seit einigen Jahren am Rande der CSCW-/HCI-Tagungen immer wieder Workshops zu diesem Thema statt.
[683] Gross /Transparenzunterstützung 1998/ 20. Gross konstatiert in diesem Zusammenhang ein „Begriffschaos" bei der Verwendung von *Awareness* in der CSCW-Forschung und favorisiert den Begriff der Transparenzunterstützung.
[684] Vgl. Pankoke-Babatz / Spannungsfeld 1998/ 6.

Procter u.a. bezeichnen mit ihrem Konzept der *Collaborative Awareness* die Unterstützung sowohl eines gemeinsamen Gruppenkontextes, als auch der Koordination der Aktivitäten innerhalb der Gruppe.[685]
Greenberg u.a. differenzieren den Awareness-Begriff weiter und unterscheiden die folgenden Arten der Wahrnehmung:[686]

- *Informelle Wahrnehmung:* Damit wird das generelle Wissen einer Gruppe um die gerade ausgeübten Tätigkeiten und relativen Aufenthaltsorte ihrer Mitglieder bezeichnet.
- *Gruppenstrukturelle Wahrnehmung:* Verantwortlichkeiten, Rollen und die Auffassungen der Gruppenmitgliedern bezüglich wichtiger gemeinsamer Themen und Gruppensituationen kennzeichnen diese Ebene.
- *Soziale Wahrnehmung:* Diese Art beschreibt den sozialen und konversationalen Kontext der Gruppe, der Auskunft über emotionale Faktoren wie Motivation oder auch Desinteresse einzelner Mitglieder gibt.
- *Wahrnehmung des Arbeitsbereichs:* Die Verrichtung von Gruppenarbeit verläuft in der Regel in einem gemeinsamen Arbeitsbereich, welcher ein realer Raum (z.B. Sitzungszimmer),[687] ein gemeinsam genutzter computergenerierter Interaktionsraum (z.B. als Collaborative Virtual Environment)[688] oder ein einfaches verteiltes Objektsystem als Speicherort von Arbeitsergebnissen sein kann. Die Wahrnehmung der Interaktion in und mit diesem gemeinsam genutzten Arbeitsbereich kennzeichnet diese Form.

Die Unterstützung dieser unterschiedlichen Formen von Wahrnehmungsinformationen erfordert die Kombination vielfältiger Artefakte, so daß Gruppenmitglieder reibungslos zwischen festen und losen Kooperationsmodi wechseln können und sich Arbeitsschritte selbständig und dynamisch zuweisen können.[689] Artefakte der Zusammenarbeit, die Zustandsmitteilungen aus der Peripherie des Arbeitskontextes in Arbeitsprozesse tragen, können damit einen Beitrag zur organisatorischen Flexibilität leisten, indem sie alternative Problemlösungen eröffnen, die Gruppenkohäsion stärken und die funktionelle Spezialisierung der Arbeitsgruppe unterstützen.[690]

---

[685] Vgl. Procter u.a. /Coordination 1994/ 119ff.
[686] Vgl. Greenberg, Gutwin, Cockburn /Groupware 1996/ 300f.; Borghoff, Schlichter /Gruppenarbeit 1998/ 183. Andere Ansätze unterscheiden beispielsweise zwischen *Global Awareness, Deep Awareness* und *Peripheral Awareness* (vgl. Chen, Gaines /Communication 1997/).
[687] Das Sitzungszimmer kann dabei ebenfalls durch fest installierte, synchrone Kooperationswerkzeuge ergänzt werden. Vgl. für eine diesbezügliche Systematik Schwabe, Krcmar /CSCW 1996/ 210ff.
[688] Vgl. beispielsweise die Collaborative Virtual Environment (CVE) MASSIVE in Greenhalgh, Benford /Virtual 1995/ 165ff.
[689] Vgl. Dourish, Bellotti /Coordination 1992/ 107.
[690] Vgl. Chen, Gaines /Communication 1997/.

5.3 Synthese: Gestaltungsvariablen der Kooperation in virtuellen Organisationsstrukturen

Kooperationsprozesse in virtuellen Organisationsstrukturen wurden in den vorherigen Abschnitten detailliert untersucht und dargestellt. Dabei wurden Ansatzpunkte der aktiven Gestaltung von Kooperationsprozessen erörtert, die insbesondere im Hinblick auf die Entwicklung eines Systems zur Unterstützung bedeutsam sind. Neben einer gemeinsamen Infrastruktur, die den Rahmen der Kooperationsorganisation bildet, sind es insbesondere Kooperationsaktivitäten und -artefakte, die für die Prozeßgestaltung in Frage kommen. Somit sollte eine Computerunterstützung der Kooperation in virtuellen Organisationsstrukturen auch diese Aspekte berücksichtigen, indem beispielsweise eine flexibler Rahmen gefunden wird, der die Kombination verschiedener Aktivitäten und Artefakte mit Werkzeugen der Kooperationsunterstützung ermöglicht.

6 Meta-Modell eines Kooperationssystems für virtuelle Organisationsstrukturen

Kooperationssysteme für virtuelle Organisationsstrukturen sollen das zielgerichtete Zusammenwirken von Personen in einer virtuellen Organisation unterstützen. Sie berücksichtigen die im vorherigen Teil dargelegten Charakteristika und Spezifika dieser Organisationsform und stellen Methoden und Hilfsmittel der Zusammenarbeit von Gruppen im Kontext einer virtuellen Organisation bereit.

Im folgenden werden aus der vorherigen theoretischen Fundierung Grundzüge eines Modells für ein Kooperationssystem entwickelt, das die wesentlichen Anforderungen virtueller Organisationsstrukturen berücksichtigt. Das Modell ist als Meta-Modell konzipiert, aus dem spezifischere Modelle für alternative fachliche oder domänenspezifische Gegebenheiten abgeleitet werden können. Es versteht sich als Integrationsrahmen, in den Funktionen kooperativer Informations- und Kommunikationssysteme eingeordnet und in ihren Schnittstellen zu anderen Funktionen beurteilt werden können. Primäres Ziel dieses Integrationsrahmens ist es, CSCW-Ansätzen einen Bezugspunkt zur Gestaltung virtueller Organisationsstrukturen zu geben. Es soll somit kein konkreter Lösungsvorschlag zur genauen Gestaltung eines Kooperationssystems entwickelt werden. Derartige Vorschläge, wie etwa die Systeme VEGA,[691] SIGMA,[692] Prototypen der GMD[693] oder industriespezifische Entwürfe von Prototypen für Unterstützungssysteme virtueller Organisationen[694] können in diesem Zusammenhang aufgrund ihrer höheren Spezifität nur als Orientierung dienen, nicht jedoch als Referenz.

Im folgenden wird zunächst dargelegt, welche funktionellen Merkmale eines Kooperationssystems aus den vorherigen theoretischen Beschreibungen abgeleitet werden können. Darauf aufbauend wird eine Detaillierung der Basiskomponenten des Modells vorgenommen, die durch Hinweise auf eine mögliche Implementierung eines Kooperationssystems ergänzt wird.

---

[691] Vgl. Suter /Cooperation 1998/ 155ff.
[692] Vgl. Rittenbruch, Kahler, Cremers /Cooperation 1999/ 30ff.
[693] Vgl. Johannsen, Haake, Streitz /Telecollaboration 1996/.
[694] Vgl. Center, Thompsen /Framework 1996/; Dorf /Designing 1996/; Meade, Presley, Rogers /Enterprise 1996/; Presley, Rogers /Process 1996/.

6.1 Anforderungen an Kooperationssysteme

Nachdem in der grundlegenden theoretischen Fundierung des ersten Hauptteils bereits Hinweise auf Anforderungen von Kooperationssystemen zur Unterstützung virtueller Organisationsstrukturen gegeben wurden, sollen diese mit Hilfe einer Differenzierung zwischen formalen und sachlichen Anforderungen im folgenden zunächst weiter konkretisiert werden.

6.1.1 Formale Anforderungen

Formale Anforderungen können als wünschenswerte Eigenschaften eines Systems definiert werden, die in ihrer Forderungen eher grundlegenden Charakter aufweisen.[695] Da in dem zu konzipierenden Meta-Modell ohnehin elementare Eigenschaften von Kooperationssystemen betont werden, soll diese Kategorie nur kurz ausgeführt werden.[696]

Aus formaler Sicht sind die folgenden Anforderungen an ein Kooperationssystem für virtuellen Organisationsstrukturen zu stellen:

- *Flexibilität und Rekonfigurierbarkeit:* Als wichtigste formale Anforderung ist die Flexibilität eines Kooperationssystem zu nennen.[697] Flexibilität ist nicht nur eine zentrale Anforderung an die Anpassung des Systems an unterschiedliche Kooperationssituationen, sondern insbesondere auch die Anpaßbarkeit des Systems an Kooperationsaktivitäten im Inneren des Kooperationsverbundes. Diese Anforderung ist elementar für die Gestaltung der Selbstorganisation in virtuellen Organisationen. So muß es den Kooperationsteilnehmern möglich sein, das System schnell und unkompliziert an die Erfordernisse der jeweils aktuellen Mission anzupassen und damit die Rekonfigurierbarkeit der gesamten Organisationsstruktur zu unterstützen.[698] Dabei muß das System möglichst weitgehend vom Benutzer selbst angepaßt werden können, um den Forderungen nach Selbstorganisation und Aufgabenorientierung entsprechen zu können.
- *Offenheit:* Da der Teilnehmerkreis an einem Kooperationsverbund weder organisatorisch noch personell begrenzt sein sollte, ist eine der wesentlichen Anforderungen die Offenheit des Kooperationssystems. Der Zugang zum System sowie die Erweiterung um zusätzliche Teilnehmer müssen mit Hilfe standardisierter Technologien gewährleistet sein. Es ist zu berücksichtigen, daß sich die Benutzer dieses Systems in weit verteilten Netzwerken und he-

---

[695] Vgl. Eulgem /Nutzung 1998/ 120.
[696] In diesem Kontext kann auf die einschlägige CSCW-Literatur verwiesen werden, die sich ausführlicher mit der Formulierung formaler Ziele auseinandersetzt: Vgl. beispielsweise Syring /Computerunterstützung 1994/ 25.
[697] Vgl. grundlegend Lucas, Baroudi /Role 1994/.
[698] Vgl. Galbraith /Reconfigurable 1997/ 87ff.

terogenen Umgebungen befinden.[699] Dabei muß vermieden werden, daß eine weitgehende Offenheit und standardisierte Zugangsmöglichkeit zu Kompromissen in der Funktionalität führen. Diese Kompromisse können dann entstehen, wenn sich die Teilnehmer des Verbundes zwar auf eine gemeinsame Basis einigen können, diese aber so sehr standardisiert ist, daß keine ausreichende Spezialisierung des Systems mehr möglich ist.

- *Skalierbarkeit:* Ein Kooperationssystem für virtuellen Organisationsstrukturen muß mit zunehmender Benutzerzahl und -intensität weiterentwickelt werden können. Es sind nicht nur zusätzliche Benutzer problemlos in das System zu integrieren, sondern auch funktionelle Erweiterungen bzw. die Verwendung anderer Werkzeuge zu ermöglichen. Damit soll sichergestellt werden, daß das System den im Kooperationsablauf wachsenden Anforderungen entsprechen kann.

Die Skalierbarkeit des Kooperationssystems muß auch unter Kostengesichtspunkten gerechtfertigt werden können. So sind beispielsweise Kommunikationsdienste zu verwenden, die auch bei stark gestiegenem Kommunikationsvolumen noch kosteneffizient verwendbar sind.[700]

- *Transparenz:* Virtuelle Organisationen bestehen aus heterogenen Komponenten. Sie integrieren Ressourcen, Funktionen und Arbeitsbeiträge von Personen, die unterschiedlicher organisatorischer Herkunft entstammen können. Damit unter diesen Voraussetzungen zielgerichtete Kooperationen von Personenmehrheiten entstehen können, ist es erforderlich, den Benutzern ein hohes Maß an Kontrolle und Übersicht über das System zu geben. Das Kooperationssystem muß sowohl in seiner gesamten Struktur als auch in seinem Unterstützungsbeitrag für einzelne Kooperationsprozesse jederzeit beherrschbar und nachvollziehbar sein.

Ein hohes Maß an Transparenz eines Kooperationssystems leistet auch einen wichtigen Beitrag zur Rekonfigurierbarkeit der Kooperationssituation. Organisationsstrukturen, Rollen, Aktivitäten und Funktionen werden für die Kooperationspartner nachvollziehbar. Damit können die Partner alternative Konfigurationen der Leistungserstellung beurteilen und neuartige Problemlösungen entwickeln.

Neben diesen elementaren formalen Kriterien können weitere formale Anforderungen abgeleitet werden. So muß die Gewährleistung eines hohen *Sicherheitsniveaus* ebenfalls eine Eigenschaft eines Kooperationssystems sein, so daß die beteiligten Partner ihre Interessen und Ressourcen schützen und das notwendige Vertrauen zur Funktionsweise des Verbundes entwickeln können. Auch die *Robustheit* des Systems wirkt vertrauensbildend, da die Verbundpartner die Vorteile einer stabilen und beständigen Systemplattform mit der Integrität des

---

[699] Vgl. Logé /Cooperation 1997/ 33; Tichelaar /Coordination 1997/ 5f.
[700] Vgl. Hall u.a. /Corona 1996/ 143.

Netzwerkes in Verbindung bringen. Auch aus funktioneller Sicht ist die Verfügbarkeit einer robusten Basis zu begründen, da Kooperationssysteme zwangsläufig aus einer Vielzahl heterogener Kommunikations- und Kooperationskomponenten bestehen, die in ihren Betriebsmittelanforderungen konkurrieren und zu Systeminstabilitäten führen können.

6.1.2 Sachliche Anforderungen

Sachliche Anforderungen an Kooperationssysteme begründen sich hauptsächlich aus funktionellen Aspekten virtueller Organisationsstrukturen. Sie leiten sich aus spezifischen Theorieelementen virtueller Organisationen ab und können somit durch die Grundlegung im ersten Teil der Arbeit validiert werden.
Sachliche Anforderungen an Kooperationssysteme können wie folgt formuliert werden:

- *Erfordernis eines gemeinsamen Kooperationsraumes:* Zur Koordination arbeitsteiliger Prozesse ist zunächst ein gemeinsamer Bezugsrahmen erforderlich, der räumlich entfernten und zeitlich asynchronen Personen die Möglichkeit der Integration ihrer Arbeitsergebnisse bietet. Dieser Rahmen bildet einen gemeinsamen Bezugspunkt, auf den sich die Teilnehmer der Kooperation beziehen können und der Kommunikations- und Objektinteraktionshandlungen ermöglicht. Der Begriff des Raumes wird bewußt gewählt, um den Wert einer gemeinsamen Informationsbasis zu betonen und einfache datenbankgestützte Speichersysteme auszuschließen.
- *Unterstützung antizipierbarer Kooperationsmuster:* Zur Unterstützung vorhersehbarer Kooperationsformen ist es sinnvoll, allgemeine Muster der Kommunikation und Kooperation in computerunterstützten Gruppen zu identifizieren und durch eine geeignete Methodik im System anzubieten. Damit sind beispielsweise häufig verwendete Kommunikations- oder Kooperationssituationen wie Rundschreiben-, Brainstorming- oder Abstimmungsfunktionen gemeint, die als abgrenzbare Funktion vom Benutzer jeweils frei wählbar zu verwenden sind.
- *Situative Adaption:* Das System muß dem Anwender nicht nur Basisfunktionalitäten der Kooperation anbieten, sondern muß daneben auch an Erfordernisse der jeweiligen Situation anpaßbar sein. Zusammen mit der Verwendung bereits vordefinierter Kooperationsmuster erlaubt es die situative Adaption, eine möglichst spezifische Unterstützung der jeweiligen Kooperationssituation zu erzeugen.[701]
- *Kontextuelle Notifikation:* Ein wesentlicher Aspekt von Kooperation in virtuellen Organisationsstrukturen ist die Wahrnehmung von Aktivitäten in der unmittelbaren Umgebung und den peripheren Arbeitsgebieten. Dies muß ein System unterstützen, indem Notifikationen zur jeweils spezifischen Koope-

---

[701] Vgl. Manheim, Fritz /Information 1998/ 149.

rationssituation Eingang in den Arbeitskontext finden. Die Benutzer erhalten somit Nachrichten über Vorgänge und Entwicklungen, die nicht unmittelbar zur Arbeitserfüllung zugehörig sind, aber aufgrund der Definition eines individuellen Benutzerprofils interessant sein könnten.
- *Benutzerfreundliche Repräsentation:* Ein wesentlicher Aspekt eines Kooperationssystems ist dessen Benutzbarkeit. So muß das System mit Hilfe einer geeigneten Repräsentationsmetapher komplexe Organisationszusammenhänge vereinfachen und dem Benutzer in den für ihn relevanten Wirkungsebenen Navigations- und Orientierungshilfsmittel anbieten.

Aus diesen grundlegenden Anforderungen, die hier aufgrund des gewählten Abstraktionsgrades dieser Arbeit nicht weiter detailliert werden sollen, können nun konkrete Funktionen eines Kooperationssystems abgeleitet werden. Dabei liegt der Schwerpunkt der Beschreibung nicht auf einer weitgehenden Detaillierung dieser Funktionen, sondern auf einer Integration in ein zusammenhängendes Modell. Damit bleiben zwangsweise Fragen der individuellen Gestaltung dieser Funktionen und der Kopplung derselben miteinander offen. Diese Vorgehensweise ist dennoch im Hinblick auf den generischen Charakter des Modells sinnvoll, da sich das Modell als Integrationsrahmen versteht, in den individuelle Problemlösungen eingeordnet werden können.

6.2 Modellelemente eines Kooperationsunterstützungssystems für virtuelle Organisationsstrukturen

Die folgenden Ausführungen beschreiben die zu integrierenden Funktionen bewußt nur in Grundzügen und weitgehend frei von konkreten Implementierungskonzepten, so daß die Möglichkeit zur Integration unterschiedlicher unabhängiger oder herstellerspezifischer Ansätze besteht. Rein technische Ansätze der Organisationsgestaltung sollen bei dieser funktionellen Modellierung eines Meta-Modells für ein Kooperationssystem virtueller Organisationsstrukturen in den Hintergrund treten, um den Integrationscharakter des Modells zu bewahren.

6.2.1 Kooperationsbasis für objektzentrierte Transaktionen

Zunächst ist es erforderlich, eine gemeinsame Kooperationsbasis zu spezifizieren, die geeignet ist, verschiedene Aktivitätenmodelle und Artefakte zu integrieren. Dazu muß ein verteiltes Objektsystem als Entwurfsgrundlage verwendet werden, das im Objektmanagement bereits ein hohes Flexibilitätsmaß zur Verfügung stellt. Objekte, die als Artefakte im Kooperationszusammenhang dienen, müssen dabei ein hohes Maß an Eigenständigkeit aufweisen, so daß sie beispielsweise über verschiedene eigene Methoden der Unterstützung einer Kooperationssituation verfügen. Des weiteren muß ein zu verwendendes Objektsystem die Anforderungen eines verteilten Systems berücksichtigen und

beispielsweise Replikationsmechanismen, Nebenläufigkeitskontrollen oder Zustandsbenachrichtigungen realisieren.[702] Dazu kann beispielsweise eine offene, Broker-basierte-Architektur für ein verteiltes Objektsystem verwendet werden, das als Grundlage weiterer Funktionen dient.[703] Diese kann auf standardisierte Middleware-Architekturen aufgesetzt werden, womit ein offener Systemzugang auf der Basis von Internet-Technologien möglich wird.[704] Verteilte Objektsysteme bilden damit ein geeignetes funktionelles Fundament, auf welches speziellere Kooperationsfunktionen aufgesetzt werden können. Sie eignen sich insbesondere zur objektorientierten Spezifikation und Implementierung von CSCW-Systemen, die als weit verteilte Systeme verschiedene Kooperationspartner integrieren.[705]
Die Verwendung von verteilten Objektsystemen für Kooperationssysteme kann des weiteren durch die Integration dieser Objekte mit dem gesamten Objektmodell einer virtuelle Organisation begründet werden. So können beispielsweise CORBA-Implementierungen als Objektmodell von Geschäftsprozessen einer virtuellen Organisationen als guter Anknüpfungspunkt für die Gestaltung von Objektsystemen eines Kooperationssystems verwendet werden.[706]

6.2.2 Kommunikations- und Kooperationskomponenten

Zur Umsetzung der Anforderung, bereits vordefinierte, antizipierbare Kooperationsmuster zu unterstützen, eignen sich eigenständige Kommunikations- und Kooperationskomponenten, die als Module eines Toolkits austauschbar zur Verfügung stehen. Dieses sind in der Regel eigenständige Softwaremodule, die bedarfsweise in ein Kooperationssystem integriert bzw. in diesem verwendet werden können. Diese Module, die als Komponenten eines verteilten Objektsystems kodiert werden können, unterstützen allgemeine Kommunikations- und Kooperationsmuster, indem sie Werkzeuge zur gemeinsamen Arbeit an Objekten (beispielsweise Dokumente oder Medienobjekte) zur Verfügung stellen.[707] Die Verwendung von Softwarekomponenten in einem standardisierten verteilten Objektsystem führt nicht nur zur Gewährleistung der Interoperabilität der

---

[702] Vgl. Kirchner, Schuckmann /Objects 1997/ 17ff.
[703] Vgl. Zhang /Systems 1996/ 38ff.; Bajaj, Zhang, Chaturvedi /Infrastructure/.
[704] Vgl. beispielhaft Itter, Schumann /Middleware 1999/ 36f.
[705] Vgl. grundlegend Teege /Groupware 1998/ 34ff. *Hofte* und *Lugt* bemängeln an gegenwärtigen Standards und Plattformen verteilter Objektsysteme jedoch die unzureichende Berücksichtigung typischer Groupwareentwicklungsprobleme wie Multipunkt-Konferenzen, Konsistenzmanagement, Replikationsmechanismen oder Multimedia-Handling (vgl. Hofte, Lugt /Introduction 1997/ 9).
[706] Vgl. Richaud, Zarli /WONDA 1998/.
[707] Dabei ist im folgenden von einem abstrakten Komponentenbegriff auszugehen, der nicht zwingend in eine bestimmte Architektur eingebettet ist (vgl. grundlegend Rohde /Komponentensysteme 1999/ 135; Griffel /Componentware 1998/ 45; Szyperski /Component 1998/ 3ff.; Kiely /Components 1998/10f.).

einzelnen Funktionen, sondern auch einem hohen Maß an Flexibilität, da sich die Benutzer des Systems selbständig die erforderlichen Werkzeuge zur Aufgabenerfüllung zusammenstellen können.[708] Dieser Ansatz wirkt damit komplexitätsreduzierend auf das System einer virtuellen Organisation.[709]
Die in der CSCW-Forschung veröffentlichten Ansätze von Groupware-Toolkits sind ein Ansatz, der besonders vielversprechend für die Integration einzelner Komponenten in einen geeigneten Rahmen ist, da diese bereits Mechanismen des Managements derartiger Komponenten bereitstellen und im Kontext von Groupware-Funktionen definieren.[710]
Eine weitere Möglichkeit der Umsetzung dieser Komponentenhaftigkeit ist die funktionale Dekomposition von Groupware-Diensten, die dann in Form einer Klassenhierarchie als eigenständige Dienste individuell zusammengesetzt werden.[711]

6.2.3 Anpaßbarkeit des Kooperationsverhaltens

Ein Kooperationssystem für virtuelle Organisationsstrukturen muß über verschiedene Mechanismen der Anpassung von Systemfunktionen an Benutzererfordernisse verfügen (engl. *Tailoring*[712]). So müssen zur Laufzeit aktiver Kooperationen Ad-hoc-Anpassungen der Funktionen an veränderte Gruppenbedingungen vollzogen werden können, um so zusätzliche Hilfsmittel einsetzen zu können bzw. Automatismen der Kooperationsunterstützung zu verändern.[713]
Des weiteren muß es den Benutzern des Kooperationssystems möglich sein, auch Änderungen an dem zugrunde liegenden Organisationsmodell des Systems herbeizuführen und durch Aushandlung zwischen den Akteuren zielgerichtet zu rekonfigurieren.
Im Zusammenhang mit der vorher beschriebenen Komponentenhaftigkeit der Kommunikations- und Kooperationsunterstützung können auch Anpassungsmechanismen mit Hilfe von Komponenten des Kooperationssystems beschrieben werden. Die Anpassung des Systems an individuelle Erfordernisse kann so über die Gestaltung der entsprechenden Komponenten erfolgen, indem beispielsweise Parametrisierungen, Komposition oder Implementierung von Komponenten verändert werden.[714]

---

[708] Vgl. Hummes, Merialdo /Object 1997/ 50ff.
[709] Vgl. Nixon u.a. /Components 1998/.
[710] Vgl. beispielhaft Reiter /Trust 1996/ 71ff.; Dourish, Edwards /Toolkits 1997/.
[711] Vgl. Hofte /Working 1998/ 114.
[712] Vgl. Teege /Groupware 1997/.
[713] Vgl. Teege /Groupware 1998/ 67f. Für einen grundlegenden Vergleich bestehender Ansätze und Erfahrungen mit verschiedenen Tailoring-Ansätzen vgl. Teege /Groupware 1998/ 54ff.
[714] Vgl. Stiemerling: /Tailorability 1997/ 55.

Eine derartige Anpassung von Komponenten an Benutzererfordernisse setzt jedoch leistungsfähige Notifikationsdienste voraus, welche die Abstimmung von Komponenten untereinander verbessern.[715] Die Leistungsfähigkeit der internen Komponentenkommunikationen wird insbesondere dann bedeutsam, wenn zum Zwecke der Anpassung semantisch gehaltvolle Nachrichten zwischen Komponenten ausgetauscht werden müssen.[716]

6.2.4 Wahrnehmungsmanagement

Das Awareness-Management in einem Kooperationssystem für virtuelle Organisationsstrukturen muß die Umgebungswahrnehmung der verteilten Teilnehmer einer Kooperation unterstützen. Dabei können drei Ebenen unterschieden werden, auf denen Wahrnehmungen sinnvoll zu unterstützen sind.[717]

- *Personelle Ebene:* Auf dieser Ebene ist die Wahrnehmung des Individuums sowie die Kommunikation von Wahrnehmungsinformationen durch ein Individuum zu gestalten. Diese Funktionen beziehen sich sowohl auf Objekte, die in Wahrnehmungssphäre des Individuums gelangen, als auch auf die Wahrnehmung anderer Kooperationsteilnehmer.
- *Gruppenprozeßebene:* Veränderungen, die im Umfeld der gesamten Gruppe eine Auswirkung auf deren Arbeit haben, sind auf dieser Ebene zu unterstützen. Dies können beispielsweise Informationen über gruppendynamische Prozesse oder projektspezifische Entwicklungen sein.
- *Organisationsebene:* Auf dieser Ebene entstehen Informationen, die die gesamte Mission einer virtuellen Organisation betreffen. Veränderungen auf dieser Ebene, wie Rekombination der Verbundmitglieder oder die neuartige Verfügbarkeit bestimmter Ressourcen im Verbund, müssen von den Beteiligten in den einzelnen tieferen Kooperationsprozessen wahrgenommen werden.

Die Implementierung dieser Funktion erfolgt häufig mit Hilfe eines Session Managers, der als Koordinationskomponente in einem verteilten Objektsystem Verteilung von Awareness-Informationen übernimmt. Dabei verhält sich der Session Manager ähnlich wie eine zentrale Instanz eines Sitzungsunterstützungssystems, welche die Kontrolle über computerunterstützte Sitzungen ausübt. Session Manager steuern jedoch nicht nur die aktive Vermittlung von Awareness-Informationen, sondern übernehmen auch die Verteilung gemeinsamer Objekte, die Verwaltung von Benutzerinformationen und –profile sowie die Formulierung und Ausübung von globalen Richtlinien der Verteilung von Wahrnehmungsinformationen in virtuellen Organisationsstrukturen.[718]

---

[715] Vgl. Eiderbäck, Li /Notification 1997/ 11ff.
[716] Vgl. Nixon u.a. /Components 1998/.
[717] Vgl. Boyer, Cortes, Handel /Awareness 1998/.
[718] Vgl. Boyer, Cortes, Handel /Awareness 1998/.

6.2.5 Visualisierung und Navigation

Um das Kooperationssystem möglichst transparent und für den Benutzer intuitiv zu gestalten, ist eine Visualisierungsmethode von Organisationszusammenhängen und Artefakten zu wählen, die über die Verwendung einfacher Repräsentationsmechanismen wie eine Desktop-Oberfläche hinausgeht.[719] Hypertextsysteme, die teilweise beachtliche Erfolge als Visualisierungsmethode für Kooperationssysteme hervorbringen,[720] sind eine gute Grundlage für die Entwicklung von Kooperationssystemen für virtuelle Organisationsstrukturen, da sie Netzwerkverbindungen unabhängig von hierarchischen Beziehungen modellieren. Dennoch bedeuten rein textuelle Hypertextsysteme nicht zwingend auch einen Zugewinn an Benutzbarkeit des Kooperationssystems. Für virtuelle Organisationsstrukturen ist aufgrund der Komplexität des Gesamtsystems und der spezifischen Arbeitsweise dieser Organisationsform ein Repräsentationsmechanismus notwendig, der stärker gegenständlich und damit noch intuitiver wirkt.

Damit werden andere Metaphern der Visualisierung von Kooperationssystemen erforderlich, die aus menschlichen Interaktionshandlungen bekannte Muster verwenden. Lösungsansätze der CSCW-Forschung basieren darauf, einer Gruppe mindestens einen gemeinsamen elektronischen, nach Möglichkeit dreidimensionalen Kooperationsraum zu geben. Dessen Konzeption und Realisierung brachte in der CSCW eine große Zahl von Ansätzen und Prototypen hervor, die sich grob in die Kategorien *Meeting Points*, *Social Places* und *Working Spaces* unterteilen lassen.[721] Sie stellen eine Forschungsrichtung dar, die aufgrund der Verwendung von gemeinsamen Räumen (*space*) und Orten (*place*) als Basis der Interaktion von Kooperationspartnern eine starke integrative Wirkung auf spezifische Gruppenunterstützungssysteme ausübt. Während der Raum (space) derjenige Begegnungsbereich ist, in dem Interaktionen überhaupt möglich werden, spiegelt der Ort (place) die konkrete Vorstellung der Gruppe wieder, auf welche Weise die Zusammenarbeit erfolgen soll.[722]

Die Nutzung eines gemeinsamen Interaktionsraumes bietet eine Reihe von Vorteilen, die sich hauptsächlich aus dem Vorhandensein eines gemeinsamen Bezugspunktes der Kooperation ergeben, in dem verschiedene Elemente des Gruppenarbeitskontextes dargestellt und integriert werden können. Räume wir-

---

[719] Vgl. Davenport /Defenestration 1996/ 6, der von der bevorstehenden „Entfensterung" (*Defenestration*) graphischer Benutzerschnittstellen spricht, da mit ständig wachsender Rechenleistung und fallenden Preisen zunehmend immersive, dreidimensionale Grafiksysteme in Benutzerschnittstellen vordringen werden (Davenport /Defenestration 1996/ 6ff.).
[720] Vgl. Mark, Haake, Streitz /Hypermedia 1995/ 209ff.
[721] Vgl. Greenberg, Roseman /Room 1998/. Vgl. für die folgenden Ausführungen auch Reiss /Konvergenz 1998/ 186f.
[722] Vgl. grundlegend Harrison, Dourish /Space 1996/.

ken als Koordinationsinstanz, in der sich Anwesende durch die synchrone oder asynchrone Kommunikation bzw. Arbeit an gemeinsamen Artefakten miteinander abstimmen. So können sich Gruppen innerhalb einer virtuellen Organisation einen oder mehrere gemeinsame Räume mit definierten Schnittstellen zu ihrem Umgebungssystem einrichten und diesen nach eigenen Wünschen für ihre Aufgabenerfüllung verwenden. Arbeitsteilige Prozesse gewinnen dadurch erheblich an Flexibilität und Gestaltungsspielraum für die Selbstorganisation der Gruppe. Nachdem die Missionsaufgabe der virtuellen Organisation erfüllt ist, können derartige Räume wiederverwendet oder archiviert werden.

Auch in bezug auf die Navigation in virtuellen Organisationsstrukturen, die aufgrund ihres temporären Charakters ständigem Wandel unterliegen, ist die Verwendung einer Raummetapher sinnvoll. Neben einem spielerischen Umgang mit dem System wird die Orientierung durch einen höheren Wiedererkennungswert erleichtert.

Erfahrungen mit *Collaborative Virtual Environments* zeigen, daß diese Formen der Benutzerschnittstellengestaltung für die Repräsentation von weit verteilten Organisationsbeziehungen sehr gut geeignet sind.[723] Weniger ambitionierte Raumsysteme, die beispielsweise auf VRML-Repräsentationen oder Java3D basieren, zeigen, daß ein massiver Medieneinsatz nicht immer einen Zugewinn an Funktionalität bedeutet und daß auch weniger aufwendige Lösungen bereits gute Erfolge erzielen können.[724]

Die Anordnung und Verteilung von Personen und Artefakten der Kooperation in virtuellen Organisationsstrukturen mit Hilfe raumbasierter Metaphern kann damit als Lösungsweg zur Entwicklung transparenterer und intuitiverer Visualisierungsschnittstellen gesehen werden.

6.3 Integration der vorgestellten Lösung

Die in den vorherigen Abschnitten dargelegten Funktionen eines Meta-Modells können mit Hilfe eines Ebenenansatzes veranschaulicht werden. Es handelt sich dabei nicht um ein Schichtenmodell, das hierarchische Kommunikationsbeziehungen abzubilden versucht, sondern um eine Abstraktion, die funktionelle Zusammenhänge aufzeigen will. Die oben beschriebenen Funktionen werden in eine logische Beziehung gebracht und im allgemeinen durch Elemente verteilter Systeme ergänzt.

Insofern verfügt das Modell nicht über definierte Schnittstellen, die eine konkrete Implementierung einzelner Funktionen in Aussicht stellen. Dieses er-

---

[723] Vgl. beispielhaft Benford, Lee, Bullock /Supporting 1996/; Normand, Tromp /Collaborative 1996/; Broll /Interacting 1995/; Greenhalgh /Environments 1997/; Dias u.a. /Environments 1998/.

[724] Vg. Broll /Extending 1996/ 47ff.; Broll, England /Worlds 1995/ 87ff.; Broll /Bringing 1997/;

scheint im Hinblick auf das Unterstützungs*potential* von CSCW-Ansätzen für die Kooperation in virtuellen Organisationsstrukturen auch nicht zwingend erforderlich. Vielmehr ist die folgende Abbildung als Bezugsrahmen zu sehen, der die wesentlichen Aspekte eines Kooperationssystems unter Implementierungs-gesichtspunkten kombiniert.

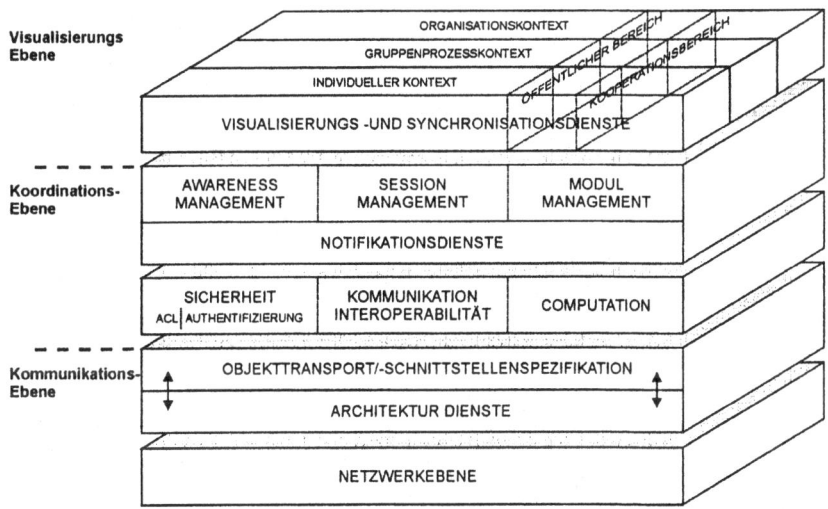

Abb. 12: Integrative Darstellung des Meta-Modells

Zur logischen Anordnung der in diesem Kapitel beschriebenen Funktionen bietet sich eine Ebenendarstellung an, die im folgenden konkretisiert wird.
- *Kommunikationsebene:* Die Basis des Kooperationssystemmodells bildet die **Netzwerkebene**, die als Client-Server-Schicht die Kommunikation mit der physischen Netzwerkebene übernimmt. Darauf aufbauend kann die Kooperationsbasis verteilter Objekte aufgesetzt werden, die in der Abbildung als **Objekttransport/-schnittstellenspezifikation** bezeichnet ist. Sie entspricht der Funktionalität, die durch gängige Objektmanagementarchitekturen spezifiziert und durch einen Objekt-Broker koordiniert wird.[725] Damit eng verbunden ist eine relevante Schnittstellenspezifikation, welche eine Objektko-

---

[725] An dieser Stelle soll bewußt von konkreten Architekturvorschlägen abstrahiert werden. Als Orientierung kann jedoch die *Object Management Architecture (OMA)* mit dem *CORBA-Object Request Broker* und der *Object Management Group Interface Definition Language (OMG IDL)* gelten (Szyperski /Component 1998/ 181f.).

ordination mit Hilfe von Brokern ermöglicht. Ferner zählen dazu **Architekturdienste**, die zu den jeweiligen Architekturkonzepten gehören und Implementierungsanpassungen erlauben.

- *Koordinationsebene:* In der Kommunikation mit der darunter befindlichen Kooperationsbasis des verteilten Objektsystems sind zunächst Funktionen verteilter Systeme zu positionieren, die der Vollständigkeit halber und in Entsprechung der eingangs aufgestellten Anforderungen hier dargestellt werden. Dieses sind **Sicherheitsfunktionen**, die den Benutzerzugang über Authentifizierungs- und Zugriffkontrollisten (Access Control List [ACL]) kontrollieren sowie die Sicherheit und Integrität der Kooperationsobjekte überwachen. Die **Kommunikations- und Interoperabilitätsfunktion** übernimmt die Interpretation semantisch gehaltvoller Nachrichten, die vom Objektmodell umgesetzt werden und steuert die Kommunikation mit den darüberliegenden Funktionen. Eine **Computation-Funktion** ist an dieser Stelle ebenfalls als ein Element eines verteilten Systems zu sehen, das hier zur Vervollständigung des Konzeptes aufgeführt wird. Dessen Aufgabe ist die Betriebsmittelkoordination im verteilten System.

Die Koordinationsebene wird darauf aufbauend in den folgenden drei höherwertigen Funktionen dargestellt. **Awareness Management** steuert die Verteilung von Wahrnehmungsinformationen, die an die jeweiligen Benutzer verteilt werden. Ein idealer Ansatzpunkt für diese Funktion ist es, Benutzeraktivitäten einen *Aktivitäten-Record* zuzuweisen, der als mathematischer Tupel-Ausdruck formalisiert werden kann.[726] Veränderungen der Benutzeraktivitäten können als Tupel-Relationen beschrieben werden und entsprechende Ereignisse auslösen.

Das **Session Management** weist einige ausgeprägte Schnittstellen zum Awareness Management auf, als daß es Information, die aus synchronen Sitzungen entstehen an das Awareness Management weitergibt. Im allgemeinen ist es Aufgabe des Session Managements, kooperative Anwendungen in einem Kooperationssystem zu steuern, also diese zu initiieren, deren Benutzer zu verwalten und diese ordnungsgemäß wieder zu beenden.[727] Dies können asynchrone und synchrone Anwendungen wie Joint Editor-, oder Videokonferenzsysteme sein, die als Applikationen des Kooperationssystems funktionieren. Das Session Management ist nicht nur für den gesicherten Ablauf von Kooperationsanwendungen zuständig, sondern kann auch als Datenbasis über System- und Benutzerverhalten verwendet werden.

Mit Hilfe des **Modul Managements** werden die im Kooperationssystem registrierten Kommunikations- und Koordinationskomponenten verwaltet. Das Modul Management übernimmt die Einrichtung, Integritätsprüfung und

---

[726] Vgl. Edwards /Coordination 1995/ 49ff.
[727] Vgl. Edwards /Coordination 1995/ 67ff.

Verwaltung dieser Komponenten, so daß deren Schnittstellenkonformität gewährleistet werden kann. Zur Unterstützung der Objektkommunikation, die im Laufe des Systembetriebes erfolgt, sind zusätzliche **Notifikationsdienste** erforderlich, auf die einzelne Funktionen zugreifen können.

- *Visualisierungsebene:* Diese Ebene erhält Benachrichtigungen der darunterliegenden Ebenen zur grafischen Aufbereitung der jeweiligen Kooperationssituation. So werden beispielsweise der Beginn einer Sitzung, die Verfügbarkeit relevanter Artefakte oder Awareness-Informationen über Aktivitäten in anderen Gruppen der virtuellen Organisation grafisch repräsentiert, mit Hilfe einer geeigneten Metapher dargestellt und dynamisch erneuert. Unabhängig von der Darstellungsmethode ist eine Separierung der Bezugsebene in verschiedene Umgebungen sinnvoll, um zusätzliche Transparenz zu schaffen. Dazu bietet es sich an, den individuellen Kontext vom Gruppen- und Organisationskontext zu trennen und dem Benutzer anpaßbare Werkzeuge für die jeweilige Ebene zur Verfügung zu stellen. Neben dieser kontextuellen Trennung sollte die grafische Wiedergabe des Kooperationssystems auch eine Unterscheidung zwischen öffentlichen und privaten Zugriffsmodi berücksichtigen. So ist es sinnvoll, daß Benutzer auch gegenseitig Einblick in ausgewählte Bereiche anderer Benutzer erhalten können. Diese separate Kennzeichnung muß ebenfalls auf der Visualisierungsebene erfolgen.

7 Zusammenfassung und Ausblick

Ziel der vorliegenden Arbeit war es, einen Beitrag zur theoretischen Fundierung und der Gestaltung virtueller Organisationsstrukturen zu leisten. Dazu wurde insbesondere der Frage nachgegangen, wie die computerunterstützte Kooperation in virtuellen Organisationsstrukturen zu gestalten ist und welche Funktionen ein Kooperationssystem zur Verfügung stellen muß. Es wurden dazu CSCW-Ansätze der Analyse und Gestaltung von Kooperationszusammenhängen untersucht und ein Meta-Modell eines Kooperationssystems für virtuelle Organisationsstrukturen abgeleitet. Dieses Modell wurde als Integrationsrahmen konzipiert, der die wesentlichen Funktionen, Elemente und Gestaltungsvariablen der Kooperation in virtuellen Organisationsstrukturen aus Sicht der CSCW-Forschung strukturiert.

Das theoretische Fundament virtueller Organisationen im allgemeinen und virtueller Organisationsstrukturen im besonderen kann im Ergebnis zunächst als vielfältig und aussagekräftig beurteilt werden. Die verschiedenen theoretischen Ansätze der in dieser Arbeit untersuchten Forschungsgebiete vermögen die Entstehung und insbesondere die Funktionsweise virtueller Organisationen in vielen wesentlichen Bereichen zu erklären. Jedoch ist festzustellen, daß eine zusammenhängende Theorie virtueller Organisationen nicht erkennbar ist. Diejenigen Theorieelemente, die zur Erklärung dieser neuartigen Organisationsform herangezogen werden können, sind inhaltlich, terminologisch und in ihrer methodischen Fundierung zuweilen weit voneinander entfernt. Auch ist der Erkenntnisbeitrag der empirischen Forschung bislang nur auf Ausschnitte und einfache Wirkungszusammenhänge begrenzt geblieben.

Umso wichtiger erscheint es daher, zentrale Merkmale virtueller Organisationen auch aus Sicht angrenzender Forschungsgebiete zu betrachten. In dieser Arbeit wurde dazu die Kooperation der Aufgabenträger auf Gruppenebene mit Hilfe von ausgewählten Methoden und Lösungsansätzen der CSCW-Forschung beschrieben. So wurde gezeigt, welche Ansatzpunkte der Gestaltung virtueller Organisationsstrukturen aus Sicht der CSCW-Forschung bestehen und wie diese mit Hilfe einer Meta-Modellierung in Funktionen eines Kooperationssystems überführt werden können. Der hohe Abstraktionsgrad der Darstellung entspricht der Zielsetzung, ein derartiges Meta-Modell als Integrationsrahmen für verschiedene CSCW-Ansätze zu gestalten. Darin liegt auch die geringe Betonung von Implementierungsaspekten begründet, die damit jedoch ein guter Ausgangspunkt für weiterführende Arbeiten wäre. Als mögliche Entwicklungsrichtungen sind dabei eine detaillierte Schnittstellenspezifikation zwischen relevanten CSCW-Ansätzen oder die Formulierung von Vorschlägen für ein grundlegendes Objektmodell zu nennen.

Die vorliegende Arbeit eröffnet in dieser Hinsicht vielfältige, weiterführende Perspektiven. Unter diesem Gesichtspunkt ist der wesentliche Wert der Arbeit zu sehen. Die Kombination von Erklärungs- und Gestaltungsansätzen aus sehr unterschiedlichen Blickwinkeln sowie die Fokussierung auf den Erklärungsbeitrag der CSCW-Forschung für den zentralen Aspekt der Kooperation sind geeignet, die Diskussion um Grundlagen und Gestaltung virtueller Organisationen anzuregen und dieser neue Impulse zu geben.

Das Arbeitsgebiet CSCW hat in den letzten Jahren beständig an Zuspruch, Reife und neuen Herausforderungen gewonnen. Dabei dürften die Einsicht in die Erfordernis einer umfassenden Sichtweise der Gestaltung computerunterstützter Gruppenarbeit, die Bereitschaft zur Überwindung terminologischer Grenzen sowie interdisziplinärer Respekt und Toleranz die zentralen Erfolgsfaktoren der produktiven Zusammenarbeit von Informatikern, Sozial- und Wirtschaftswissenschaftlern sein. Eine derartige Entwicklung scheint auch für die Forschungen zur virtuellen Organisation möglich.

Wenn es gelingt, das Konzept virtueller Organisationen stärker fächerübergreifend auszurichten und Schnittstellen zwischen geeigneten Erklärungsansätzen weiterführend zu detaillieren, dürften die Forschungen im Bereich virtueller Organisationen gute Aussichten auf eine Etablierung als eigenständiges Arbeitsgebiet haben.

Literaturverzeichnis

Ackerman, Starr /Indicators 1996/
Ackerman, Mark; Starr, Brian: Social Activity Indicators for Groupware. In: IEEE Computer 6/1996, S. 37-42.

Ackermann /Aspekte 1998/
Ackermann, Markus: Rechtliche Aspekte von virtuellen Unternehmen. In: Handbuch der modernen Datenverarbeitung (HMD) 200/1998, S. 41-53.

Adelsberger, Körner /IDEF-0 1994/
Adelsberger, Heimo; Körner, Frank: IDEF-0 - Eine Methode zur Funktionsmodellierung. Essener Berichte zur Wirtschaftsinformatik, 24. November 1994. Wirtschaftsinformatik für Produktionsunternehmen, Universität GH Essen. Essen 1994.

Adler /Interdepartmental 1995/
Adler, Paul S.: Interdepartmental Interdependence and Coordination: The Case of the Design / Manufacturing Interface. In: Organizational Science 2/1995, S. 147-167.

Ahuja, Carley /Network 1998/
Ahuja, Manju; Carley, Kathleen: Network Structure in Virtual Organizations. In: Journal of Computer Mediated Communication 4/1998, o.S. URL: http://jcmc.huji.ac.il/vol3/issue4/ahuja.html, Abruf am 1999-05-10, S. 1-27.

Alstyne /Network 1997/
Alstyne, Marshall van: The State of Network Organization: A Survey in Three Frameworks. In: Journal of Organizational Computing and Electronic Commerce 2-3/1997, S. 83-151.

Amadio, Fassina /Studies 1993/
Amadio, Paolo; Fassina, Ilario: The Case Studies. In: Power, Richard J. D. (Hrsg.): Cooperation Among Organizations. The Potential of Computer-Supported Cooperative Work. ESPRIT Research Report Project 5660 PECOS, Vol. 1, Berlin u.a. 1993, S. 26-40.

Angermeyer /Lösung 1996/
Angermeyer, Hans Christoph: Virtuelle Organisation – die Lösung realer Probleme? In: ZFO 4/1996, S. 201.

Appel, Behr /Theory 1996/
Appel, Wolfgang; Behr, Rainer: Towards the Theory of Virtual Organisations: A Description of Their Formation and Figure. Arbeitspapier Nr. 12/1996. Lehrstuhl für Allgemeine Betriebswirtschaftslehre und Wirtschaftsinformatik, Johannes Gutenberg-Universität Mainz. Mainz 1996.

Appel, Behr /Theory 1997/
Appel, Wolfgang; Behr, Rainer: Towards the theory of Virtual Organisations: A description of their formation and figure. In: Virtual-Organization.Net Newsletter (ISSN: 1422-9331) 2/1997, S. 15-36. URL: http://www.virtual-organization.net/news/NL_2.2/nl_2-2a4.pdf, Abruf am 1999-03-22.

Arnold /Spezifikation 1996/
Arnold, Oksana: Spezifikation eines Prototypen zur Koordination in Virtuellen Unternehmen. Arbeitspapier der Reihe "Informations- und Kommunikationssysteme als Gestaltungselement Virtueller Unternehmen" Nr. 10, 1996. Hrsg. J. Griese, D. Ehrenberg, P. Mertens. Universität Leipzig, Institut für Wirtschaftsinformatik. Leipzig 1996.

Arnold u.a. /Unternehmen 1995/
Arnold, Oksana u.a.: Virtuelle Unternehmen als Unternehmenstyp der Zukunft? Arbeitspapier der Reihe "Informations- und Kommunikationssysteme als Gestaltungselement Virtueller Unternehmen" Nr. 2, 1995. Hrsg. J. Griese, D. Ehrenberg, P. Mertens. Universität Leipzig, Institut für Wirtschaftsinformatik. Leipzig 1995.

Arnold u.a. /Virtuelle 1995/
Arnold, Oksana u.a.: Virtuelle Unternehmen als Unternehmenstyp der Zukunft? In: Handbuch der modernen Datenverarbeitung 185/1995, S. 8-23.

Arnold, Härtling /Begriffsbildung 1995/
Arnold, Oksana; Härtling, Martina: Virtuelle Unternehmen: Begriffsbildung und –diskussion. Arbeitspapier der Reihe "Informations- und Kommunikationssysteme als Gestaltungselement Virtueller Unternehmen" Nr. 3, 1995. Hrsg. J. Griese, D. Ehrenberg, P. Mertens. Universität Leipzig, Institut für Wirtschaftsinformatik. Leipzig 1995.

Arunkumar, Jain /Value 1996/
Arunkumar, S.; Jain, S.K.: Multimedia as value enabler for decision making virtual enterprises. In: Managing Virtual Enterprises: A Convergence of Communications, Computing, and Energy Technologies, IEMC'96 Proceedings, International Conference on Engineering and Technology Management, Vancouver, 18.-20. August 1996. Vancouver 1996, S. 34-41.

Ashby /Cybernetics 1963/
Ashby, W. Ross: An Introduction to Cybernetics. 5. Auflage, London 1963.

Axelrod /Evolution 1991/
Axelrod, Robert: Die Evolution der Kooperation. 2. Auflage, München 1991.

Baecker /Form 1993/
Baecker, Dirk: Die Form des Unternehmens. Frankfurt 1993.

Baetge /Systemtheorie 1974/
Baetge, Jörg: Betriebswirtschaftliche Systemtheorie. Opladen 1974.

Bajaj, Zhang, Chaturvedi /Infrastructure/
Bajaj, Chandrajit; Zhang, Peinan; Chaturvedi, Alok: Brokered Collaborative Infrastructure For CSCW. Department of Computer Sciences. Working Paper. Purdue University. West Lafayette 1995.

Bakos, Brynjolfsson /Vendors 1993/
Bakos, Yannis; Brynjolfsson, Erik: From Vendors to Partners: Information Technology and Incomplete Contracts in Buyer-Supplier Relationships. Working Paper 154. Center for Coordination Studies, Massachusetts Institute of Technology. Boston, Mass. 1993. URL: http://ccs.mit.edu/ CCSWP154/CCSWP154.html, Abruf am 1998-02-05.

Bakos, Brynjolfsson /Partnerships 1997/
Bakos, Yannis; Brynjolfsson, Erik: Organizational Partnerships and the Virtual Corporation. In: Information Technology and Industrial Competitiveness: How Information Technology Shapes Competition, Kluwer Academic Publishers, 1997 Kapitel 4. URL: http://www.gsm.uci.edu/~bakos/ org_partners.pdf, Abruf am 1998-11-02, S. 1-17.

Balint, Kourouklis /Management 1998/
Balint, Sue; Kourouklis, Athanassois: The Management of Organisational Core Competencies. In: Sieber, Pascal; Griese, Joachim (Hrsg.): Organizational Virtualness. Bern 1998, S. 165-172.

Balling /Kooperation 1998/
Balling, Richard: Kooperation. Strategische Allianzen, Netzwerke, Joint Ventures und andere Organisationsformen zwischenbetrieblicher Zusammenarbeit in Theorie und Praxis. 2., durchges. Auflage, Frankfurt/M. u.a. 1998.

Bannon /Perspectives 1992/
Bannon, Liam: Perspectives on CSCW: From HCI and CMC to CSCW. In: Proceedings of the International Conference on Human-Computer Interaction (EW-HCI '92), St. Petersburg, Russia, August 1992, S. 148-158. URL http://www.ul.ie/~idc/library/papersreports/LiamBannon/5/EWHCI92.html, Abruf am 1998-02-05.

Bannon, Schmidt /CSCW 1991/
Bannon, Liam J.; Schmidt, Kjeld: CSCW: Four Characters in Search of a Context. In: Baecker, Ronald M. (Hrsg.): Readings in Groupware and

Computer-Supported Cooperative Work – Assisting Human-Human Collaboration. San Mateo, Morgan Kaufmann Publishers 1993. S. 50-56.

Barron /Impacts 1993/
Barron, Terry: Impacts of Information Technology on Organizational Size and Shape: Control and Flexibility Effects. In: Journal of Organizational Computing 3/1993, S. 363-387.

Becker-Beck, Schneider /Kleingruppenforschung 1990/
Becker-Beck, Ulrike; Schneider, Johann: Kleingruppenforschung im deutschsprachigen Raum. In: Zeitschrift für Sozialpsychologie 1/1990, S. 274-297.

Beer /Kybernetik 1967/
Beer, Stafford: Kybernetik und Management. Frankfurt 1962.

Belzer, Hilbert /Weg 1994/
Belzer, Volker; Hilbert, Josef: Der steinige Weg zum virtuellen Unternehmen. In: Krumbein, Wolfgang (Hrsg.): Ökonomische und politische Netzwerke in der Region. Beiträge aus der internationalen Debatte. Münster, Hamburg 1994, S. 249-269.

Benford, Lee, Bullock /Supporting 1996/
Benford, Steve; Lee, Ok-Ki; Bullock, Adrian: Supporting Cooperative Work in Virtual Reality. FTP://nyquist.cs.nott.ac.uk/pub/papers/soeul.ps, Abruf am 1996-10-27.

Bentley, Dourish /Medium 1995/
Bentley, Richard; Dourish, Paul: Medium versus Mechanism: Supporting Collaboration Through Customisation. In: Marmolin, Hans; Sundblad, Yngve; Schmidt, Kjeld (Hrsg.): ECSCW '95 – Proceedings of the Fourth European Conference on Computer-Supported Cooperative Work, 10.-14. September 1995. Stockholm, Dordrecht u.a. 1995, S. 133-148.

Berry, Kaplan /Language 1997/
Berry, Andrew; Kaplan, Simon: Language Support for Distribution in CSCW Systems. In: Hofte, Henri ter; Lugt, Hermen J. van der (Hrsg.): Advance Proceedings OOGP '97. The International Workshop on Object Oriented Groupware Platforms. Lancaster, UK, 7 September 1997. Telematics Research Center, Enschede/NL. Enschede 1997, S. 61-67. URL: http://www2.telin.nl/events/ecscw97oogp/papers/oogp97pr.pdf, Abruf am 1998-10-19.

Bertels /Organisation 1996/
Bertels, Thomas: Ideen und Konzepte, um die Lernende Organisation zu realisieren. In: io Management 9/1996, S. 47 - 50.

Bleicher /Informationstechnik 1993/
Bleicher, Knut: Informationstechnik in neuen Management- und Organisationskonzepten. In: Office Management 11/1993, S. 22-28.

Bleicher /Kooperation 1991/
Bleicher, Knut: Kooperation als Teil des organisatorischen Harmonisationsprozesses. In: Wunderer, Rolf (Hrsg.): Gestaltungsprinzipien und Steuerung der Zusammenarbeit zwischen Organisationseinheiten. Stuttgart 1991, S. 143-157.

Borghoff, Schlichter /Gruppenarbeit 1998/
Borghoff, Uwe M.; Schlichter, Johann H.: Rechnergestützte Gruppenarbeit - Eine Einführung in Verteilte Anwendungen. 2. Auflage, Heidelberg 1998.

Boyer, Cortes, Handel /Awareness 1998/
Boyer, David; Cortes, Mauricio; Handel, Mark: Presence Awareness Tools for Virtual Enterprises. URL: http://www.cs.tcd.ie/Virtues/ocve98/proceedings/008-revised.ps, Abruf am 1999-04-27. In: Proceedings of Objects, Components and the Virtual Environment '98. An Interdisciplinary Workshop at the Conference on Object-Oriented Programming, Systems, Languages, and Applications (OOPSLA98), 19th October 1998. URL: http://www.cs.tcd.ie/Virtues/ocve98/proceedings/, Abruf am 1999-04-27.

Braun /Strukturen 1997/
Braun, Verena: Strukturen und Funktionsweise eines Virtuellen Unternehmens. In: zfo 4/1997, S. 238-241.

Bremer u.a. /Case 1999/
Bremer, Carlos F. u.a.: Case Study of Virtual Organization in Brazil. In: Virtual-Organization.Net Newsletter (ISSN: 1422-9331) 1/1999, S. 35-38. URL: http://www.virtual-organization.net/news/NL_3.1/nl_3-1a4.pdf, Abruf am 1999-03-22.

Brill /Virtualiserung 1998/
Brill, Andreas: Die Virtualisierung der Wirtschaft - Grundzüge theoretischer Analyse. In: Brill, Andreas; de Vries, Michael (Hrsg.): Virtuelle Wirtschaft. Opladen, Wiesbaden 1998, S. 27-52.

Brill, de Vries /Wirtschaft 1998/
Brill, Andreas; de Vries, Michael (Hrsg.): Virtuelle Wirtschaft. Opladen, Wiesbaden 1998.

Broll /Bringing 1997/
Broll, Wolfgang: Bringing People Together – An Infrastructure for Shared Virtual Worlds on the Internet. In: Proceedings of the WETICE'97, IEEE

Sixth Workshop on Enabling Technologies: Infrastructure for Collaborative Enterprises, June 18-20, 1997, MIT. Cambridge, Massachusetts 1997.

Broll /Extending 1996/
Broll, Wolgang: Extending VRML to Support Collaborative Virtual Environments. In: Proceedings of CVE'96, Workshop on Collaborative Virtual Environments 1996, Departments of Psychology and Computer Science, University of Nottingham. Nottingham, UK, 1996, S. 47-54.

Broll /Interacting 1995/
Broll, Wolfgang: Interacting in Distributed Collaborative Virtual Environments. In: Proceedings of the IEEE VRAIS'95 – Virtual Reality Annual International Symposium, IEEE Computer Society Press, 1995, S. 148-155.

Broll, England /Worlds 1995/
Broll, Wolfgang; England, David: Bringing Worlds Together: Adding Multi-User Support to VRML. In: Proceedings of the VRML'95 - First Annual Symposium on the Virtual Reality Modeling Language, San Diego Supercomputing Center, San Diego, California, December 13-15, 1995, S. 87-94.

Brosziewski /Selbstbewertung 1998/
Brosziewski, Achim: Virtualität als Modus unternehmerischer Selbstbewertung. In: Brill, Andreas; de Vries, Michael (Hrsg.): Virtuelle Wirtschaft. Opladen, Wiesbaden 1998, S. 87-100.

Brütsch, Frigo-Mosca /Organisation 1996/
Brütsch, David; Frigo-Mosca, Fabio: Virtuelle Organisation in der Praxis. In: io Management 9/1996, S. 33 - 35.

Brynjolfsson u.a. /Information 1991/
Brynjolfsson, Erik u.a.: An Empirical Analysis of the Relationship Between Information Technology and Firm Size. Working Paper 123. Center for Coordination Studies, Massachusetts Institute of Technology. Boston, Mass. 1991. URL: http://ccs.mit.edu/CCSWP123/CCSWP123.html, Abruf am 1997-09-23.

Büchs /Kooperationen 1991/
Büchs, M. J.: Zwischen Markt und Hierarchie: Kooperationen als Koordinationsform. In: Zeitschrift für Betriebswirtschaft Ergänzungsheft 1/1991, S. 1-38.

Bullinger /Dienstleistungen 1997/
Bullinger, Hans-Jörg: Dienstleistungen im 21. Jahrhundert – Öffentliche Verwaltungen als Dienstleister. In: Projektträger Informationstechnik des BMBF bei der Deutschen Forschungsanstalt für Luft- und Raumfahrttech-

nik (DLR) (Hrsg.): Polikom-Konferenz des BMBF, 28. Januar 1997, Stadthalle Bad Godesberg. Unveröffentlichtes Manuskript des Projektträgers Informationstechnik des BMBF bei der DLR, Abteilung Informationsverarbeitung, 12484 Berlin, Redaktion Ralph Schmidt. Berlin 1997, S. 15-25.

Bullinger, Brettreich-Teichmann, Fröschle /Koordination 1995/
Bullinger, Hans-Jörg; Brettreich-Teichmann, Werner; Fröschle, Hans-Peter: Koordination zwischen Markt und Hierarchie. In: Office Management 12/1995, S. 18-22.

Bullinger, Schäfer /Management 1996/
Bullinger, Hans-Jörg; Schäfer, Martina: Das Management lernender Unternehmen. In: Office Management 1-2/1996, S. 16-21.

Bullinger, Thaler /Zusammenarbeit 1994/
Bullinger, H.J.; Thaler, K.: Zwischenbetriebliche Zusammenarbeit im Virtual Enterprise. In: Management & Computer 1/1994, S. 19-24.

Bultje, Wijk /Taxonomy 1998/
Bultje, René; Wijk, Jacoliene van: Taxonomy of Virtual Organisations, Based On Definitions, Characteristics And Typology. In: Virtual-Organization.Net Newsletter (ISSN: 1422-9331) 3/1998, S. 7-20. URL: http://www.virtual-organization.net/news/NL_2.2/nl_2-3a4.pdf, Abruf am 1999-03-22.

Burger /Groupware 1997/
Burger, Cora: Groupware – Kooperationsunterstützung für verteilte Anwendungen. Heidelberg 1997.

Byrne /Horizontal 1993/
Byrne, John: The horizontal corporation. In: Business Week vom 1993-12-20, S. 76-81.

Byrne, Brandt, Port /Virtual 1993/
Byrne, John A.; Brandt, Richard; Port, Otis: The Virtual Corporation. In: Business Week vom 1993-02-08, S. 36-40.

Cairncross /Distance 1997/
Cairncross, Frances: The Death of Distance. Boston, Harvard Business School Press 1997.

Campbell /Organisation 1997/
Campbell, A.: Creating the Virtual Organisation and Managing the Distributed Workforce. University of Paisley. Paisley 1997.

Carstensen, Sorensen /Systematic 1996/
Carstensen, Peter; Sorensen, Carsten: From the Social to the Systematic. In: Computer-Supported Cooperative Work: The Journal of Collaborative Computing 4/1996, S. 387-413.

Center, Thompsen /Framework 1996/
Center, John W.; Thompsen, Joyce A.: The Virtual Enterprise Framework and Toolbox. In: Managing Virtual Enterprises: A Convergence of Communications, Computing, and Energy Technologies, IEMC'96 Proceedings, International Conference on Engineering and Technology Management, Vancouver, 18.-20. August 1996, S. 117-123.

Chen, Gaines /Communication 1997/
Chen, Lee Li-Jen; Gaines, Brian: Communication, Knowledge and Social Processes in Virtual Organizations: From Socioware to CyberOrganism. Arbeitspapier des Knowledge Science Institute der University of Calgary, März 1997. URL http://www.cpsc.ucalgary.ca/~lchen/current/jcmc/, S. 1-27.

Chesbrough, Teece /Virtual 1996/
Chesbrough, Henry W.; Teece, David J.: When Is Virtual Virtuous? In: Harvard Business Review, Januar-Februar/1996, Reprint 96103.

Chisholm /Coordination 1989/
Chisholm, Peter: Coordination Without Hierarchy: Informal Structures in Multiorganizational Systems. Berkeley, Los Angeles, University of California Press 1989.

Choi /Classification 1997/
Choi, Haiwook: Classification of IT Investment: A Resource-Based Perspective. In: Proceedings of The Association For Information Systems (AIS) 1997 Americas Conference Indianapolis, Indiana August 15-17, 1997. URL: http://hsb.baylor.edu/ramsower/ais.ac.97/papers/choi.htm, Abruf am 1999-01-10.

Ciancarini /Call 1999/
Ciancarini, Paolo: Call for Papers: COORDINATION '99 Third Int. Conference on Coordination Models and Languages Amsterdam, The Netherlands - April, 26-28 1999. URL http://www.cs.unibo.it/~coord99/, Abruf am 1999-06-30.

Clemons /Information 1993/
Clemons, Eric K.: Information Technology and the Boundary of the Firm: Who Wins, Who Loses, Who Has to Change. In: Bradley, S.P.; Haisman, J.A.; Nolan, R.L.: Globalization, Technology and Competition: The Fusion

of Computers and Telecommunications in the 1990s. Harvard Business Press, Boston 1993, S. 219-242.

Coase /Nature 1937/
Coase, Ronald: The Nature of the Firm, Economica 4/1937, S. 386-406.

Corsten, Will /Unternehmensführung 1996/
Corsten, Hans; Will, Thomas (Hrsg.): Unternehmensführung im Wandel. Strategien zur Sicherung des Erfolgspotentials. Stuttgart u.a. 1996.

Crow, Parsowith, Wise /Evolution 1997/
D. Crow, S. Parsowith; G. Bowden Wise: Students: The Evolution of CSCW - Past, Present and Future Developments. In: SIGCHI Bulletin 2/April 1997, S. 20-26.

Crowston /Evolving 1996/
Crowston, Kevin: Evolving Novel Organizational Forms. In: Computational and Mathematical Organization Theory, 2/1996, S. 29-47. URL: http://florin.syr.edu/~crowston/papers/evol-struct.html, S. 1-24.

Cruz, Tichelaar, Nierstrasz /Coordination 1997/
Cruz, Juan Carlos ; Tichelaar, Sander; Nierstrasz, Oscar: A Coordination Component Framework for Open Systems. Working Paper, Institut für Informatik und Angewandte Mathematik (IAM), Universität Bern. Bern 1997.

D'Hauwers u.a. /Cooperative 1993/
D'Hauwers, Boudewijn u.a.: Cooperative Work in Organizations. In: Power, Richard J. D. (Hrsg.): Cooperation Among Organizations. The Potential of Computer-Supported Cooperative Work. ESPRIT Research Report Project 5660 PECOS, Vol. 1, Berlin u.a. 1993, S. 1-12.

Daft, Lengel /Requirements 1986/
Daft, R.L.; Lengel, R.H.: Organizational Information Requirements. Media Richness and Structural Design. In: Management Science 5/1986, S. 554-571.

Davidow, Malone /Corporation 1992/
Davidow, Willliam H.; Malone, Michael S.: The Virtual Corporation. New York 1992.

Davidow, Malone /Unternehmen 1993/
Davidow, Willliam H.; Malone, Michael S.: Das virtuelle Unternehmen. Frankfurt, New York 1993.

Dembski /Future 1997/
Dembski, Tomasz: Future Present: The Concept of Virtual Organisation Revisited the Nature of Boundedness of Virtual Organisations. In: Virtual-

Organization.Net Newsletter (ISSN: 1422-9331) 2/1997, S. 37-58. URL: http://www.virtual-organization.net/news/NL_2.2/nl_2-2a4.pdf, Abruf am 1999-03-22.

Deri /Architecture 1997/
Deri, Luca: A Component-based Architecture for Open, Independently Extensible Distributed Systems. Inauguraldissertation der Philosophischnaturwissenschaftlichen Fakultät der Universität Bern. Bern 1997.

DeSanctis, Monge /Communication 1998/
DeSanctis, Gerardine; Monger, Peter: Communication Processes for Virtual Organizations. In: Journal of Computer-Mediated Communication 4/1998, o.S. URL http:// http://www.ascusc.org/jcmc/vol3/issue4/desanctis.html, S. 1-19.

Dias u.a. /Environments 1998/
Dias, Daniel: Exploring JSDA, CORBA and HLA based MuTech´s for Scalable Televirtual (TVR) Environments. Eingereicht für Workshop on OO and VRML in the VRML98 Conference, Monterey, California 16.-19. Februar 1998.

Dier, Lautenbacher /Groupware 1994/
Dier, Mirko; Lautenbacher, Siegfried: Groupware - Technologien für die lernende Organisation, München 1994.

Dix /Design 1994/
Dix, Allen: Computer-Supported Cooperative Work: A Framework. In: Rosenberg, Duska; Hutchinson, Chris (Hrsg.): Design Issues in CSCW. London u.a. 1994, S. 9-26.

Dorf /Designing 1996/
Dorf, Richard C.: Designing the Virtual Enterprise. In: Managing Virtual Enterprises: A Convergence of Communications, Computing, and Energy Technologies, IEMC'96 Proceedings, International Conference on Engineering and Technology Management, Vancouver, 18.-20. August 1996, S. 139-141.

Dourish, Bellotti /Coordination 1992/
Dourish, Paul; Bellotti, Victoria: Awareness and Coordination in Shared Workspaces. In: CSCW '92, Proceedings of the Conference on Computer-Supported Cooperative Work, October 31 to November 4, 1992, Toronto, Canada. New York, ACM 1992, S. 107-114.

Dourish, Edwards /Toolkits 1997/
Dourish, Paul; Edwards, Keith W.: A Tale of Two Toolkits: Exploring the Relationship Between Infrastructure and Use. Working Paper. Apple Research Labs. Cupertino, USA 1997.

Drexl, Kolisch, Sprecher /Koordination 1998/
Drexl, Andreas; Kolisch, Rainer; Sprecher, Arno: Koordination und Integration im Projektmanagement – Aufgaben und Instrumente. In: Zeitschrift für Betriebswirtschaft 3/1998, S. 275-295.

Drumm /Dezentralisation 1995/
Drumm, Hans Jürgen: Das Paradigma der neuen Dezentralisation und seine organisatorischen sowie personalwirtschaftlichen Implikationen. Arbeitspaper Nr. 270 des Instituts für Betriebswirtschaftslehre der Universität Regensburg. Regensburg 1995.

Dubinskas /Virtual 1993/
Dubinskas, Frank A.: Virtual Organizations: Computer Conferencing and Organizational Design. In: Journal of Organizational Computing 3/1993, S. 389-416.

Ebers, Gotsch /Theorien 1995/
Ebers, Mark, Gotsch, Willfried: Institutionenökonomische Theorien der Organisation. In: Kieser, Alfred (Hrsg.): Organisationstheorien. 2. Auflage, Stuttgart u.a. 1995, S. 185-235.

Eccles, Nohria /Beyond 1992/
Eccles, Robert; Nohria, Nitin: Beyond the Hype. Rediscovering the Essence of Management. Boston, HBS Press 1992.

Eccles, Nohria /Organization 1991/
Eccles, Robert; Nohria, Nitin: The Post-Structuralist Organization. Working Paper, Harvard Business School. Boston 1991.

Edwards /Coordination 1995/
Edwards, Keith: Coordination Infrastructure in Collaborative Systems. Diss. Georgia Institute of Technology, November 22, 1995.

Eiderbäck, Li /Notification 1997/
Eiderbäck, Björn; Li, Jiarong: A Common Notification Service. In: Hofte, Henri ter; Lugt, Hermen J. van der (Hrsg.): Advance Proceedings OOGP '97. The International Workshop on Object Oriented Groupware Platforms. Lancaster, UK, 7 September 1997. Telematics Research Center, Enschede/NL. Enschede 1997, S. 11-16. URL: http://www2.telin.nl/events/ecscw97oogp/papers/oogp97pr.pdf, Abruf am 1998-10-19.

Ellis /Framework 1998/
Ellis, Clarence: A Framework and Mathematical Model for Collaboration Technology. In: Conen, Wolfram; Neumann, Gustaf (Hrsg.): Coordination Technology for Collaborative Applications: Organizations, Processes and Agents. Berlin u.a. 1998, S. 121-144.

Ellis, Wainer /Groupware 1994/
Ellis, Clarence; Wainer, Jacques: A Conceptual Model of Groupware. In: CSCW '94, Proceedings of the Conference on Computer-Supported Cooperative Work, October 22-26, 1994. Chapel Hill, USA, ACM Press 1994, S. 79-88.

Endruweit /Therorien 1993/
Endruweit, Günther: Moderne Theorien der Soziologie. Stuttgart 1993.

Eren, Schmidt /Netze 1998/
Eren, Evren; Schmidt, Thomas: Netze für die Virtuelle Organisation. In: Office Mangement 3/1998, S. 24-27.

Eulgem /Nutzung 1998/
Eulgem, Stefan: Die Nutzung des unternehmensinternen Wissens. Ein Beitrag aus der Perspektive der Wirtschaftsinformatik. Frankfurt 1998.

Eversheim u.a. /Configuration 1998/
Eversheim, Walter u.a.: Configuration of Virtual Enterprises based on a Framework for Global Virtual Business. In: Sieber, Pascal; Griese, Joachim (Hrsg.): Organizational Virtualness. Bern 1998, S. 77-92.

Faisst /Unterstützung 1998/
Faisst, Wolfgang: Die Unterstützung Virtueller Unternehmen durch Informations- und Kommunikationssysteme – eine lebenszyklusorientierte Analyse. Dissertation, Erlangen-Nürnberg 1998.

Faisst /Wissensmanagement 1996/
Faisst, Wolfgang: Wissensmanagement in Virtuellen Unternehmen. Arbeitspapier der Reihe "Informations- und Kommunikationssysteme als Gestaltungselement Virtueller Unternehmen" Nr. 8, 1996. Hrsg. J. Griese, D. Ehrenberg, P. Mertens. Universität Bern, Institut für Wirtschaftsinformatik. Bern 1996.

Faisst, Birg /Rolle 1997/
Faisst, Wolfgang; Birg, Oliver: Die Rolle des Brokers in virtuellen Unternehmen und seine Unterstützung durch die Informationsverarbeitung. Arbeitspapier der Reihe "Informations- und Kommunikationssysteme als Gestaltungselement Virtueller Unternehmen" Nr. 17, 1997. Hrsg. J. Griese, D.

Ehrenberg, P. Mertens. Universität Bern, Institut für Wirtschaftsinformatik. Bern 1997.

Faisst, Spiegel /Unterstützung 1996/
Faisst, Wolfgang; Spiegel, Haymo: Unterstützung der Anbahnungsphase von Virtuellen Unternehmen durch elektronische Firmenpräsentationen und Partner-Retrieval. Arbeitspapier der Reihe "Informations- und Kommunikationssysteme als Gestaltungselement Virtueller Unternehmen" Nr. 7, 1996. Hrsg. J. Griese, D. Ehrenberg, P. Mertens. Universität Bern, Institut für Wirtschaftsinformatik. Bern 1996.

Faisst, Stürken /Prozeß-Standards 1997/
Faisst, Wolfgang; Stürken, Momme: Daten-, Funktions- und Prozeß-Standards für Virtuelle Unternehmen – Strategische Überlegungen. Arbeitspapier der Reihe "Informations- und Kommunikationssysteme als Gestaltungselement Virtueller Unternehmen" Nr. 12, 1997. Hrsg. J. Griese, D. Ehrenberg, P. Mertens. Universität Bern, Institut für Wirtschaftsinformatik. Bern 1997.

Faucheux /Organizing 1997/
Faucheux, Claude: How Virtual Organizing is Transforming Management Science. In: Communications of the ACM 9/1997, S. 50-55.

Finholt, Sproull, Kiesler /Communication 1991/
Finholt, Tom; Sproull, Lee; Kiesler, Sara: Communication and Performance in Ad Hoc task Groups. In: Galegher, Jolene; Kraut, Robert; Egido, Carmen: Intellectual Teamwork: Social and Technological Foundations of Cooperative Work. New Jersey, Lawrence Erlbaum Associates Inc. Publishers 1991, S. 291-327.

Fink /Unternehmensstrukturen 1998/
Fink, Dietmar: Virtuelle Unternehmensstrukturen. Strategische Wettbewerbsvorteile durch Telearbeit und Telekooperation. Wiesbaden 1998.

Fischer /Autopoieses 1991/
Fischer, Hans Rudi: Autopoieses: Eine Theorie im Brennpunkt der Kritik. Heidelberg 1991.

Fischer /Geist 1991/
Fischer, Hans Rudi: Murphys Geist oder die glücklich abhanden gekommene Welt. Zur Einführung in die Theorie autopoietischer Systeme. In: Fischer, Hans Rudi: Autopoiesis: Eine Theorie im Brennpunkt der Kritik. Heidelberg 1991, S. 9-37.

Fischer /Information 1991/
Fischer, Hans Rudi: Information, Kommunikation und Sprache. In: In: Fischer, Hans Rudi: Autopoiesis: Eine Theorie im Brennpunkt der Kritik. Heidelberg 1991, S. 67-97.

Fischer, Kocian /Agenten 1996/
Fischer, Klaus; Kocian, Claudia: Intelligente für das Management virtueller Unternehmen. In Information Management 1/1996, S. 38-45.

Fitzpatrick, Tolone, Kaplan /Work 1995/
Fitzpatrick, Geraldine; Tolone, William; Kaplan, Simon: Work, Locales and Distributed Social Worlds. In: Marmolin, Hans; Sundblad, Yngve; Schmidt, Kjeld (Hrsg.): ECSCW '95 - Proceedings of the Fourth European Conference on Computer-Supported Cooperative Work, 10.-14. September 1995. Stockholm, Dordrecht u.a. 1995, S. 1-16.

Flick u.a. /Sozialforschung 1997/
Flick, Uwe u.a.: Handbuch Qualitative Sozialforschung: Grundlagen, Konzeote, Methoden und Anwendungen. München 1997.

Foreman /Distance 1998/
Foreman, Joel: Distance Learning and Virtual Organization. In: Virtual-Organization.Net Newsletter (ISSN: 1422-9331) 4/1998, S. 20-24. URL: http://www.virtual-organization.net/news/NL_2.2/nl_2-4a4.pdf, Abruf am 1999-03-22.

Foreman /Distance 1998/
Foreman, Joel: Distance Learning and Virtual Organization. In: Virtual-Organization.Net Newsletter (ISSN: 1422-9331) 4/1998, S. 20-24. URL: http://www.virtual-organization.net/news/NL_2.2/nl_2-4a4.pdf, Abruf am 1999-03-22.

Franck /Entkopplung 1997/
Franck, Egon: Über die raum-zeitliche und institutionelle Entkopplung von Arbeitsprozessen durch Informations- und Kommunikationstechnik. In: Information Management 2/1997, S. 6-16.

Frank /Herausforderungen 1998/
Frank, Ulrich: Wissenschaftstheoretische Herausforderungen der Wirtschaftsinformatik. In: Gerum, Elmar: Innovation in der Betriebswirtschaftslehre. Wiesbaden: Gabler 1998, S. 91-118.

Franke /Evolution 1998/
Franke, Ulrich: The Evolution from a Static Virtual Corporation to a Virtual Web. In: Virtual-Organization.Net Newsletter (ISSN: 1422-9331) 2/1997,

S. 59-65. URL: http://www.virtual-organization.net/news/NL_2.2/nl_2-2a4.pdf, Abruf am 1999-03-22.

Fraser /Information 1994/
Fraser, Jane M.: Information and Communication Technology and Business Organisation. In: Telematics and Informatics 3/1994, S. 217-223.

Frese /Organisation 1993/
Frese, Erich: Grundlagen der Organisation. Die Organisationsstruktur der Unternehmung. 5. Aufl. Wiesbaden 1993.

Fritz, Manheim /Work 1998/
Fritz, Mary Beth; Manheim, Marvin: Managing Virtual Work: A Framework for Managerial Action. In: Sieber, Pascal; Griese, Joachim (Hrsg.): Organizational Virtualness. Bern 1998, S. 123-135.

Fuchs, Prinz /Aspects 1993/
Fuchs, Ludwin; Prinz, Wolfgang: Aspects of Organisational Context in CSCW. In: Schmidt, Kjeld; Bannon, Liam (Hrsg.): Issues of Supporting Organizational Context in CSCW Systems. The COMIC Project, Esprit Basic Research Action 6225, Document D1.1. ISBN 0-901800-28-27. Lancaster University 1993, S. 11-47.

Fuchs-Kittowski, Fuchs-Kittowski, Sandkuhl /Telekooperation 1998/
Fuchs-Kittowski, Frank; Fuchs-Kittowski, Klaus; Sandkuhl, Kurt: Synchrone Telekooperation als Baustein für virtuelle Unternehmen: Schlußfolgerungen aus einer empirischen Untersuchung. In: Herrmann, Thomas; Just-Hahn, Katharina (Hrsg.): Groupware und organisatorische Innovation. Tagungsband der DCSW '98. Stuttgart 1998, S. 19-36.

Fuehrer, Ashkanasy /Organization 1998/
Fuehrer, Eva C.; Ashkanasy, Neal M: The Virtual Organization: Defining a Weberian Ideal Type From an Inter-Organizational Perspective. Arbeitsbericht, Referenznummer 104494, 1998, Graduate School of Management, The University of Queensland, Brisbane, Australia. Brisbane 1998.

Fulk, DeSanctis /Electronic 1995/
Fulk, Janet; DeSanctis, Gerardine: Electronic Communication and Changing Organizational Forms. In: Organizational Science 4/1995, S. 337-349.

Fulk, Steinfield /Organization 1990/
Fulk, Janet; Steinfield, Charles (Hrsg.): Organizations and Communication Technology. Newbury Park, USA, Sage Publishers 1990.

Galbraith /Designing 1973/
Galbraith, Jay: Designing Complex Organizations. Reading/Mass., Addison-Wesley 1973.

Galbraith /Design 1977/
Galbraith, Jay: Organization Design. Reading/Mass., Addison Wesley 1977.

Galbraith /Reconfigurable 1997/
Galbraith, Jay: The Reconfigurable Organization. In: Hesselbein, Frances; Goldsmith, Marshall; Beckhard, Richard (Hrsg.): The Organization of the Future. San Francisco, Jossey-Bass Publishers 1997, S. 87-97.

Garbe /Einfluß 1998/
Garbe, Marcus: Der Einfluß neuer Informations- und Kommunikationstechnik auf die Effizienz der Koordination. In: Brill, Andreas; de Vries, Michael (Hrsg.): Virtuelle Wirtschaft. Opladen, Wiesbaden 1998, S. 101-119.

Gebauer /Virtual 1996/
Gebauer, Judith. Virtual Organization from an Economic Perspective. In: Coelho, Dias u.a. (Hrsg.). Proceedings of the 4th European Conference on Information Systems, Lisbon, Portugal, 2.-4. Juli 1996.

Gebauer, Hartmann /Going 1997/
Gebauer, Judith; Hartman, Amir: Going once, going twice, sold to the woman with the red sweater – the case of Onsale.com. In: Virtual-Organization.Net Newsletter (ISSN: 1422-9331) 3/1997, S. 30-33. URL: http://www.virtual-organization.net/news/NL_1.3/nl_1-3a4.pdf, Abruf am 1999-03-22.

Gerhäuser /Dienstleistungen 1995/
Gerhäuser, Heinz; Kreilkamp, Peter: Dienstleistungen unabhängig vom Standort. In Office Management 12/1995, S. 39-43.

Goldman u.a. /Agil 1996/
Goldman, Steven L. u.a.: Agil im Wettbewerb. Berlin u.a. 1996.

Gomez, Zimmermann /Unternehmensorganisation 1992/
Gomez, Peter; Zimmermann, Tim: Unternehmensorganisation: Profile, Dynamik. Methodik. Frankfurt, New York 1992.

Gosain /Design 1998/
Gosain, Sanjay: Applying Plug-and-Play Design Philosophy to Virtual Organizing. In: Virtual-Organization.Net Newsletter (ISSN: 1422-9331) 4/ 1998, S. 12-19. URL: http://www.virtual-organization .net/news/ NL_2.2/ nl_2-4a4.pdf, Abruf am 1999-03-22.

Grabowski, Roberts /Risk 1998/
Grabowski, Martha; Roberts, Karlene: Risk Mitigation in Virtual Organizations. In: Journal of Computer Mediated Communication 4/1998, o.S. URL: http://jcmc.huji.ac.il/vol3/issue4/grabowski.html, S. 1-27.

Greenberg, Gutwin, Cockburn /Groupware 1996/
Greenberg, Saul; Gutwin, Carl; Cockburn, Andy: Using Distortion-Oriented Displays to Support Workspace Awareness. In: Sasse, A.; Cunningham, R.J.; Winder, R. (Hrsg.): People and Computers XI (Proceedings of the HCI'96). New York u.a., Springer 1996, S. 299-314.

Greenberg, Marwood /Distributed 1994/
Greenberg, Saul; Marwood, David: Real time groupware as a distributed system: concurrency control and its effect on the interface. In: Association for Computing Machinery (ACM) (Hrsg.): Proceedings of the ACM 1994 Conference on Computer-Supported Cooperative Work (CSCW '94), Chapel Hill/USA, October 22-26. New York 1994, S. 207-217.

Greenberg, Roseman /Room 1998/
Greenberg, Saul; Roseman, Mark.: Using a Room Metaphor to Ease Transitions in Groupware. Research report 98/611/02, Department of Computer Science, University of Calgary, Calgary, Alberta, Canada, January. URL: http://www.cpsc.ucalgary.ca/projects/grouplab/papers/98-RoomMetaphor/ report_98_611_02/ room_metaphor.html, Abruf am 98-03-01.

Greenhalgh /Environments 1997/
Greenhalgh, Chris: Creating Large-Scale Collaborative Virtual Environments. In: Hofte, Henri ter; Lugt, Hermen J. van der (Hrsg.): Advance Proceedings OOGP '97. The International Workshop on Object Oriented Groupware Platforms. Lancaster, UK, 7 September 1997. Telematics Research Center, Enschede/NL. Enschede 1997, S. 85-86. URL: http://www2.telin.nl/events/ecscw97oogp/papers/oogp97pr.pdf, Abruf am 1998-10-19.

Greenhalgh, Benford /Virtual 1995/
Greenhalgh, Chris; Benford, Steve: Virtual Reality Tele-Conferencing: Implementation and Experience. In: Marmolin, Hans; Sundblad, Yngve; Schmidt, Kjeld (Hrsg.): ECSCW '95 - Proceedings of the Fourth European Conference on Computer-Supported Cooperative Work, 10.-14. September 1995. Stockholm, Dordrecht u.a. 1995, S. 165-180.

Grenier, Metes /Going 1995/
Grenier, Ray; George Metes: Going Virtual: Moving Your Organization into the 21st Century. Prentice Hall, Upper Saddle River (NJ) 1995.

Griese /Virtuelle 1994/
Griese, Joachim: Das Virtuelle Unternehmen. In: Office Management 7-8/1994, S. 10-12.

Griese, Sieber /Virtualität 1998/
Griese, Joachim; Sieber, Pascal: Virtualität bei Beratungs- und Softwarehäusern. In: Winand, Udo; Nathusius, Klaus (Hrsg.): Unternehmungsnetzwerke und virtuelle Organisationen. Stuttgart 1998, S. 155-254.

Griffel /Componentware 1998/
Griffel, Frank: Componentware. Konzepte und Techniken eines Softwareparadigmas. Heidelberg 1998.

Grochla /Organisationstheorie 1990/
Grochla, Erwin: Organisationstheorie. In: Grochla, Erwin (Hrsg.): Enzyklopädie der Betriebswirtschaftslehre. Band 2. Handwörterbuch der Organisation. 2. Auflage, Stuttgart 1990, Rz. 1795-1814.

Grochla, Lehmann /Systemtheorie 1990/
Grochla, Erwin; Lehmann, Helmut: Systemtheorie und Organisation. In: Grochla, Erwin (Hrsg.): Enzyklopädie der Betriebswirtschaftslehre. Band 2. Handwörterbuch der Organisation. 2. Auflage, Stuttgart 1990, Rz. 2204-2216.

Gross /Transparenzunterstützung 1998/
Gross, Tom: Von Groupware zu GroupAware: Theorie, Modelle und Systeme zur Transparenzunterstützung. In: Pankoke-Babatz, Uta; Prinz, Wolfgang (Hrsg.): D-CSCW 1998. Workshop am Rande der Deutschen CSCW Tagung 1998 (D-CSCW 1998). GMD – Forschungszentrum Informationstechnik GmbH, Institute For Applied Information Technology (FIT). Schloß Birlinghoven 1998. URL http://orgwis.gmd.de/dcscw98-groupaware/groupaware.pdf, Abruf am 1999-02-10, S. 19-24.

Grudin /Work 1994/
Grudin, Jonathan: Computer-Supported Cooperative Work: Its History and Participation. In: IEEE Computer 5/1994, S. 19-26. URL http://www.ics.uci.edu/~grudin/Papers/IEEE94/IEEEComplastsub.html, Abruf am 1998-09-30.

Gurbaxani, Whang /Impact 1991/
Gurbaxani, Vijay; Whang, Seungjin: The Impact of Information Systems on Organizations and Markets. In: Communications of the ACM 1/1991, S. 59-73.

Hall u.a. /Corona 1996/
Hall, Robert W.: Corona: A Communication Service for Scalable, Reliable Group Collaboration Systems. Software Systems Research Laboratory, Department of Electrical Engineering and Computer Science, University of Michigan 1996.

Handy /Trust 1995/
Handy, Charles: Trust and the Virtual Organization. In: Harvard Business Review Mai-Juni/1995, S. 40-50.

Hardwick, Bolton /Virtual Enterprise 1997/
Hardwick, Martin; Bolton, Richard: The Industrial Virtual Enterprise. In: Communications of the ACM 9/1997, S. 59-60.

Harrison, Dourish /Space 1996/
Harrison, S.; Dourish, P.: Re-place-ing space: the roles of place and space in collaborative systems. In: ACM (Hrsg.): CSCW '96: 6th Conference on Computer-Supported Cooperative Work. Cambridge, USA 1996, S. 67-76.

Hartmann /Teams 1996/
Hartmann, Francis: Virtual Teams – Constraining by Technology of Culture? In: Managing Virtual Enterprises: A Convergence of Communications, Computing, and Energy Technologies, IEMC'96 Proceedings, International Conference on Engineering and Technology Management, Vancouver, 18.-20. August 1996, S. 185-190.

Hasenkamp, Syring /Grundagen 1994/
Hasenkamp, Ulrich; Syring, Michael: CSCW - Computer Supported Cooperative Work) in Organisationen – Grundlagen und Probleme. In: Hasenkamp, Ulrich; Kirn, Stephan; Syring, Michael (Hrsg.): CSCW - Computer Supported Cooperative Work. Bonn u.a. 1994, S. 15-37.

Haury /Kooperation 1989/
Haury, Susanne: Laterale Kooperation zwischen Unternehmen: Erfolgskriterien und Klippen. Grüsch, Schweiz 1989.

Hauser /Institutionen 1991/
Hauser, Heinz: Institutionen zur Unterstützung wirtschaftlicher Kooperation. In: Wunderer, Rolf (Hrsg.): Gestaltungsprinzipien und Steuerung der Zusammenarbeit zwischen Organisationseinheiten. Stuttgart 1991, S. 107-123.

Have, Lierop, Kuhne /Virtueel 1997/
Have, S. ten; Lierop, F. van; Kuhne, H.J: How virtueel moeten we eigenlijk zijn? In: Nijemrode Management Review Juni/1997, S. 85-93.

Heartsch, Stanoevska-Slabeva /Electronic 1998/
Heartsch, Patrick; Stanoevska-Slabeva, Katarina: Electronic Software Distribution in a Virtual Software House. In: Sieber, Pascal; Griese, Joachim (Hrsg.): Organizational Virtualness. Bern 1998, S. 189-202.

Heinzl, König /Artikel 1999/
Heinzl, Armin; König, Wolfgang: Leserbrief zu dem Artikel von Arno Rolf: „Herausforderungen für die Wirtschaftsinformatik". In: Informatik-Spektrum 1/1999, S. 51-52.

Hejl /Kybernetik 1983/
Hejl, Peter: Kybernetik 2. Ordnung, Selbstorganisation und Biologismusverdacht. In: Die Unternehmung 1/1983, S. 41-62.

Henderson, Storck /Knowledge 1998/
Henderson, John C.; Storck, John: Leveraging Knowledge in a Global Organization: The Use of Virtual Teams to Access Expertise. http://management.bu.edu/research/stc/virteams.html, Abruf am 1998-02-18.

Hinssen /Difference 1998/
Hinssen, Peter: What Difference Does it Make? The Use of Groupware in Small Groups. Telematica Instituut Fundamental Research Series Nr. 002. Telematica Instituut Enschede, Niederlande 1998. ISBN 90-75176-15-5. URL: http:// http://www.telin.nl/publicaties/1998/scout/scout.pdf, Abruf am 1999-02-04.

Hirschhorn, Gilmore /Boundaries 1992/
Hirschhorn, Larry; Gilmore, Thomas: The New Boundaries of the „Boundaryless„ Company. In: Harvard Business Review 3/1992, S. 104-115.

Hoffmann /Führungsorganisation 1980/
Hoffmann, Friedrich: Führungsorganisation, Band 1: Stand der Forschung und Konzeption. Tübingen 1980.

Hoffmann /Organisation 1990/
Hoffmann, Friedrich: Organisation, Begriff der. In: Grochla, Erwin (Hrsg.): Enzyklopädie der Betriebswirtschaftslehre. Band 2. Handwörterbuch der Organisation. 2. Auflage, Stuttgart 1990, Rz. 1425-1431.

Hofmann /Unternehmen 1996/
Hofmann, Josephine: Virtuelle Unternehmen. In: HMD 192/1996, S. 62-71.

Hofmann, Kläger, Michelsen /Unternehmensstrukturen 1995/
Hofmann, Josephine; Kläger, Wolfram; Michelsen, Ulf: Virtuelle Unternehmensstrukturen. In: Office Management 12/1995, S. 21-29.

Hofte, Lugt /Introduction 1997/
Hofte, Henri ter; Lugt, Hermen J. van der (Hrsg.): Advance Proceedings OOGP '97. The International Workshop on Object Oriented Groupware Platforms. Lancaster, UK, 7 September 1997. Telematics Research Center, Enschede/NL. Enschede 1997, S. 9. URL: http://www2.telin.nl/events/ecscw97oogp/papers/oogp97pr.pdf, Abruf am 1998-10-19.

Holand, Danielsen /Cooperation 1991/
Holand, Unni; Danielsen, Thore: Describing Cooperation – The Creation of Different Psychological Phenomena. In: Bowers, John M.; Benford, Steven D. (Hrsg.): Studies in Computer Supported Cooperative Work - Theory, Practice and Design. Amsterdam u.a. 1991, S. 17-27.

Holland /Trust 1998/
Holland, Christoph: The Importance of Trust and Business Relationships in the Formation of Virtual Organisations. In: Sieber, Pascal; Griese, Joachim (Hrsg.): Organizational Virtualness. Bern 1998, S. 53-76.

Holt /Coordination 1988/
Holt, Anatol: Diplans: A New Language for the Study and Implementation of Coordination. In: ACM Transactions on Office Automation Systems 2/1988, S. 109-125.

Huang, Sol /Coordination 1997/
Huang, Z.; Sol, H.G.: Designing Distributed Organisations for Improving Business Coordination. In: Virtual-Organization.Net Newsletter (ISSN: 1422-9331) 2/1997, S. 66-72. URL: http://www.virtual-organization.net/news/NL_2.2/nl_2-2a4.pdf, Abruf am 1999-03-22.

Huberman, Loch /Collaboration 1996/
Huberman, Bernardo A.; Loch, Christoph H.: Collaboration, Motivation, and the Size of Organizations. In: Journal of Organizational Computing and Electronic Commerce 2/1996, S. 109-130.

Hummel /Chancen 1996/
Hummel, Thomas: Chancen und Grenzen der Computerunterstützung kooperativen Arbeitens. Wiesbaden 1996.

Hummes, Merialdo /Object 1997/
Hummes, Jakob; Merialdo, Bernard: Object Components for Cooperation, A Highly Customizable Tutoring-System with JavaBeans. In: Hofte, Henri ter; Lugt, Hermen J. van der (Hrsg.): Advance Proceedings OOGP '97. The International Workshop on Object Oriented Groupware Platforms. Lancaster, UK, 7 September 1997. Telematics Research Center, Enschede/NL. En-

schede 1997, S. 50-53. URL: http://www2.telin.nl/events/ecscw97oogp/ papers/oogp97pr.pdf, Abruf am 1998-10-19.

Hutchison /Patterns 1994/
Hutchison, Chris: Patterns of Language in Organizations: Implications for CSCW. In: Rosenberg, Duska; Hutchinson, Chris (Hrsg.): Design Issues in CSCW. London u.a. 1994, S. 89-118.

Itter, Schumann /Middleware 1999/
Itter, Ralf; Schumann, Matthias: Internet-Technologie als universelle Middleware für Business-Objekte. In: it+ti – Informationstechnik und Technische Informatik 3/1999, S. 36-42.

Jablonski , Böhm, Schulze /Workflow 1997/
Jablonski, Stefan; Böhm, Markus; Schulze, Wolfgang: Workflow-Management: Entwicklung von Anwendungen und Systemen. Facetten einer neuen Technologie. Heidelberg 1997.

Jägers, Jansen, Steenbakkers /Characteristics 1998/
Jägers, Hans; Jansen, Wendy; Steenbakkers, Wilchard: Characteristics of Virtual Organizations. In: Sieber, Pascal; Griese, Joachim (Hrsg.): Organizational Virtualness. Bern 1998, S. 65-76.

Jarillo /Networks 1988/
Jarillo, J. Carlos: On Strategic Networks. In: Strategic Management Journal 1 /1988, S. 31-41.

Jarke, Kethers /Kooperationskompetenz 1999/
Jarke, Matthias; Kethers, Stefanie: Regionale Kooperationskompetenz: Probleme und Modellierungstechniken. In: Wirtschaftsinformatik 4/1999, S. 316-325.

Jarvenpaa, Ives /Opportunities 1994/
Jarvenpaa, Sirkka L.; Ives, Blake: The Global Network Organization of the Future: Information Management Opportunities and Challenges. In: Journal of Management Information Systems 4, 1994, S. 25-57.

Jarvenpaa, Shaw /Teams 1998/
Jarvenpaa, S.; Shaw, T.: Global Virtual Teams: Integrating Models of Trust. In: Sieber, Pascal; Griese, Joachim (Hrsg.): Organizational Virtualness. Bern 1998, S. 35-52.

Jeffay u.a. /Artifacts 1992/
Jeffay, K.: Architecture of the Artifact-Based Collaboration System Matrix. In: Association for Computing Machinery (Hrsg.): CSCW '92. Proceedings of the Conference on Computer-Supported Cooperative Work, 31.10.-04.11.1992, Toronto, Kanada. New York, ACM Press 1992, S. 195-202.

Johannsen, Haake, Streitz /Telecollaboration 1996/
Johannsen, Andreas; Haake, Jörg; Streitz, Norbert: Telecollaboration in Virtual Organisations - The Role of Ubiquitous Meeting Systems. Arbeitspapiere der GMD, Nr. 974. Sankt Augustin 1996.

Johnston, Lawrence /Integration 1988/
Johnston, R.; Lawrence, P.R.: Beyond Vertical Integration – The Rise of the Value-Adding Partnership. In: Harvard Business Review 6/7/1988, S. 94-101.

Jones /Framework 1997/
Jones, Rachel M.: A Framework of Basic CSCW Functionality. In: Hofte, Henri ter; Lugt, Hermen J. van der (Hrsg.): Advance Proceedings OOGP '97. The International Workshop on Object Oriented Groupware Platforms. Lancaster, UK, 7 September 1997. Telematics Research Center, Enschede/NL. Enschede 1997, S. 81-82. URL: http://www2.telin.nl/events/ecscw97oogp/papers/oogp97pr.pdf, Abruf am 1998-10-19.

Kiely /Components 1998/
Kiely, D.: Are Components the Future of Software? In: IEEE Computer 2/1998, S. 10-11.

Kieser /Fremdorganisation 1994/
Kieser, Alfred: Fremdorganisation, Selbstorganisation und evolutionäres Management. In: ZfbF 3/1994, S. 199-228.

Kieser /Moden 1996/
Kieser, Alfred: Moden und Mythen des Organisierens. In: Die Betriebswirtschaft/1996 1, S. 21-39.

Kieser, Kubicek /Organisation 1992/
Kieser, Alfred; Kubicek, Herbert: Organisation. 3. Auflage, Berlin, New York 1992.

Kirchner, Schuckmann /Objects 1997/
Kirchner, Lutz; Schuckmann, Christian: Groupware Developers Need More Than Replicated Objects. In: Hofte, Henri ter; Lugt, Hermen J. van der (Hrsg.): Advance Proceedings OOGP '97. The International Workshop on Object Oriented Groupware Platforms. Lancaster, UK, 7 September 1997. Telematics Research Center, Enschede/NL. Enschede 1997, S. 17-22. URL: http://www2.telin.nl/events/ecscw97oogp/papers/oogp97pr.pdf, Abruf am 1998-10-19.

Kirn /Agenten 1995/
Kirn, Stefan: Kooperierende Intelligente Agenten in Virtuellen Organisationen. In: Handbuch der modernen Datenverarbeitung (HMD) 185/1995, S. 24-36.

Kirsch, Knyphausen /Unternehmungen 1991/
Kirsch, Werner; zu Knyphausen, Dodo: Unternehmungen als „autopoietische„ Systeme? In: Staehle, Wolfgang; Sydow, Jörg: Managementforschung. Berlin, New York 1991, S. 75-101.

Klein /Computer 1994/
Klein, Mark: Computer Supported Conflict Management in Design Teams. In: Rosenberg, Duska; Hutchinson, Chris (Hrsg.): Design Issues in CSCW. London u.a. 1994, S. 209-228.

Klein /Coordination 1998/
Klein, Mark: Coordination Science: Challenges and Directions. In: Conen, Wolfram; Neumann, Gustaf (Hrsg.): Coordination Technology for Collaborative Applications: Organizations, Processes and Agents. Berlin u.a. 1998, S. 161-176.

Klein /Organisation 1994/
Klein, Stefan: Virtuelle Organisation. In: WiSt 6/1994, S. 309-311.

Klimecki /Kooperation 1985/
Klimecki, Rüdiger: Laterale Kooperation: Zur Analyse und Gestaltung der Zusammenarbeit zwischen Abteilungen in der Unternehmung. Bern, Stuttgart 1985.

Klüber /Framework 1998/
Klüber, Roland: A Framework for Virtual Organizing. In: Sieber, Pascal; Griese, Joachim (Hrsg.): Organizational Virtualness. Bern 1998, S. 93-106.

Klueber /Promoter 1997/
Klueber, Roland: The Need for the Function of the Promotor. In: Virtual-Organization.Net Newsletter (ISSN: 1422-9331) 4/1997, S. 3-9. URL: http://www.virtual-organization.net/news/NL_1.4/nl_1-4a4.pdf, Abruf am 1999-03-22.

Kneer /Theorie 1993/
Kneer, Georg: Niklas Luhmanns Theorie Sozialer Systeme: Eine Einführung. München 1993.

Knetsch /Weg 1996/
Knetsch, Werner: Die treibenden Kräfte: Der Weg zum vernetzten Unternehmen. In: Little, Arthur D. (Hrsg.): Management in vernetzten Unternehmen. Wiesbaden 1996, S. 15-72.

Knyphausen /Unternehmungen 1988/
Knyphausen, Dodo zu: Unternehmungen als evolutionsfähige Systeme. Überlegungen zu einem evolutionären Konzept für die Organisationslehre. München 1988.

Kocian /Virtual 1997/
Kocian, Claudia: The Virtual Centre: A Networking Co-operation Model for Small Businesses. In: Virtual-Organization.Net Newsletter (ISSN: 1422-9331) 2/1997, S. 10-11. URL: http://www.virtual-organization. net/ news/ NL_1.2/nl_1-2.pdf, Abruf am 1999-03-22.

Kogut, Zander /Firms 1996/
Kogut, Bruce; Zander, Udo: What Firms Do? Coordination, Identity and Learning. In: Organizational Science 5/1996, S. 502-518.

Kotsis, Neumann /Infrastructure 1999/
Kotsis, Gabriele; Neumann, Gustaf: Web Infrastructure and Coordination Achritectures for Collaborative Applications – Shared Artifacts, a Shared Language, or Shared Spaces? In: IEEE (Hrsg.): Proceedings of WETICE `99 IEEE 8th Intl. Workshops on Enabling Technologies: Infrastructure for Collaborative Enterprises, 16-18 June 1999, Stanford University, New York 1999. URL: http://nestroy.wi-inf.uni-essen.de/workshops/WETICE99/wet ice99-report/, Abruf am 1999-07-20.

Krallmann, Boekhoff /Technologische 1996/
Krallmann, Boekhoff: Technologische Unterstützung der lernenden Organisation. In: Office Management 1-2/1996, S. 22-26.

Kraut u.a. /Informal 1990/
In: Baecker, Ronald M. (Hrsg.): Groupware and Computer-Supported Cooperative Work. Assisting Human-Human Collaboration. San Mateo, Morgan Kaufman Publishers 1993, S. 287-314.

Kraut u.a./Coordination 1998/
Kraut, Robert u.a.: Coordination and Virtualization: The Role of Electronic Networks and personal Relationships. In: Journal of Computer Mediated Communication 4/1998, o.S. URL: http://jcmc.huji.ac.il/vol3/issue4/kraut. html, Abruf am 1998-06-14, S. 1-29.

Krcmar /Computerunterstützung 1992/
Krcmar, Helmut: Computerunterstützung für die Gruppenarbeit – Zum Stand der Computer Supported Cooperative Work Forschung. In: Wirtschaftsinformatik 4/1992, S. 425-437.

Krieger /Standortentscheidungen 1994/
Krieger, W.: Standortentscheidungen in virtuelle Unternehmen. In: Iglhaut, J.: Wirtschaftsstandort Deutschland mit Zukunft. Wiesbaden 1994, S. 282-290.

Kronen /Unternehmungskooperationen 1994/
Kronen, Juliane: Computerunterstützte Unternehmungskooperationen: Potentiale – Strategien – Planungsmodelle. Wiesbaden 1994.

Krumbein /Netzwerke 1994/
Krumbein, Wolfgang (Hrsg.): Ökonomische und politische Netzwerke in der Region. Beiträge aus der internationalen Debatte. Münster, Hamburg 1994.

Kruschwitz, Roth /Inventing 1999/
Kruschwitz, Nina; Roth, George: Inventing Organizations of the 21st Century: Producing Knowledge Through Collaboration. Massachusetts Institute of Technology, Center for Coodination Science, Working Paper Nr. 207, März 1999.

Krystek /Organisation 1997/
Krystek, Ulrich: Die Organisation des virtuellen Unternehmen. In: Riekhof, Hans-Christian (Hrsg.): Beschleunigung von Geschäftsprozessen. Wettbewerbsvorteile durch Lernfähigkeit. Stuttgart 1997, S. 29-42.

Krystek, Redel, Reppegarther /Grundzüge 1997/
Krystek, Ulrich; Redel, Wolfgang; Reppegarther, Sebastian: Grundzüge virtueller Organisationen. Elemente, Erfolgsfaktoren, Chancen und Risiken. Wiesbaden 1997.

Kubicek /Organisationsstruktur 1990/
Kubicek, Herbert: Organisationsstruktur, Messung der. In: Grochla, Erwin (Hrsg.): Enzyklopädie der Betriebswirtschaftslehre. Band 2. Handwörterbuch der Organisation. 2. Auflage, Stuttgart 1990, Rz. 1778-1795.

Kullmann, Kühl /Einheiten/
Kullmann, Gerd; Kühl, Stefan: Der Krieg zwischen dezentralen Einheiten im Unternehmen. In: io management 6/1998, S. 42-47.

Kumbruck /Kooperationskonzept 1998/
Kumbruck, Christel: Wider ein positiv konnotiertes Kooperationskonzept. In: Herrmann, Thomas; Just-Hahn, Katharina (Hrsg.): Groupware und organisatorische Innovation. Tagungsband der DCSW '98. Stuttgart 1998, S. 95-110.

Kuutti /Activity 1993/
Kuutti, Kari: Notes on Systems Supporting „Organizational Context" – An Activity Theory Viewpoint. In: Schmidt, Kjeld; Bannon, Liam (Hrsg.): Issues of Supporting Organizational Context in CSCW Systems. The COMIC Project, Esprit Basic Research Action 6225, Document D1.1. ISBN 0-901800-28-27. Lancaster University 1993, S. 101-117.

Kyng /Making 1995/
Kyng, Morten: Making Representations Work. In: Communications of the ACM 9/1995, S. 46-55.

Lang, Pigneur /Market 1997/
Lang, André; Pigneur, Yves: An Electronic Market of Individual Human Competencies for Team Building. In: Virtual-Organization.Net Newsletter (ISSN: 1422-9331) 3/1997, S. 4-12. URL: http://www.virtual-organization.net/news/NL_1.3/nl_1-3a4.pdf, Abruf am 1999-03-22.

Larsen /Organization 1999/
Larsen, Kai R.T.: Virtual Organization as an Interorganizational Concept: Ties to Previous Research. In: Virtual-Organization.Net Newsletter (ISSN: 1422-9331) 1/1999, S. 18-33. URL: http://www.virtual-organization.net/news/NL_3.1/nl_3-1a4.pdf, Abruf am 1999-03-22.

Lassmann /Koordination 1992/
Lassmann, Arndt: Organisatorische Koordination: Konzepte und Prinzipien zur Einordnung von Teilaufgaben. Wiesbaden 1992.

Laubacher, Malone /Scenarios 1997/
Laubacher, Robert J.; Malone, Thomas W.: Two Scenarios for 21^{St} Century Organizations: Shifting Networks of Small Firms or All-Encompassing „Virtual Countries„?, MIT Initiative on Inventing the Organizations of the 21^{St} Century, Massachusetts Institute of Technology Working Paper 21C WP #001, January 1997. URL: http://ccs.mit.edu/21c/21CWP001.html. Abruf am 1998-02-18.

Lautenbacher, Walsh /Technologien 1994/
Lautenbacher, S.; Walsh, I.: Neue Technologien für virtuelle Organisationen. In: Gablers Magazin 6-7/1994, S. 28-30.

Laux, Liermann /Organisation 1993/
Laux, Helmut; Liermann, Felix: Grundlagen der Organisation. 3. Auflage, Berlin u.a. 1993.

Ledyard /Coordination 1991/
Ledyard, John O.: Coordination in Shared Facilities: A New Methodology. In: Journal of Organizational Computing 1/1991, S. 41-59.

Lefebvre, Lefebvre /Economy 1997/
Lefebvre, Louis; Lefebvre, Élisabeth: Moving Towards the Virtual Economy: A Major Paradigm Shift. Scientific Series Working Paper 97s-36, Centre Interuniversitaire de Recherche en Analyse des Organisations (CIRANO), Montréal, Canada. ISSN 1198-8177. URL: ftp://ftp.cirano.umontreal.ca/pub/publication/97s-36.pdf.zip, Abruf am 1999-05-04.

Lehner u.a. /Organisationslehre 1991/
Lehner, Franz u.a.: Organisationslehre für Wirtschaftsinformatiker. München, Wien 1991.

Linde /Virtualisierung 1997/
Linde, Frank: Virtualisierung von Unternehmen: Wettbewerbspolitische Implikationen. Wiesbaden 1997.

Linnenkohl /Virtualisierung 1998/
Linnenkohl, Karl: Die Virtualisierung von Arbeitsbeziehungen. In: Brill, Andreas; de Vries, Michael (Hrsg.): Virtuelle Wirtschaft. Opladen, Wiesbaden 1998, S. 146-156.

Lipnack, Stamps /Teams 1997/
Lipnack, Jessica; Stamps, Jeffrey: Vitual Teams. Reaching Across Space, Time, and Organizations with Technology. New York u.a., Wiley 1997.

Little /Management 1996/
Little, Arthur D. (Hrsg.): Management in vernetzten Unternehmen. Wiesbaden 1996.

Logé /Cooperation 1997/
Logé, Christophe: Cooperation Management Services for Open Cooperative Systems. In: Hofte, Henri ter; Lugt, Hermen J. van der (Hrsg.): Advance Proceedings OOGP '97. The International Workshop on Object Oriented Groupware Platforms. Lancaster, UK, 7 September 1997. Telematics Research Center, Enschede/NL. Enschede 1997, S. 33-41. URL: http://www2.telin.nl/events/ecscw97oogp/papers/oogp97pr.pdf, Abruf am 1998-10-19.

Lou, Scamell /Acceptance 1996/
Lou, Hao; Scamell, Richard W.: Acceptance of Groupware: The Relationships Among Use, Satisfaction, and Outcomes. In: Journal of Organizational Computing and Electronic Commerce 2/1996, S. 173-190.

Lucas, Baroudi /Role 1994/
Lucas, Henry C. Jr.; Baroudi, Jack: The Role of Information Technology in Organization Design. In: Journal of Management Information Systems 4/1994, S. 9-23.

Lucas, Olson /Impact 1994/
Lucas Jr., Henry C.; Olson, Margrethe: The Impact of Information Technology on Organizational Flexibility. In: Journal of Organizational Computing 2/1994, S. 155-176.

Ludwig /Koordination 1997/
Ludwig, Heiko: Koordination objektzentrierter Kooperationen. Metamodell und Konzept eines Basisdienstes für verteilte Anwendungen. Aachen 1997.

Ludwig, Krcmar /Problemlösen 1994/
Ludwig, Börries; Krcmar, Helmut: Verteiltes Problemlösen mit CONSUL. In: Hasenkamp, Ulrich (Hrsg.): Einführung von CSCW-Systemen in Organisationen. Tagungsband der DCSCW '94. Wiesbaden 1994, S. 167-186.

Luhmann /Autopoiesis 1982/
Luhmann, Niklas: Autopoiesis, Handlung und kommunikative Verständigung. In: Zeitschrift für Soziologie 4 /1982, S. 366-379.

Mair /Issues 1997/
Mair, Quentin: Technical Issues in the Design of a Virtual Software Corporation. In: Hofte, Henri ter; Lugt, Hermen J. van der (Hrsg.): Advance Proceedings OOGP '97. The International Workshop on Object Oriented Groupware Platforms. Lancaster, UK, 7 September 1997. Telematics Research Center, Enschede/NL. Enschede 1997, S. 77-80. URL: http://www2.telin.nl/events/ecscw97oogp/papers/oogp97pr.pdf, Abruf am 1998-10-19.

Maister /Professional 1993/
Maister, David H.: Managing the Professional Service Firm. New York u.a., The Free Press 1993.

Malhotra /Critique 1997/
Malhotra, Yogesh: The Theory of Coordination: A Critique. http://www.brint.com/papers/coordthy.htm, University of Pittsburgh, Abruf 1997-10-27.

Malone u.a. /Tools 1999/
Malone, Thomas u.a.: Tools for inventing organizations: Toward a Handbook of Organizational Processes. In: Management Sciences 3/1999, S. 425-443.

Malone, Crowston /Coordination 1993/
Malone, Thomas W.; Crowston, Kevin: What is Coordination Theory and How Can It Help Design Cooperative Work Systems? In: Baecker, Ronald M. (Hrsg.): Groupware and Computer-Supported Cooperative Work. As-

sisting Human-Human Collaboration. San Mateo, Morgan Kaufman Publishers 1993, S. 375-388.

Malone, Crowston /Interdisciplinary 1994/
Malone, Thomas W.; Crowston, Kevin: The Interdisciplinary Study of Coordination. In: ACM Computing Surveys 1/1994, S. 87-119.

Malone, Rockart /Computers 1991/
Malone, T.; Rockart, F.: Computers, Networks and the Corporation. In: Scientific American 9/1991, S. 128-136.

Malone, Rockart /Information 1993/
Malone, T.; Rockart,F.: How Will Information Technology Reshape Organizations? Computers as Coordination Technology. In: Bradley, S.P.; Haisman, J.A.; Nolan, R.L.: Globalization, Technology and Competition: The Fusion of Computers and Telecommunications in the 1990s. Boston, Harvard Business Press 1993, S. 37-56

Mambrey u.a. /Autopoietic 1996/
Mambrey, Peter u.a.: The Autopoietic Turn in Organization Science and its Relevance for CSCW. In: SIGOIS Bulletin 1/1996, S. 2-4.

Manheim, Fritz /Information 1998/
Manheim, Marvin; Fritz, Mary Beth: Information Technology Tools to Support Virtual Organization Management: A Cognitive Informatics Approach. In: Sieber, Pascal; Griese, Joachim (Hrsg.): Organizational Virtualness. Bern 1998, S. 137-153.

Manheim, Fritz /Information 1998/
Manheim, Marvin; Fritz, Mary Beth: Information Technology Tools to Support Virtual Organization Management: A Cognitive Informatics Approach. In: Sieber, Pascal; Griese, Joachim (Hrsg.): Organizational Virtualness. Bern 1998, S. 137-153.

Mann /Sozialpsychologie 1997/
Mann, Leon: Sozialpsychologie. 11. Auflage, Weinheim 1997.

Maresch /Kommunikation 1998/
Maresch, Rudolf: Die Virtualität der Kommunikation. In: Brill, Andreas; de Vries, Michael (Hrsg.): Virtuelle Wirtschaft. Opladen, Wiesbaden 1998, S. 323-338.

Mark, Haake, Streitz /Hypermedia 1995/
Mark, Gloria; Haake, Jörg; Streitz, Norbert: The Use of Hypermedia in Group Problem Solving: An Evaluation of the DOLPHIN Electronic Meeting Room Environment. In: Marmolin, Hans; Sundblad, Yngve; Schmidt, Kjeld (Hrsg.): ECSCW '95 - Proceedings of the Fourth European Confer-

ence on Computer-Supported Cooperative Work, 10.-14. September 1995. Stockholm, Dordrecht u.a. 1995, S. 197-213.

Maturana /Erkennen 1982/
Maturana, Humberto (Hrsg.): Erkennen: Die Organisation und die Verkörperung von Wirklichkeit. Braunschweig, Wiesbaden 1982.

Maturana /Origin 1991/
Maturana, Humberto: The Origin of the Theory of Autopoietic Systems. In: Fischer, Hans Rudi: Autopoiesis: Eine Theorie im Brennpunkt der Kritik. Heidelberg 1991, S. 121-123.

Maturana, Varela /Autopoieses 1980/
Maturana, Humberto; Varela, Francisco: Autopoieses and Cognition. Dordrecht u.a. 1980.

Maturana, Varela /Systeme 1982/
Maturana, Humberto; Varela, Francisco: Autopoietische Systeme: Eine Bestimmung der lebendigen Organisation. In: Maturana, Humberto (Hrsg.): Erkennen: Die Organisation und die Verkörperung von Wirklichkeit. Braunschweig, Wiesbaden 1982, S. 170-235.

Maurer, Schramke /Workflow 1997/
Maurer, Gerd; Schramke, Andreas: Workflow-Management-Systeme in virtuellen Unternehmen. Arbeitspapiere WI Nr. 11, 1997, Johannes Gutenberg-Universität Mainz. Mainz 1997.

McGrath /Time 1991/
McGrath, Joseph: Time Matters in Groups. In: Galegher, Jolene; Kraut, Robert; Egido, Carmen: Intellectual Teamwork: Social and Technological Foundations of Cooperative Work. New Jersey, Lawrence Erlbaum Associates Inc. Publishers 1991, S. 23-61.

Meade, Presley, Rogers /Enterprise 1996/
Meade, Laura; Presley, Adrien; Rogers, K. Jaime: Tools for Engineering the Agile Enterprise. In: Managing Virtual Enterprises: A Convergence of Communications, Computing, and Energy Technologies, IEMC'96 Proceedings, International Conference on Engineering and Technology Management, Vancouver, 18.-20. August 1996, S. 381-385.

Medina-Mora u.a. /Action 1992/
Medina-Mora, Raul: The Action Workflow Approach To Workflow Management Technology. In: Association for Computing Machinery (Hrsg.): CSCW '92. Proceedings of the Conference on Computer-Supported Cooperative Work, 31.10.-04.11.1992, Toronto, Kanada. ACM Press: New York 1992, S. 281-288.

Meffert /Virtual 1998/
Meffert, Heribert: Going Virtual – Herausforderung an marktorientierte Unternehmensführung. In: Die Betriebswirtschaft 1/1998, S. 1-4.

Mertens /Virtuelle Unternehmen 1994/
Mertens, Peter: Virtuelle Unternehmen. In: Wirtschaftsinformatik 2/1994, S. 169-172.

Mertens, Faisst /Unternehmen 1995/
Mertens, Peter; Faisst, Wolfgang: Virtuelle Unternehmen. Eine Organisationsstruktur für die Zukunft? In: Technologie & Management 2/1995, S. 61-68.

Mertens, Griese, Ehrenberg /Unternehmen 1998/
Mertens, Peter; Griese, Joachim; Ehrenberg, Dieter (Hrsg.): Virtuelle Unternehmen und Informationsverarbeitung. Berlin u.a. 1998.

Meyer /Organisation 1995/
Meyer, Margit: Ökonomische Organisation der Industrie: Netzwerkarrangements zwischen Markt und Unternehmung. Wiesbaden 1995.

Miles, Snow /Fit 1984/
Miles, Raymond; Snow, Charles: Fit, Failure and the Hall of Fame. In: California Management Review 3/1984, S. 10-28.

Miller /Environmental 1992/
Miller, Danny: Environmental Fit Versus Internal Fit. In: Organizational Science 3/1992, S. 159-178.

Miller, Clemons, Row /Information 1993/
Miller, D.B.; Clemons, E.K.; Row, M.C.: Information Technology and the Global Virtual Corporation. In: Bradley, S.P.; Haisman, J.A.; Nolan, R.L.: Globalization, Technology and Competition: The Fusion of Computers and Telecommunications in the 1990s. Boston, Harvard Business Press 1993, S. 283-308.

Mintzberg /Structuring 1979/
Mintzberg, Henry: The Structuring of Organizations. Englewood Cliffs, Prentice Hall Publishers 1979.

Mintzberg /Structures 1993/
Mintzberg, Henry: Structures in Fives: Designing Effective Organizations. Englewood Cliffs, Prentice Hall Publishers 1993.

Mintzberg /Typology 1993/
Mintzberg, Henry: A Typology of Organizational Strucure. In: Baecker, Ronald M. (Hrsg.): Groupware and Computer-Supported Cooperative

Work. Assisting Human-Human Collaboration. San Mateo, Morgan Kaufman Publishers 1993, S. 177-186.

Mowshowitz /Social 1986/
Mowshowitz, Abbe: Social Dimensions of Office Automation. In: Yowitz, M. (Hrsg.) Advances in Computers 25/1986, S. 335-404.

Mowshowitz /Virtual 1997/
Mowshowitz, Abbe: Virtual Organization. In: Communications of the ACM 9/1997, S. 30-37.

Müller /Coordination 1997/
Müller, Rolf: Coordination in Organizations. In: Kirn, Stefan; O'Hare, Gregory (Hrsg.): Cooperative Knowledge Processing. The Key Technology for Intelligent Organizations. London 1997, S. 26-42.

Müller, Kohl, Schoder /Unternehmenskommunikation 1997/
Müller, Günter; Kohl, Ulrich; Schoder, Detlef: Unternehmenskommunikation: Telematiksysteme für vernetzte Unternehmen. Bonn u.a. 1997.

Müller-Wallenborn, Zwicker /Unternehmensverbünde 1999/
Müller-Wallenborn, Rainer; Zwicker, Hansruedi: Unternehmensverbünde im Praxistest – Erfahrungsberichte des Kompetenzverbundes The Virtual Company und der Virtuellen Fabrik. In: Wirtschafsinformatik 4/1999, S. 340-347.

Müthlein /Unternehmen 1995/
Müthlein, Thomas: Virtuelle Unternehmen – Unternehmen mit einem rechtssicheren informationstechnischen Rückgrat? In: HMD 185/1995, S. 68-77.

Neugebauer /Unternehmertum 1997/
Neugebauer, Lorenz: Unternehmertum in der Unternehmung: Ein Beitrag zur Intrapreneurship-Diskussion. Göttingen 1997.

Nevis, DiBella, Gould /Organizations 1995/
Nevis, Edwin C.; DiBella, Anthony J.; Gould, Janet M.: Understanding Organizations as Learning Systems. In: Sloan Management Review, Winter/1995, S. 73-85.

Ngwenyama, Lyytinen /Analyzing 1997/
Ngwenyama, Ojelanki K.; Lyytinen, Kalle J.: Groupware Environments as Action Constitutive Resources: A Social Action Framework for Analyzing Groupware Technologies. In: Computer Supported Cooperative Work: The Journal of Collaborative Computing 6/1997, S. 71-93.

Nieder, Michalk /Selbstorganisation 1997/
Nieder, Peter; Michalk, Silke: Eine Vorgehensweise zur Realisierung der Idee der Selbstorganisation. In: zfo 1/1997, S. 4-10.

Nixon u.a. /Components 1998/
Nixon, Paddy u.a.: Designing Components for a Virtual Organisation: A Case Study. URL: http://www.cs.tcd.ie/Virtues/ocve98/proceedings/009.html, Abruf am 1999-04-27. In: Proceedings of Objects, Components and the Virtual Environment '98. An Interdisciplinary Workshop at the Conference on Object-Oriented Programming, Systems, Languages, and Applications (OOPSLA98), 19th October 1998. URL: http://www.cs.tcd.ie/Virtues/ocve98/proceedings/, Abruf am 1999-04-27.

Nohria /Network 1992/
Nohria, Nitin: Is a Network Perspective a Useful Way of Studying Organizations? In: Nohria, Nitin; Eccles, Robert (Hrsg): Networks and Organizations: Structure, Form, and Action. Boston, Harvard Business School Press 1992, S. 1-22.

Normand, Tromp /Collaborative 1996/
Normand, Véronique; Tromp, Jolanda: Collaborative Virtual Environments: the COVEN Project. http://chinon.thomson-csf.fr/projects/coven/PAPERS/five96.html, Abruf am 1996-12-17.

Norton, Smith /Organization 1997/
Norton, Bob; Smith, Cathy: Understanding the Virtual Organzation. New York, Barron's Educational Series 1997.

Numata, Lei, Iwashita /Knowledge Amplification 1996/
Numata, Jun; Lei, Bangyu; Iwashita, Yukinori: Information Management for Knowledge Amplification in Virtual Enterprises. In: Managing Virtual Enterprises: A Convergence of Communications, Computing, and Energy Technologies, IEMC'96 Proceedings, International Conference on Engineering and Technology Management, Vancouver, 18.-20. August 1996, S. 281-285.

o.V. /Coordina 1999/
o.V.: Coordina: From Coordination Models to to Applications. URL: http://malvasia.di.fct.unl.pt/activity/coordina/, Abruf am 1999-08-03.

O'Leary, Kuokka, Plant /Intelligence 1997/
O'Leary; Daniel; Kuokka, Daniel; Plant, Robert: Artificial Intelligence and Virtual Organizations. In: Communications of the ACM 1/1997, S. 52-59.

Ochsenbauer /Alternativen 1989/
Ochsenbauer, C.: Organisatorische Alternativen zur Hierarchie. München 1989.

Odendahl, Hirschmann, Scheer /Cooperation 1997/
Odendahl, Clemens; Hirschmann, Petra; Scheer, August-Wilhelm: Cooperation Exchanges as Media for the Initialization and Implementation of Virtual Enterprises. In: Virtual-Organization.Net Newsletter (ISSN: 1422-9331) 3/1997, S. 13-19. URL: http://www.virtual-organization.net/news/NL_1.3/ nl_1-3a4.pdf, Abruf am 1999-03-22.

Olbrich /Modell 1994/
Olbrich, Thomas J.: Das Modell der "Virtuellen Unternehmen". In: Information Management 4/1994, S. 28-36.

Oliver, Ebers /Network 1998/
Oliver, Amalya; Ebers, Mark: Networking Network Studies: An Analysis of Conceptual Configurations in the Study of Inter-Organizational Relationships. In: Organization Studies 4/1998, S. 549-583.

Olson, Olson /Common 1997/
Olson, Gary; Olson, Judith: Making Sense of the Findings: Common Vocabulary Leads to the Synthesis Necessary for Theory Building. In: Finn, Kathleen; Sellen, Abigail; Wilbur, Sylvia (Hrsg.): Video-mediated Communication. Mahwah/USA, Lawrence Erlbaum Associates 1997, S. 75-91.

Oravec /Virtual 1996/
Oravec Jo Ann: Virtual Individuals, Virtual Groups. Human Dimensions of Groupware and Computer Networking. New York, Cambridge University Press 1996.

Osterloh /Gruppen 1997/
Osterloh, Margit: Selbststeuernde Gruppen in der Prozeßorganisation. In: Scholz, Christian (Hrsg.): Individualisierung als Paradigma. Stuttgart u.a. 1997, S. 179-199.

Ostrowksi /Virtualisierung 1997/
Ostrowksi, Hartmut: Virtualisierung von Kundenkontakt und Service. In: Picot, Arnold (Hrsg.): Telekooperation und virtuelle Unternehmen. Heidelberg 1997, S. 123-130.

Ott /Ansatz 1996/
Ott, Marc: Zukunftsweisender Ansatz im Wettlauf um künftige Markterfolge. In: Office Management 7-8/1996, S. 14-17.

Palmer, Speier /Typology 1997/
Palmer, J.W; Speier, C.: A Typology of Virtual Organizations. An Empirical Study. In: Proceedings of the Association for Information Systems 1997 Americas Conference, Indianapolis, August 15-17, 1997. URL: http://hsb.baylor.edu/ramsower/ais.ac.97/papers/palm_spe.htm, Abruf am 1999-04-20.

Pankoke-Babatz /Communication 1989/
Pankoke-Babatz, Uta (Hrsg.): Computer Based Group Communication - the AMIGO activity model. Chichester, Ellis Horwood Ldt. 1989.

Papadopolous, Arbab /Coordination 1998/
Papadopolous, George; Arbab, Farhad: Coordination Models and Languages. In: Advances in Computers August/1998, S. 329-400, auch URL http://www.cs.ucy.ac.cy/AdvComp.ps.gz, Abruf am 1999-02-03, S. 1-50.

Pastor, Jager /Architectural 1993/
Pastor, Encarna; Jager, Jonny: Architectural Framework for CSCW. In: Power, Richard J. D. (Hrsg.): Cooperation Among Organizations. The Potential of Computer-Supported Cooperative Work. ESPRIT Research Report Project 5660 PECOS, Vol. 1, Berlin u.a. 1993, S. 103-119.

Patzelt /Grundlagen 1987/
Patzelt, Werner: Grundlagen der Ethnomethodologie: Theorie, Empirie und politikwissenschaftlicher Nutzen einer Soziologie des Alltags. München 1987.

Picot /Transaktionskostenansatz 1982/
Picot, Arnold: Transaktionskostenansatz in der Organisationstheorie: Stand der Diskussion und Aussagewert. In: Die Betriebswirtschaft 2/1982, S. 267-284.

Picot /Coase 1992/
Picot, Arnold: Ronald H. Coase – Nobelpreisträger 1991. Transaktionskosten: Ein zentraler Beitrag zur wirtschaftswissenschaftlichen Analyse. In: Wirtschaftswissenschaftliches Studium 2/1992, S. 79-83.

Picot, Maier /Interdependenzen 1993/
Picot, Arnold; Maier, Matthias: Interdependenzen zwischen betriebswirtschaftlichen Organisationsmodellen und Informationsmodellen. In: Informationmanagement 3/1993, S. 6-15.

Picot, Reichwald /Auflösung 1994/
Picot, Arnold; Reichwald, Ralf: Auflösung der Unternehmen? Vom Einfluß der IuK-Technologie auf Organisationsstrukturen und Kooperationsformen. In: Zeitschrift für Betriebswirtschaft 5/1994, S. 547-570.

Picot, Reichwald, Wigand /Unternehmung 1996/
Picot, Arnold; Reichwald, Ralf; Wigand, Rolf T.: Die grenzenlose Unternehmung - Information, Organisation und Management. Wiesbaden 1996.

Picot et al. /Boundaries 1996/
Picot, Anold; Rippberger, Tanja; Wolff, Britta: The Fading Boundaries of the Firm: The Role of Information and Communication Technology, Journal of Institutional and Theoretical Economics, Vol. 152, 1996, S. 65-79.

Picot, Dietl, Franck /Organisation 1997/
Picot,Arnold; Dietl, Helmut; Frank, Egon: Organisation. Eine ökonomische Perspektive. Stuttgart 1997.

Plowman, Rogers, Ramage /Workplace 1995/
Plowman, Lydia; Rogers, Yvonne; Ramage, Magnus: What Are Workplace Studies For? In: Marmolin, Hans; Sundblad, Yngve; Schmidt, Kjeld (Hrsg.): ECSCW '95 - Proceedings of the Fourth European Conference on Computer-Supported Cooperative Work, 10.-14. September 1995. Stockholm, Dordrecht u.a. 1995, S. 309-324.

Powell /Communication 1996/
Powell, David: Group Communication. In: Communications of the ACM 4/1996, S. 50 - 53.

Presley, Rogers /Process 1996/
Presley, Adrien; Rogers, K. Jamie: Process Modeling to Support Integration of Business Practices and Processes in Virtual Enterprises. In: Managing Virtual Enterprises: A Convergence of Communications, Computing, and Energy Technologies, IEMC'96 Proceedings, International Conference on Engineering and Technology Management, Vancouver, 18.-20. August 1996, S. 475-479.

Probst /Selbstorganisation 1987/
Probst, Gilbert: Selbstorganisation und Entwicklung. In: Die Unternehmung 4 /1987, S. 242-255.

Probst /Selbstorganisation 1992/
Probst, Gilbert: Selbstorganisation. In: Frese, Erich (Hrsg.): Handwörterbuch der Organisation. 3. Auflage, Stuttgart 1992, Sp. 2255-2269.

Probst, Scheuss /Organisieren 1984/
Probst, Gilbert; Scheuss, Ralph-W.: Die Ordnung von sozialen Systemen: Resultat von Organisieren und Selbstorganisation. In: zfo 8 /1984, S. 480- 488.

Procter u.a. /Coordination 1994/
Procter, Rob u.a.: Coordination Issues in Tools for CSCW. In: Rosenberg, Duska; Hutchinson, Chris (Hrsg.): Design Issues in CSCW. London u.a. 1994, S. 119-138.

Rana /Frameworks 1997/
Rana, Ajaz; Aljallad, Firas: Frameworks for Group Support Systems. In: Proceedings of The Association For Information Systems (AIS) 1997 Americas Conference Indianapolis, Indiana August 15-17, 1997. URL: http://hsb.baylor.edu/ramsower/ais.ac.97/papers/rana.htm, Abruf am 1999-01-10.

Rana, Turoff, Hiltz /Interaction 1997/
Rana, Ajaz; Turoff, Murray; Hiltz, Starr Roxanne: Task and Technology Interaction (TTI): A Theory of Technological Support for Group Tasks. In: IEEE (Hrsg.): Proceedings of the Thirtieth Hawaii International Conference on System Sciences (HICSS), Wailea, Hawaii, January 7 - 10, 1997. Los Alamitos, IEEE Computer Society Press 1997, S. 66-75.

Randall, Rouncefield /Chalk 1995/
Randall, Dave; Rouncefield, Mark: Chalk and Cheese: BPR and ethnomethodologically informed ethnography in CSCW. In: Marmolin, Hans; Sundblad, Yngve; Schmidt, Kjeld (Hrsg.): ECSCW '95 - Proceedings of the Fourth European Conference on Computer-Supported Cooperative Work, 10.-14. September 1995. Stockholm, Dordrecht u.a. 1995, S. 325-340.

Rasche /Kooperation 1970/
Rasche, Hans: Kooperation – Chance und Gewinn. Einführung und Leitfaden für wirtschaftliche Zusammenarbeit. Heidelberg 1970.

Reichwald /Telekooperation/
Reichwald, Ralf: Was ist Telekooperation? URL http://telekooperation.de/doc/intro-bwl/, Abruf am 1998-09-30.

Reichwald, Möslein /Chancen 1997/
Reichwald, Ralf; Möslein, Kathrin: Chancen und Herausforderungen für neue unternehmerische Strukturen und Handlungsspielräume in der Informationsgesellschaft. In: Picot, Arnold (Hrsg.): Telekooperation und virtuelle Unternehmen. Heidelberg 1997, S. 1-38.

Reiß /Unternehmung 1996/
Reiß, Michael: Virtuelle Unternehmung – Organisatorische und personelle Barrieren. In: Office Management 5/1996, S. 10-13.

Reiß, Beck /Kernkompetenzen 1996/
Reiß, Michael; Beck, Tholi: Kernkompetenzen in virtuellen Netzwerken: Der ideale Strategie-Struktur-Fit für wettbewerbsfähige Wertschöpfungssysteme? In: Corsten, Hans; Will, Thomas (Hrsg.): Unternehmensführung im Wandel. Strategien zur Sicherung des Erfolgspotentials. Stuttgart u.a. 1996, S. 33-60.

Reiter /Trust 1996/
Reiter, Michael K.: Distributing Trust with the Rampart Toolkit. In: Communications of the ACM 4/1996, S. 71-74.

Remer /Organisationslehre 1989/
Remer, Andreas: Organisationslehre - Eine Einführung. Berlin und New York 1989.

Richaud, Zarli /WONDA 1998/
Richaud, Olivier; Zarli, Alain: WONDA: An Architecture For Business Objects in the Virtual Enterprise. URL: http://www.cs.tcd.ie/Virtues/ocve98/proceedings/004.html, Abruf am 1999-04-27. In: Proceedings of Objects, Components and the Virtual Environment '98. An Interdisciplinary Workshop at the Conference on Object-Oriented Programming, Systems, Languages, and Applications (OOPSLA98), 19th October 1998. URL: http://www.cs.tcd.ie/Virtues/ocve98/proceedings/, Abruf am 1999-04-27.

Riekhof /Lernfähigkeit 1997/
Riekhof, Hans-Christian (Hrsg.): Beschleunigung von Geschäftsprozessen. Wettbwerbsvorteile durch Lernfähigkeit. Stuttgart 1997.

Rittenbruch, Kahler, Cremers /Cooperation 1999/
Rittenbruch, Markus; Kahler, Helge; Cremers, Armin: Supporting Cooperation in a Virtual Organization. In Hirschheim, Rudy; Newman, Michael; DeGross, Janice (Hrsg.): Proceedings of ICIS 1998. O.O. 1998, S. 30-38.

Robinson /Concepts 1993/
Robinson, Mike: Computer Supported Co-operative Work: Cases and Concepts. In: Baecker, Ronald M. (Hrsg.): Readings in Groupware and Computer-Supported Cooperative Work – Assisting Human-Human Collaboration. San Mateo, Morgan Kaufmann Publishers 1993, S. 29-49.

Rohde /Komponentensysteme 1999/
Rohde, Holger: Verteilte Komponentensysteme: Eisantzmöglichkeiten zur computergestützten unternehmensübergreifenden Koordination. Frankfurt u.a. 1999.

Rolf /Grundlagen 1998/
Rolf, Arno: Grundlagen der Organisations- und Wirtschaftsinformatik. Berlin u.a. 1998.

Rolf /Wirtschaftsinformatik 1998/
Rolf, Arno: Herausforderungen für die Wirtschaftsinformatik. In: Informatik-Spektrum 4/1998, S. 259-264.

Romanelli /Evolution 1991/
Romanelli, E: The Evolution of New Organizational Forms. In: Annual Review of Sociology 1991, S. 79-103.

Rüdebusch /CSCW 1993/
Rüdebusch, Tom: CSCW - Generische Unterstützung von Teamarbeit in verteilten DV-Systemen. Wiesbaden 1993.

Sachs /Transforming 1995/
Sachs, Patricia: Transforming Work: Collaboration, Learning and Design. In: Communications of the ACM 9/1995, S. 36-45.

Savage /Management 1996/
Savage, Charles: Fifth generation management: Co-creating Through Virtual Enterprising, Dynamic Teaming, And Knowledge Networking. Boston u.a., Butterworth-Heinemann 1996.

Schäfers /Gruppensoziologie 1980/
Schäfers, B. (Hrsg.): Einführung in die Gruppensoziologie: Geschichte, Theorien, Analysen. Heidelberg 1989.

Schiefloe, Syvertsen /Coordination 1998/
Schiefloe, Per; Syvertsen, Tor: Coordination in Knowledge-Intensive Organizations. In: Conen, Wolfram; Neumann, Gustaf (Hrsg.): Coordination Technology for Collaborative Applications: Organizations, Processes and Agents. Berlin u.a. 1998, S. 9-23.

Schiemenz /Betriebskybernetik 1982/
Schiemenz, Bernd: Betriebskybernetik. Aspekte des betrieblichen Managements. Stuttgart 1982.

Schiemenz /Fortschritte 1984/
Schiemenz, Bernd: Fortschritte des Kybernetik- und Systemtheoriegestützten Managements. In: Schiemenz, Bernd; Wagner, Adolf: Angewandte Wirtschafts- und Sozialkybernetik: Neue Ansätze in der Praxis. Berlin 1984, S. 232-248.

Schiemenz /Hierarchie 1994/
Schiemenz, Bernd: Hierarchie und Rekursion im nationalen und internationalen Management von Information und Produktion. In: Schiemenz, Bernd; Wurl, Hans-Jürgen (Hrsg.): Internationales Management. Beiträge zur Zusammenarbeit; Eberhard Dülfer zum 70. Geburtstag. Wiesbaden 1994, S. 285-305.

Schiemenz /Komplexität 1996/
Schiemenz, Bernd: Komplexität von Produktionssystemen. In: Kern, Werner u.a. (Hrsg.): Handwörterbuch der Produktionswirtschaft. 2. Aufl., Stuttgart 1996, Sp. 895 - 904.

Schiemenz /Komplexitätsbewältigung 1990/
Schiemenz, Bernd: Komplexitätsbewältigung durch Systemansatz und Kybernetik. In: Czap, Hans (Hrsg.): Unternehmensstrategien im sozio-ökonomischen Wandel. Wissenschaftliche Jahrestagung der Gesellschaft für Wirtschafts- und Sozialkybernetik am 3. und 4. November 1989 in Trier. Berlin 1990, S. 361-378.

Schiemenz /Systemtheorie 1993/
Schiemenz, Bernd: Stichwort *Systemtheorie, betriebswirtschaftliche*. In: Wittmann, Waldemar u.a. (Hrsg.): Handwörterbuch der Betriebswirtschaft. Teilband 3. 5. Auflage, Stuttgart 1993, Sp. 4127-4140.

Schmidt /Organization 1992/
Schmidt, Kjeld: The Organization of Cooperative Work: Beyond the „Leviathan" Conception of the Organization of Cooperative Work. In: CSCW '92, Proceedings of the Conference on Computer-Supported Cooperative Work, October 31 to November 4, 1992, Toronto, Canada. Chapel Hill, ACM Press 1992, S. 101-112.

Schmidt u.a. /Mechanisms 1993/
Schmidt, Kjeld: Computational Mechanisms of Interaction: Notations and Facilities. In: In: Schmidt, Kjeld; Bannon, Liam (Hrsg.): Computational Mechanisms of Interaction for CSCW. The COMIC Project, Esprit Basic Research Action 6225, Document COMIC-D3.1. ISBN 0-901800-30-9. Lancaster University 1993, S. 109-164.

Schmidt, Bannon /CSCW 1992/
Schmidt, Kjeld; Bannon, Liam: Taking CSCW Seriously: Supporting Articulation Work. In: Computer Supported Cooperative Work (CSCW) 1/1992, S. 7-40.

Schmidt, Simone /Coordination 1996/
Schmidt, Kjeld; Simone, Carla: Coordination Mechanisms: Towards a Conceptual Foundation of CSCW Systems Design. In: Computer Supported Cooperative Work: The Journal of Collaborative Computing 1996, S. 155-200.

Schneeweiss /Hierarchies 1999/
Schneeweiss, Christoph: Hierarchies in Distributed Decision Making. Berlin u.a. 1999.

Scholz /Hierarchiemethodik 1981/
Scholz, Christian: Betriebskybernetische Hierarchiemethodik. Frankfurt u.a. 1981.

Scholz /Konzeption 1996/
Scholz, Christian: Virtuelle Organisation: Konzeption und Realisation. In: zfo 4,/1996, S. 204-210.

Scholz /Netzwerkkooperation 1998/
Scholz, Christian: Von der Netzwerkkooperation zur Virtualisierung. In: Winand, Udo; Nathusius, Klaus (Hrsg.): Unternehmungsnetzwerke und virtuelle Organisationen. Stuttgart 1998, S. 95-198.

Scholz /Organisation 1994/
Scholz, Christian: Die virtuelle Organisation als Strukturkonzept der Zukunft? Arbeitsbericht Nr. 30 des Lehrstuhls für Betriebswirtschaftslehre, insbesondere Organisation, Personal- und Informationsmanagement an der Universität des Saarlandes, Saarbrücken. Saarbrücken 1994.

Scholz /Organisation 1997/
Scholz, Christian: Individualisierung in der Organisation der Zukunft – Reflexionen über ein Leben in der Cyberculture. In: Scholz, Christian (Hrsg.): Individualisierung als Paradigma. Stuttgart u.a. 1997, S. 263-281.

Scholz /Strategische 1997/
Scholz, Christian: Strategische Organisation: Prinzipien zur Vitalisierung und Virtualisierung. Landsberg/Lech 1997.

Schräder /Management 1996/
Schräder, Andreas: Management virtueller Unternehmen: organisatorische Konzeption und informationstechnische Unterstützung flexibler Allianzen. Frankfurt, New York 1996.

Schuhmann /Model 1993/
Schuhmann, Werner: Das Viable System Model (VSM) als Wegweiser zum ‚Lean Enterprise'. In: Niedereichholz, Joachim; Schuhmann, Werner: Wirtschaftsinformatik – Beiträge zur modernen Unternehmensführung. Fest-

schrift zum 60. Geburtstag von Franz Steffens. Frankfurt u.a. 1993, S. 84-98.

Schwabe, Krcmar /CSCW 1996/
Schwabe, Gerhard; Krcmar, Helmut: CSCW-Werkzeuge. In Wirtschaftsinformatik 2/1996, S. 209-224.

Schwaninger /Systemtheorie 1996/
Schwaninger, Markus: Stichwort *Systemtheorie*. In: Kern, Werner u.a. (Hrsg.): Handwörterbuch der Produktionswirtschaft. 2. Aufl., Stuttgart 1996, Sp. 1946-1960.

Schwarzer, Krcmar /Organisationsformen 1994/
Schwarzer, Bettina; Krcmar, Helmut: Neue Organisationsformen. In: Information Management 4/1994, S. 20-27.

Scrivener, Clark /Introducing 1994/
Scrivener, Stephen; Clark, Sean: Introducing Computer-Supported Cooperative Work. In: Scrivener, Steven A. R.: Computer-Supported Cooperative Work - The Multimedia And Networking Paradigm. Aldershot 1994, S. 19-38.

Senn /Kommunikation 1994/
Senn, U.E.: Effektivere Kommunikation. In: Output 5/1994, S. 78-80.

Shin /Costs 1997/
Shin, Namchul: An Emprical Evidence for the Relationship Between Information Technology and Coordination Costs. In: Proceedings of The Association For Information Systems (AIS) 1997 Americas Conference Indianapolis, Indiana August 15-17, 1997. URL: http://hsb.baylor.edu/ ramsower/ais.ac.97/papers/shin.htm. Abruf am 1999-01-10.

Sieber /Bibliography 1995/
Sieber, Pascal: Annotated Bibliography zum Thema Virtuelle Unternehmen. Arbeitspapier der Reihe "Informations- und Kommunikationssysteme als Gestaltungselement Virtueller Unternehmen" Nr. 4, 1995. Hrsg. J. Griese, D. Ehrenberg, P. Mertens. Universität Bern, Institut für Wirtschaftsinformatik. Bern 1995.

Sieber /IT-Branche 1998/
Sieber, Pascal: Virtuelle Unternehmen in der IT-Branche, die Wechselwirkung zwischen Internet-Nutzung, Organisation und Strategie. Bern, Stuttgart, Wien 1998.

Sieber /Kommunikationslösungen 1997/
Sieber, Pascal: Virtuelle Unternehmen in der Informationstechnologiebranche II: Anbieter von Kommunikationslösungen. Arbeitspapier der Reihe

"Informations- und Kommunikationssysteme als Gestaltungselement Virtueller Unternehmen" Nr. 13, 1997. Hrsg. J. Griese, D. Ehrenberg, P. Mertens. Universität Bern, Institut für Wirtschaftsinformatik. Bern 1997.

Sieber /OBS 1997/
Sieber, Pascal: OBS the Virtual Bookstore. In: Virtual-Organization.Net Newsletter (ISSN: 1422-9331) 3/1997, S. 34-42. URL: http://www.virtualorganization.net/news/NL_1.3/nl_1-3a4.pdf, Abruf am 1999-03-22.

Sieber /Organizations 1997/
Sieber, Pascal: Virtual Organizations: Static and Dynamic Viewpoints. In: Virtual-Organization.Net Newsletter (ISSN: 1422-9331) 2/1997, S. 3-9. URL: http://www.virtual-organization.net/news/NL_1.2/nl_1-2.pdf, Abruf am 1999-03-22.

Sieber /Softwareentwicklung 1997/
Sieber, Pascal: Virtuelle Unternehmen in der Informationstechnologiebranche III: Softwareentwicklung. Arbeitspapier der Reihe "Informations- und Kommunikationssysteme als Gestaltungselement Virtueller Unternehmen" Nr. 14, 1997. Hrsg. J. Griese, D. Ehrenberg, P. Mertens. Universität Bern, Institut für Wirtschaftsinformatik. Bern 1997.

Sieber /Unternehmen 1996/
Sieber, Pascal: Die Internet-Unterstützung virtueller Unternehmen. Arbeitspapier der Reihe "Informations- und Kommunikationssysteme als Gestaltungselement Virtueller Unternehmen" Nr. 6, 1996. Hrsg. J. Griese, D. Ehrenberg, P. Mertens. Universität Bern, Institut für Wirtschaftsinformatik. Bern 1995.

Sieber /Virtualisierungstendenz 1997/
Sieber, Pascal: Virtuelle Unternehmen in der Informationstechnologiebranche IV: Beispiele ohne Virtualisierungstendenz. Arbeitspapier der Reihe "Informations- und Kommunikationssysteme als Gestaltungselement Virtueller Unternehmen" Nr. 15, 1997. Hrsg. J. Griese, D. Ehrenberg, P. Mertens. Universität Bern, Institut für Wirtschaftsinformatik. Bern 1997.

Sieber /Virtualness 1998/
Sieber, Pascal: Organizational Virtualness. The Case of Small IT Companies. In: Sieber, Pascal; Griese, Joachim (Hrsg.): Organizational Virtualness. Bern 1998, S. 107-122.

Sieber, Griese /DV-Branche 1997/
Sieber, Pascal; Griese, Joachim: Virtuelle Unternehmen in der DV-Branche. In: Information Management 2/1997, S. 17-27.

Sieber, Griese /Strategy 1997/
Sieber, Pascal; Griese, Joachim: Virtual Organizing as a Strategy of the „Big Six,, to Stay Competitive in a Global Market. In: Nunamaker, Jay F; Sprague Jr., Ralph H. (Hrsg.): Proceedings of the Thirtieth Hawaii International Conference on System Sciences '97, Volume III, Information Systems Track – Organizational Systems and Technolgy, IEEE Computer Society Press, Los Alamitos, 1997, S. 381-390.

Sieber, Suter /Strukturen 1996/
Sieber, Pascal; Suter, Benno: Virtuelle Strukturen bei C&L International (Fallstudie), Arbeitsbericht Nr. 79, 1996, Institut für Wirtschaftsinformatik, Universität Bern. Bern 1996.

Sieber, Suter /Typen 1997/
Sieber, Pascal; Suter, Benno: Ein Instrument zur Entwicklung von Typen Virtueller Unternehmen. Anwendung auf den Fall C&L International. Arbeitspapier der Reihe "Informations- und Kommunikationssysteme als Gestaltungselement virtueller Unternehmen" Nr. 16, 1997. Hrsg. J. Griese, D. Ehrenberg, P. Mertens. Universität Leipzig, Institut für Wirtschaftsinformatik. Bern 1997.

Simon /Chancen 1998/
Simon, Frank: Technische und organisatorische Chancen und Probleme bei Virtuellen Unternehmen in der Multimedia-Branche. In: Brill, Andreas; de Vries, Michael (Hrsg.): Virtuelle Wirtschaft. Opladen, Wiesbaden 1998, S. 137-145.

Simon /Science 1991/
Simon, Herbert A.: The Architecture of Complexity. In: Klir, George (Hrsg.): Facets of System Science. New York, Plenum Press 1991, S. 457-476.

Simonsen, Kensing /Ethnography 1997/
Simonsen, Jesper; Kensing, Finn: Using Ethnography In Contextual Design. In: Communications Of The ACM 7/1997, S. 82-88.

Skyrme /Realities 1998/
Skyrme, David J.: The Realities of Virtuality. In: Sieber, Pascal; Griese, Joachim (Hrsg.): Organizational Virtualness. Bern 1998, S. 25-34.

Snow, Miles, Coleman /Organisation 1992/
Snow, Charles; Miles, Raymond; Coleman, H.: Managing 21st Century Network Organisation. In: Organizational Dynamics 3/1992, S. 5-16.

Sommerlad /Unternehmen 1996/
Sommerlad, Klaus: Virtuelle Unternehmen - juristisches Niemandsland? In: Office Management 8/1996, S. 22-23.

Sproull, Kiesler /Connections 1991/
Sproull, Lee; Kiesler, Sara: Connections - New Ways of Working in the Networked Organization. Cambridge/Mass., The MIT Press 1991.

Stahl /Vertrauensorganisation 1996/
Stahl, Heinz K.: Die Vertrauensorganisation: Wie sie entsteht - welche Vorteile sie schafft - wo ihre Grenzen liegen. In: io Management 9/1996, S. 29-32.

Strauss /Labor 1985/
Strauss, Anselm: Work and the Division of Labor. In: The Sociological Quarterly 1/1985, S. 1-19.

Suchman /Making 1995/
Suchman, Lucy: Making Work Visible. In: Communications of the ACM 9/1995, S. 56-65.

Suchman, Trigg /Practice 1993/
Suchman, Lucy; Trigg, Randall: Understanding Practice: Video as Medium für Reflection and Design. In: Baecker, Ronald M. (Hrsg.): Readings in Groupware and Computer-Supported Cooperative Work – Assisting Human-Human Collaboration. San Mateo, Morgan Kaufmann Publishers 1993, S. 205-217.

Suter /Cooperation 1998/
Suter, Benno: A Cooperation Platform for Virtual Enterprises. In: Sieber, Pascal; Griese, Joachim (Hrsg.): Organizational Virtualness. Bern 1998, S. 155-162.

Sydow /Netzwerke 1993/
Sydow, Jörg: Strategische Netzwerke: Evolution und Organisation. Wiesbaden 1993.

Sydow /Vertrauensorganisation 1996/
Sydow, Jörg: Virtuelle Unternehmung: Erfolg als Vertrauensorganisation? In: Office Management 7-8/1996, S. 10-13.

Sydow, Winand /Unternehmungsvernetzung 1998/
Sydow, Jörg; Winand, Udo: Unternehmungsvernetzung und –virtualisierung: Die Zukunft unternehmerischer Partnerschaften. In: Winand, Udo; Nathusius, Klaus (Hrsg.): Unternehmungsnetzwerke und virtuelle Organisationen. Stuttgart 1998, S. 11-31.

Symon, Long, Ellis /Coordination 1996/
Symon, Gillian; Long, Karen; Ellis, Judi: The Coordination of Work Activities: Cooperation and Conflict in a Hospital Context. In: Computer Supported Cooperative Work: The Journal of Collaborative Computing 2/1996, S. 1-31.

Syring /Computerunterstützung 1994/
Syring, Michael: Computerunterstützung arbeitsteiliger Prozesse, Konzipierung eines Koordinationssystems für die Büroarbeit. Wiesbaden 1994.

Szyperski /Component 1998/
Szyperski, Clemens: Component Software. Beyond Object-Oriented Programming. New York, ACM Press 1998.

Szyperski, Klein /Informationslogistik 1993/
Szyperski, Norbert; Klein, Stefan: Informationslogistik und virtuelle Organisationen. In: Die Betriebswirtschaft 2/1993, S. 187-208.

Teege /Groupware 1997/
Teege, Gunnar: Feature Combination: A New Approach to Tailorable Groupware. Proceedings of Workshop on Tailorable Groupware: Issues, Methods and Architectures, Group'97, Phoenix, AZ, November 1997.

Teege /Groupware 1998/
Teege, Gunnar: Individuelle Groupware: Gestaltung durch Endbenutzer. Wiesbaden 1998.

Teufel u.a. /Computerunterstützung 1995/
Teufel, Stephanie u.a.: Computerunterstützung für die Gruppenarbeit. Bonn 1995.

Thelen /Kooperation 1993/
Thelen, Eva: Die zwischenbetriebliche Kooperation: Ein Weg zur Internationalisierung von Klein- und Mittelbetrieben? Frankfurt/M. 1993.

Thorelli /Networks 1986/
Thorelli, Hans B.: Networks: Between Markets and Hierarchies. In: Strategic Management Journal 1/1986, S. 37-51.

Tichelaar /Coordination 1997/
Tichelaar, Sander: A Coordination Component Framework for Open Distributed Systems. Research Report, University of Groningen, Faculty of Mathematics and Natural Sciences, May 1997. Groningen 1997.

Travica /Collaboration Technology 1998/
Travica, Bob: Collaboration Technology: Volatile Character of Group Decision Support Systems. In: Collaboration Across Boundaries: Theories,

Strategies and Technology: Proceedings of the ASIS 1998 Mid-Year Meeting, 16.-20. Mai 1998, Orlando, Florida. Orlando 1998.

Trevino, Daft, Lengel /Choices 1990/
Trevino, L.; Daft, R.; Lengel, R.: Understanding Manager's Media Choices: A Symbolic Interactionist Perspective. In: Fulk, Janet; Steinfield, C. (Hrsg.): Organizations and Communication Technology. Newbury Park, USA, Sage Publishers 1995, S. 71-94.

Turoff /Virtuality 1997/
Turoff, Murray: Virtuality. In: Communications of the ACM 9/1997, S. 38-43.

Upton, McAfee /Virtual Factory 1996/
Upton, David M.; McAfee, Andrew: The Real Virtual Factory. In: Harvard Business Review 7/8/1996, S. 123-133.

Varela /Autonomy 1979/
Varela, Francisco: Principles of Biological Autonomy. New York 1979.

Varela, Maturana, Uribe /Autopoieses 1991/
Varela, Francisco; Maturana, Humberto; Uribe, R.: Autopoieses: The Organization of Living Systems, Its Characterization and a Model. In: Klir, George (Hrsg.): Facets of System Science. New York, Plenum Press 1991.

Venkatraman, Henderson /Architecture 1996/
Venkatraman, N.; Henderson, C.: The Architecture of Virtual Organizing: Leveraging Three Independent Vectors. Discussion Paper. Systems Research Center, Boston University School of Management. Boston 1996.

Venkatraman, Henderson /Hollow 1995/
Venkatraman, N.; Henderson, C.: Avoiding the Hollow: Virtual Organizing and the Role of Information Technology. Systems Research Center, Boston University School of Management. Boston 1995.

Vogt /Unternehmen 1994/
Vogt, G.G.: Das virtuelle Unternehmen. In: Der Organisator 1-2/1994, S. 6-8.

Voskamp, Wittke /Integration 1994/
Voskamp, U.; Wittke, V.: Von „Silicon Valley„ zur „Virtuellen Integration„. Neue Formen der Organisation von Innovationsprozessen am Beispiel der Halbleiterindustrie. In: Sydow, J.; Windeler, A.: Management interorganisationeller Beziehungen. Vertrauen, Kontrolle und Informationstechnik. Opladen 1994, S. 212-243.

Vries /Unternehmen 1998/
Vries, Michael de: Das virtuelle Unternehmen - Formentheoretische Überlegungen zu Grenzen eines grenzenlosen Konzepts. In: Brill, Andreas; de Vries, Michael (Hrsg.): Virtuelle Wirtschaft. Opladen, Wiesbaden 1998, S. 54-86.

Vries /Unternehmen 1998/
Vries, Michael de: Das virtuelle Unternehmen - Formentheoretische Überlegungen zu Grenzen eines grenzenlosen Konzepts. In: Brill, Andreas; de Vries, Michael (Hrsg.): Virtuelle Wirtschaft. Opladen, Wiesbaden 1998, S. 54-86.

Wächter /Dezentralisation 1997/
Wächter, Hartmut: Jenseits der Dezentralisation – Zur Kritik der neuen Organisationskonzepte. In: Scholz, Christian (Hrsg.): Individualisierung als Paradigma. Stuttgart u.a. 1997, S. 223-233.

Wallner /Selbstorganisation 1991/
Wallner, Friedrich: Selbstorganisation – Zirkularität als Erklärungsprinzip? In: Fischer, Hans Rudi: Autopoiesis: Eine Theorie im Brennpunkt der Kritik. Heidelberg 1991, S. 41-52.

Warnecke /Fabrik 1992/
Warneke, Hans-Jürgen: Die fraktale Fabrik. Berlin u.a. 1992.

Wassenaar /Understanding 1999/
Wassenaar, Arjen: Understanding and Designing Virtual Organisation Form. In: Virtual-Organization.Net Newsletter (ISSN: 1422-9331) 1/1999, S. 6-17. URL: Virtual-Organization.Net Newsletter (ISSN: 1422-9331) 1/1999: http://www.virtual-organization.net/news/NL_3.1/nl_3-1a4.pdf, Abruf am 1999-03-22.

Weber /Organisation 1996/
Weber, Burkhard: Die fluide Organisation. Konzeptionelle Überlegungen für die Gestaltung und das Management von Unternehmen in hochdynamischen Umfeldern. Bern u.a. 1996.

Weber /Systeme 1998/
Weber, Michael: Verteilte Systeme. Heidelberg, Berlin 1998.

Weber, Walsh /Organisationen 1994/
Weber, G.F.; Walsh, I: Komplexe Organisationen, ein Modell für die Zukunft: Die virtuelle Organisation. In Gablers Magazin 6-7/1994, S. 24-27.

Weick /Organization 1977/
Weick, Karl: Organization Design: Organizations as Self-Designing Systems. In: Organizational Dynamics 3/1977, S. 31-46.

Wiesenfeld, Raghuram, Garud /Communication 1998/
Wiesenfeld, Batia; Raghuram, Sumita; Garud, Raghu: Communication Patterns as Determinants of Organizational Identification in a Virtual Organization. In: Journal of Computer Mediated Communication 4/1998, o.S. URL: http://jcmc.huji.ac.il/vol3/issue4/wiesenfeld.html, S. 1-19.

Wijk, Geurts, Bultje /Virtuality 1998/
Wijk, Jacoliene van; Geurts, Daisy; Bultje, René: 7 Steps to Virtuality. URL: http://www.cs.tcd.ie/Virtues/ocve98/proceedings/005.html, Abruf am 1999-04-27. In: Proceedings of Objects, Components and the Virtual Environment '98. An Interdisciplinary Workshop at the Conference on Object-Oriented Programming, Systems, Languages, and Applications (OOPSLA98), 19th October 1998. URL: http://www.cs.tcd.ie/Virtues/ocve98/proceedings/, Abruf am 1999-04-27.

Wildemann /Fabrik 1994/
Wildemann, Horst: Die modulare Fabrik. Kundennahe Produktion durch Fertigungssegmentierung. 4. Auflage, München 1994.

Wilke /Systemtheorie 1991/
Wilke, Helmut: Systemtheorie. Stuttgart, New York 1991.

Williamson /Markets 1975/
Williamson, Oliver: Markets and Hierarchies, Analysis and Antitrust Implications. New York 1975.

Williamson /Organization 1981/
Williamson, Oliver: The Economics of Organization: The Transaction Cost Approach, in: American Jounal of Sociology 3/1981, S. 548-577.

Williamson /Institutions 1985/
Williamson, Oliver: The Economic Institutions of Capitalism. New York 1985.

Williamson /Alternatives 1991/
Williamson, Oliver: Comparative Economic Organisation: The Analysis of Discrete Strucural Alternatives, in: Administrative Science Quaterly, 36 /1991/, S. 269-296.

Wilson /CSCW 1991/
Wilson, Paul: Introducing CSCW – What It Is and Why We Need It. In: In: Scrivener, Steven A. R.: Computer-Supported Cooperative Work - The Multimedia And Networking Paradigm. Aldershot 1994, S. 1-18.

Winand /Virtuality 1997/
Winand, Udo: Virtuality – Focus: Media and Communication Technologies. In: Virtual-Organization.Net Newsletter (ISSN: 1422-9331) 3/1997, S.

22-29. URL: http://www.virtual-organization.net/news/NL_1.3/nl_1-3a4.pdf, Abruf am 1999-03-22.

Winograd /Perspective 1987/
Winograd, Terry: A Language/Action Perspective on the Design of Cooperative Work. In: Human-Computer-Interaction 3/1987, S. 3-30.

Winwood /Network 1997/
Winwood, Mike: World Class Standards Network. In: Virtual-Organization.Net Newsletter (ISSN: 1422-9331) 2/1997, S. 13-16. URL: http://www.virtual-organization.net/news/NL_1.2/nl_1-2.pdf, Abruf am 1999-03-22.

Witthaker, O'Conaill /Role 1997/
Witthaker, Steve; O'Conaill, Brid: The Role of Vision in Face-to-Face and Mediated Communication. In: Finn, Kathleen; Sellen, Abigail; Wilbur, Sylvia (Hrsg.): Video-mediated Communication. Mahwah/USA, Lawrence Erlbaum Associates 1997, S. 23-49.

Wittlage /Organisationskonzeptionen 1998/
Wittlage, Helmut: Moderne Organisationskonzeptionen. Grundlagen und Gestaltungsprozeß. Wiesbaden 1998.

Wojda /Lernende 1996/
Wojda, Franz: Lernende Organisation durch Projektmanagement. In: Office Management 1-2/1996, S. 35-39.

Wood, Milosevic /Virtual 1998/
Wood, Andrew; Milosevic, Zoran: Describing Virtual Enterprises: the Object of Roles and the Role of Objects. URL: http://www.cs.tcd.ie/Virtues/ocve98/proceedings/003.html, Abruf am 1999-04-27. In: Proceedings of Objects, Components and the Virtual Environment '98. An Interdisciplinary Workshop at the Conference on Object-Oriented Programming, Systems, Languages, and Applications (OOPSLA98), 19th October 1998. URL: http://www.cs.tcd.ie/Virtues/ocve98/proceedings/, Abruf am 1999-04-27.

Wunderer /Führungsaufgabe 1991/
Wunderer, Rolf: Laterale Kooperation als Selbststeuerungs- und -Führungsaufgabe. In: Wunderer, Rolf (Hrsg.): Gestaltungsprinzipien und Steuerung der Zusammenarbeit zwischen Organisationseinheiten, Stuttgart 1991, S. 205-219.

Wüthrich, Philipp, Frentz /Virtualisierung 1997/
Wüthrich, Hans; Philipp, Andreas; Frentz, Martin: Vorsprung durch Virtualisierung: Lernen von virtuellen Pionierunternehmen. Wiesbaden 1997.

Wüthrich, Philipp /Wertschöpfung 1998/
Wüthrich, Hans; Philipp, Andreas: Virtuell ins 21. Jahrhundert? Wertschöpfung in temporären Netzwerkverbünden. In: Handbuch der modernen Datenverarbeitung (HMD) 200/1998 S. 9-24.

Yager /Role 1998/
Yager, Susan E.: The Role of Information Technology Support Mechanismus in Coordination Management for Virtual Teams. http://www.coba.unt.edu/bcis/phdstdnt/ yager/dissabs.htm, Abruf: 98-06-10.

Yanagishita /Virtual Enterprises 1996/
Yanagishita, Kazuo: Virtual Enterprises in Japan. In: Managing Virtual Enterprises: A Convergence of Communications, Computing, and Energy Technologies, IEMC'96 Proceedings, International Conference on Engineering and Technology Management, Vancouver, 18.-20. August 1996, S. 766-769.

Zelger /Verfahren 1991/
Zelger, Josef: Das Verfahren kreativer Selbstorganisation als Modell einer Autopoietischen Organisation. In: In: Fischer, Hans Rudi: Autopoiesis: Eine Theorie im Brennpunkt der Kritik. Heidelberg 1991, S. 99-119.

Zhang /Systems 1996/
Zhang, Peinan: Broker-Supported and Constraint-Based Infrastrucutre for Collaborative Systems. Doctoral Thesis, Purdue University 1996.

Zuberbühler /Wettbewerbsvorteil 1998/
Zuberbühler, Max: Virtualität – der zukünftige Wettbewerbsvorteil. In: io management 4/1998, S. 18-23.

Zwicker /Firma 1996/
Zwicker, Hans-Ruedi: Die virtuelle Firma - ein zukunftsweisendes Modell für Kleinunternehmen. In: io Management 9/1996, S. 36 - 38.